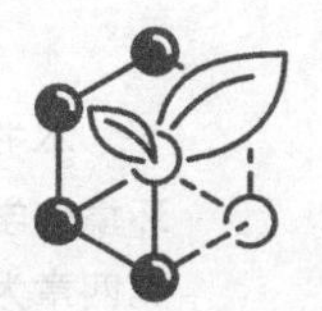

环境化学知识问答

高明 宋娜 汪群慧 主编

化学工业出版社

·北京·

内容简介

本书采用问答的形式，介绍了涉及大气、水、土壤、固体废物、生态、化学品与食品安全等方面的环境化学知识。全书共六章，第一章为大气环境化学，第二章为水环境化学，第三章为土壤环境化学，第四章为固体废物污染控制化学，第五章为生态环境化学，第六章为化学品与食品安全。

本书具有较强的系统性、知识性，可作为环境科学与工程及相关专业的本科生、研究生的教材或专业参考书，也可作为从事环境管理和污染治理的科研人员和管理人员的参考资料。

图书在版编目（CIP）数据

环境化学知识问答/高明，宋娜，汪群慧主编. —北京：化学工业出版社，2021.4
ISBN 978-7-122-38983-1

Ⅰ.①环… Ⅱ.①高…②宋…③汪… Ⅲ.①环境化学-问题解答 Ⅳ.①X13-44

中国版本图书馆 CIP 数据核字（2021）第 072501 号

责任编辑：刘兴春　刘兰妹　　文字编辑：汲永臻
责任校对：李　爽　　装帧设计：刘丽华

出版发行：化学工业出版社（北京市东城区青年湖南街 13 号　邮政编码 100011）
印　　装：天津盛通数码科技有限公司
787mm×1092mm　1/16　印张 15½　字数 362 千字　　2021 年 10 月北京第 1 版第 1 次印刷

购书咨询：010-64518888　　售后服务：010-64518899
网　　址：http://www.cip.com.cn
凡购买本书，如有缺损质量问题，本社销售中心负责调换。

定　　价：68.00 元

前言

环境化学是研究有毒有害化学物质在环境介质中的存在、化学特性、行为和效应及其控制的化学原理和方法的科学。不论是全球性或是区域性环境问题的产生，化学污染因子几乎占80%以上，因而，要揭示环境问题的本质、阐明其产生的原因、研究与提出有效的防治途径，必须学习环境化学，它已成为环境科学与工程学科教学计划中一门重要的课程。

本书是在笔者多年为本科生和研究生讲授“环境化学”相关课程的基础上编写而成的，与环境化学教材相互补充，既能使学生系统地学“深”，又能使学生联系实际学“活”，巩固基础，开拓视野。

笔者在讲授环境化学时，积极采用问题教学法、案例教学法等开展研究型教学，引导学生灵活运用所学过的化学、生物等知识，解释环境中有害化学物质的污染特性及其控制的原理和方法，并针对身边的污染事件、化学品和食品安全等问题，开展深入讨论。本书是在归纳总结了多年课堂讨论内容的基础上编写而成的，由于环境化学涉及的面很广、新的环境化学问题也不断出现，本书所涉及的面有限，仅作为《环境化学》教材的补充，可供本科生、研究生自学参考，也可供从事环境科学与工程的相关管理人员、科研人员及技术人员参考。

本书由高明、宋娜、汪群慧任主编。全书共六章，其中第一章（大气环境化学）由高明、刘硕撰写；第二章（水环境化学）由高明、李媛撰写；第三章（土壤环境化学）由高明、徐明月撰写；第四章（固体废物污染控制化学）由汪群慧、马晓宇撰写；第五章（生态环境化学）由宋娜、汪群慧撰写；第六章（化学品与食品安全）由宋娜、任媛媛撰写。全书由北京科技大学能源与环境工程学院高明和汪群慧、北京科技大学天津学院宋娜负责统稿和定稿。笔者衷心感谢所有参与课堂讨论的学生的辛苦付出，同时感谢北京科技大学校级规划教材建设项目和北京科技大学天津学院第五批面上教改项目的资助。

由于时间仓促和笔者水平有限，书中疏漏和不妥之处在所难免，切望各位同仁赐教，作者感激不尽。

编者

2021年3月

目录

第二章 水环境化学 ························ 044

第一章

大气环境化学

第一节　汽车尾气污染及治理

1. 汽车尾气中一氧化碳是如何产生的？

答：如果燃料完全燃烧，烃燃料中的碳和氢，将被完全氧化为二氧化碳（CO_2）和水（H_2O）：

$$C_mH_n+\left(m+\frac{n}{4}\right)O_2 = mCO_2+\frac{n}{2}H_2O$$

如果燃料过量，氧气不足，导致汽缸内可燃混合气浓度过高，其空燃比低于理论空燃比14.7，除了生成二氧化碳和水之外，还可以生成相当数量的一氧化碳：

$$C_mH_n+\left(m-\frac{x}{2}+\frac{n}{4}\right)O_2 = (m-x)CO_2+xCO+\frac{n}{2}H_2O$$

$$C_mH_n+\left(\frac{m}{2}+\frac{n}{4}\right)O_2 = mCO+\frac{n}{2}H_2O$$

一氧化碳（CO）是烃类燃料在燃烧过程中的中间产物。一般认为，烃类燃料的燃烧反应经过以下几个过程：

$$2C_nH_m+nO_2 \longrightarrow 2nCO+mH_2$$

$$2H_2+O_2 \longrightarrow 2H_2O$$

$$2CO+O_2 \longrightarrow 2CO_2$$

$$H_2O+CO \longrightarrow H_2+CO_2$$

2. 汽车尾气中氮氧化物（NO_x）是如何产生的？

答：NO_x 是指 NO、NO_2、N_2O、N_2O_3、N_2O_4、N_2O_5 等氮氧化物的总称。在发动机排出的废气中，NO 占绝大部分（约占99%），而 NO_2 的含量较少（约占1%）。NO 排入大气后，又被氧化成 NO_2。NO 的形成机理比较复杂，迄今尚无定论。过去认为较低的温度下是：$N_2+O_2 \longrightarrow 2NO$，根据这一机理，NO 的生成过程太慢，与发动机实测数值不符，目前被广泛采用的反应机理如下：

$$N_2+4O\cdot \longrightarrow 2NO+O_2$$

$$N+O_2 \longrightarrow NO+O\cdot$$

$$N+\cdot OH \longrightarrow NO+H\cdot$$

$$\cdot H+N_2O \longrightarrow N_2+\cdot OH$$

$$\cdot O+N_2O \longrightarrow N_2+O_2$$

$$\cdot O+N_2O \longrightarrow 2NO$$

3. 汽车尾气净化器（三效催化剂）的工作原理是什么？

答：汽车尾气中含有CO和NO_x气体，其中CO具有还原性，NO_x具有氧化性。如果发动机采用闭环控制式电喷发动机，可采用三效催化剂。在发动机以理论空燃比运行时，三效催化剂能同时具有高效净化CO、烃类化合物（C_xH_y）和氮氧化物（NO_x）三种有害气体的能力。三效催化剂一般选用金属铂（Pt）和铑（Rh）为主要活性组分，它们的抗硫中毒的性能好。其中，Rh对NO_x的还原反应活性好，可将NO_x还原成N_2；Pt对CO和烃类化合物的氧化反应活性好，在高温下将CO和烃类化合物氧化成CO_2和H_2O。

通常汽车尾气治理中，首先用催化还原反应去除NO_x，尾气中含有的CO和烃类化合物可用作NO_x还原反应的还原剂，之后再催化氧化尾气中的CO和烃类化合物。如：

$$2CO+2NO \longrightarrow 2CO_2+N_2$$

$$C_xH_y+NO \longrightarrow CO_2+H_2O+N_2$$

$$2CO+O_2 \longrightarrow 2CO_2$$

$$C_xH_y+O_2 \longrightarrow CO_2+H_2O$$

催化反应器设置在排气系统中排气歧管与消音器之间。上述反应只是尾气处理复杂反应中的一部分，不过有效地提高这一反应可同时去除汽车尾气中含有的NO_x、CO和烃类化合物三种有害气体。

4. 机动车的排气量并不是一个定数，如何判断还原剂NH_3的投加量？整个反应需不需要催化剂？

答：对于选择性催化还原转化器（selective catalytic reduction，SCR）的电控系统装置，有尿素剂量电子控制单元、发动机电子控制单元、SCR催化器、尿素喷射系统、传感器等组成。电子控制单元有两根传感器，其中一根接入尿素喷射单元，另一根接入尿素箱，能够根据排气量的大小和氮氧化物的多少进行判断，并对尿素喷射量进行精确控制。

选择性催化还原反应要在催化剂的参与下进行。SCR常用的催化剂主要有3种，即Pt为活性组分的低温催化剂（200～300℃）、V_2O_5/TiO_2型为中温催化剂（300～400℃）、沸石型为高温催化剂（400～600℃）。柴油机的排气温度一般在300～500℃，因此，Urea-SCR（尿素选择催化性还原）还原柴油机车尾气氮氧化物的催化剂以V_2O_5/TiO_2型中温催化剂为主。

5. 生活中一般觉得汽油机比柴油机要好，为什么又说柴油机有较大的发展潜力？

答：1）柴油和汽油的不同　柴油、汽油都是石油提炼时的不同馏分，分馏时柴油在汽油的下面，杂质含量高；两者的含碳量也不同：柴油含碳量远高于汽油，所以燃烧值高。

2）柴油车发展的必然性　从动力系统看，柴油机压缩比较高，因而功率大，燃油效率高，燃油消耗率低，是经济、节能、高效率的动力系统。从能源角度讲，柴油含碳量高，因而燃烧热高，可以降低石油的消耗；从环保角度，与汽油车相比，柴油车的烃类化合物、CO_x 排放量低，有助于 CO_2 的减排，是环境友好型发动机。再次，随着科技的发展和研究学者的关注，对柴油车 NO_x 和颗粒物质减排技术一定会得到更好的发展。因此，柴油车的生产量呈逐年上升的态势。

6. 有关机动车尾气排放法规的美国体系和欧洲体系有什么不同？为什么要选择欧洲体系为主的 SCR 还原 NO_x 技术？

世界的排放法规分为：美国体系、欧洲体系、日本体系三大类，由于我国的道路状况和车辆状况接近欧洲，因此我国的排放法规沿用欧洲体系。美国重型柴油汽车排放限值如表 1-1 所列，欧洲重型柴油汽车排放限值如表 1-2 所列。

表 1-1 美国重型柴油汽车排放限值 单位：g/(kW·h)

实施时间	CO	烃类化合物	NO_x	PM
1991 年	20.8	1.74	6.7	0.34
1994 年	20.8	1.74	6.7	0.134
1998 年	20.8	1.74	5.4	0.134

表 1-2 欧洲重型柴油汽车排放限值 单位：g/(kW·h)

实施时间	CO	烃类化合物	NO_x	PM
EuroⅠ(1992 年)	4.9	9.0	1.23	0.4
EuroⅡ(1996 年)	4.0	7.0	1.0	0.15
EuroⅢ(2000 年)①	5.45	5.0	0.78②	0.16
EuroⅣ(2005 年)①	4.0	3.5	0.55②	0.03

① 为 ETC 工况限值。

② 为非甲烷碳氢限值。

从以上两个表中可看出，与美国体系相比，欧洲体系对 CO、NO_x 和 PM 排放限值要求都比较高。由于排放限值的要求不同，两种体系下的柴油机车发动机类型也不相同。适应美国体系的发动机尾气净化主要采取 EGR+DPF/DOC（废气再循环系统+颗粒捕集器/氧化型催化转化器）技术，而适应欧洲体系的柴油车发动机尾气净化技术主要采用 SCR（选择性催化还原）技术。前者先是净化了 NO_x，再捕集颗粒，但 SCR 技术，颗粒物可使催化剂的失活加速，颗粒浓度对于 NO_x 的净化效率影响很大，所以应当在 SCR 前先用颗粒捕集器捕集完颗粒，再对 NO_x 进行净化。

两个体系排放标准不同，采用的柴油车发动机类型不同，净化技术也不同，从资源的最大化利用原则和环境保护的角度出发，中国采用欧洲体系的净化模式是必然的。

7. 汽油和柴油中硫含量各是多少？

答：根据其原油产地、性质、炼油厂技术及型号的不同，其含硫量不同。其中汽油含硫量标准如表 1-3 所列。

表 1-3 汽油含硫量标准

项目	国Ⅱ①	国Ⅲ①	乙醇汽油
硫含量/%(质量分数)	不大于 0.05	不大于 0.015	不大于 0.08

① 指满足国Ⅱ或国Ⅲ排放标准的汽油。

我国柴油现行规格中要求含硫量控制在0.5%～1.5%。

8. 何为稀薄燃烧技术？

答：稀薄燃烧（lean-burn）技术是将少量燃油和大量空气混合，以达到使燃油充分燃烧目的的一种技术。

传统发动机必须调整到理论空燃比为14.7∶1，而在稀薄燃烧发动机中，空燃比为（15∶1)～(27∶1)。稀薄燃烧技术的最大特点就是燃烧效率高，经济、环保，同时还可以提升发动机的功率输出。

9. 为什么在稀薄燃烧工况下，传统的三效催化剂（TWC）不能有效消除 NO_x？

答：在当量空燃比工况时，三效催化剂对 NO_x、烃类化合物、CO同时起到良好的催化净化效果，但此技术只能应用于空燃比（AVF）为14.7附近狭窄的范围内。而稀薄燃烧技术是当前提倡节约能源和减少废气排放的发展趋势，当空燃比大于理论空燃比时，NO_x 的含量增加，烃类化合物、CO的含量下降不足以与大量的 NO_x 反应，NO_x 的转化效率明显下降，难以满足排放标准。因此，以分子筛为载体的金属分子筛催化剂体系在该领域体现出了较好的应用前景。

10. 稀薄燃烧发动机尾气中 NO_x、烃类化合物、CO之间如何相互反应？

答：发生碳氢选择性催化还原反应：直接利用稀薄燃烧发动机尾气中的烃类化合物、CO等作为还原物对稀薄燃烧发动机排放的 NO_x 进行选择还原，不需要从外界添加还原物质。主要进行的反应为：

$$NO + C_xH_y + O_2 \longrightarrow N_2 + CO_2 + H_2O$$

$$NO_x + xCO \longrightarrow \frac{1}{2}N_2 + xCO_2$$

在最大 NO_x 转化率处，二者的转化率分别为68%和0，这说明此时与 NO_x 进行选择还原的物质是烃类化合物，CO虽然有可能参加反应，但其消耗量只能抵消反应产生的量。大量研究表明，在一定的温度范围内，低碳烷烃、烯烃和醇类等烃类化合物均可以选择性催化还原富氧气氛中的 NO_x，是一种具有实用前景的稀燃型车用发动机排气净化技术。

11. 稀薄燃烧技术可否用于柴油机？简述一下柴油机的尾气净化技术。

答：柴油机车排放的污染物包括炭颗粒物、烃类化合物、一氧化碳、硫酸盐和氮氧化物等，尾气温度比汽油车低。柴油车发动机排放的烃类化合物和CO一般只有汽油车发动机的1/10，中小负荷时其 NO_x、排放量也远低于汽油机，大负荷时与汽油机大致处于同一数量级甚至更高。柴油机的颗粒物排放量相当高，约为汽油机的30～80倍。

柴油机与汽油机相比因为不同的工况柴油机的利用效率较高，柴油机尾气净化主要是以控制微粒（黑烟）和 NO_x 排放为目标，稀薄燃烧不是针对柴油机的技术。柴油机的尾气净化技术中尾气一体化净化技术是一种较好的技术。以过滤器捕集的炭颗粒物作为还原剂，在催化剂上将捕集炭颗粒物-催化燃烧再生-催化还原 NO_x 作为一体化技术是一条比较理想的途径，又称“四效催化剂”。

12. 稀薄燃烧是否认为燃烧单位质量的燃料产生的污染物降低了?

答：稀薄燃烧中燃料的燃烧条件改变，氧气供给量更加充足，燃料充分燃烧，因此通过改善燃烧条件降低了尾气中的CO、烃类化合物的含量，但不是因为空燃比增加的稀释作用使尾气中的CO含量减少。

13. 稀薄燃烧对NO_x去除有什么影响?

答：稀薄燃烧条件对NO_x去除效果的影响主要是由于过量的O_2。

尾气中NO_x的去除主要是通过在催化剂的催化作用下，与烃类化合物和CO发生氧化还原反应实现的。过量O_2影响了催化剂的选择性，加剧了三效催化剂对还原剂（烃类化合物、CO）的催化氧化，过多的烃类化合物、CO与O_2反应被消耗掉，因此还原剂对NO_x催化还原的效率降低了。

14. Cu-ZSM-5/堇青石整体式催化器处理NO_x的合适温度为300～400℃，对烃类化合物、CO的处理效果却不好，怎样排除烃类化合物、CO对环境的影响?

答：堇青石（$2MgO \cdot 2Al_2O_3 \cdot 5SiO_2$）易于加工成形、机械强度高、价格低廉、热膨胀性质与分子筛相近被广泛用于整体式催化剂的载体。Cu-ZSM-5稀燃催化剂对NO_x转化最有效时的排气温度稳定在300～400℃。这个温度与稀薄燃烧时发动机的排温较接近，呈现出较好的温度特性，相对欠缺的是温度范围较窄，在这个温度范围内烃类化合物、CO的转化率都比较低，烃类化合物的转化效率不到60%，而CO基本没有得到转化。由于稀薄燃烧尾气中的烃类化合物和CO本身含量就比较低，一部分作为还原物质反应掉，所以在处理效果不是很好时烃类化合物、CO对环境的影响仍不大。

15. 具体说明催化器各影响因素对NO_x去除的影响。

答：(1) 影响NO_x还原能力的因素

NO_x还原能力随着氧过量程度的增加而减少，组成催化剂的贵金属颗粒越细对NO_x的还原能力越强，贵金属催化组元靠近储存组元时NO_x的转化效率高。

(2) 影响NO_x储存能力的因素

NO_x的储存量随着氧浓度的增加而增加，也随着NO_x储存组元的碱度增加而增加。虽然NO_x储存组元的碱度越强，NO_x储存能力越强，但碱度增大会恶化Pt的活性特别是恶化对烃类化合物的转化效率。应综合考虑各种因素对催化剂的碱度进行优化。

16. 吸附-还原型催化剂除了贵金属型的还有哪些? 性能如何?

答：除贵金属型的催化剂外还有钙钛矿型催化剂，结构稳定具有良好的氧化还原能力，具有良好的热稳定性，催化机理也是通过吸附/脱附循环消除NO_x的。$BaFeO_3$钙钛矿具有较好的抗硫性能，主要的缺点是比表面积较小，增大比表面积是目前研究的热点。目前提高比表面积的方法如下：

① 可通过络合溶胶凝胶法、冷冻干燥法、化学气相沉积法、微乳液法水热合成法等技术制备出具有大比表面积的钙钛矿；

② 将钙钛矿负载在具有大的比表面积的载体上。

17. 针对催化剂的硫中毒问题如何避免与改进?

答: 避免催化剂硫中毒及改进方法有:

① 降低汽油的含硫量。

② 可以在催化剂前设置硫捕集器,稀燃时吸收 SO_2、催化剂再生时放出 SO_2。

③ 一些研究发现硫酸盐在一定的空燃比范围内(理论空燃比=富燃条件)也会分解,有些研究者也在制备一些在理论空燃比条件下可以使硫酸盐分解的催化剂。

④ 大众公司把催化剂的反应温度提高到650℃,从而把附着在催化剂上的硫通过燃烧的方法而分解,在高速行驶时可行,但在城市内行驶时温度下降不能去除硫,可以通过 NO_x 的传感器检测硫附着在催化剂上的程度,根据情况提高排气温度。

18. 吸附还原 NO_x 的反应公式有哪些?

答: 稀燃时 NO_x 的吸附过程:

$$2NO+O_2 \longrightarrow 2NO_2$$

$$2NO+2MO+O_2 \longrightarrow 2MNO_3$$

注:M 为碱土金属。

浓燃时 NO_x 的还原过程:

$$2MNO_3 \longrightarrow 2NO+O_2+2MO$$

$$NO+CO+C_xH_y \longrightarrow N_2+CO_2+H_2O$$

一般刚开始时,催化剂温度与室温相同,达不到催化剂的起活温度(200~500℃),NO_x 处理效果很差,因此出口 NO_x 浓度很高,几乎接近于初始浓度,然后在温度升高后催化剂起活,NO_x 浓度迅速下降。

19. 关于催化转化器的介绍中,机内净化措施指的是什么?

答: 机内净化措施指的是以改进发动机燃烧过程为核心,达到减少和抑制污染物生成的各种技术。如稀薄燃烧、电控汽油喷射、多气门机构、增压和掺水的技术均为机内净化措施,它的最终目的是降低污染物的生成量。

20. 发动机工作温度为85~90℃,尾气净化反应温度为200~500℃,温度的差异是否会影响两者的反应?

答: 发动机内部主要进行燃油与空气的反应,以提供车辆运行的动力,但反应完成后,所产生的尾气进入排气管,此时尾气温度较高,在催化转化器中催化剂的作用下,转变为无害气体进行排放。发动机与尾气净化装置并非一体结构,中间有传输过程,所以温度的差异并不影响两者各自的反应。

21. 什么是空燃比?

答: 可燃混合气中空气质量与燃油质量之比为空燃比,空燃比A/F(A表示空气,F表示燃料)表示空气和燃料的混合比。发动机的空燃比需控制在一个狭小的、接近理想的区域内,若空燃比大时,虽然CO和烃类化合物的转化率略有提高,但 NO_x 的转化率急剧下降为20%,因此必须保证最佳的空燃比。

22. 降低燃油含量对汽车运行的影响？

答：提高空燃比，降低燃油含量，可以达到燃料完全燃烧、废气排放量小和燃油经济性高的目的，从而提高发动机性能。

汽车发动机动力缺乏的原因包括缸压不足，电路、油路出现故障，少数汽缸不工作，配气相位失常和发动机的温度过高等。稀薄燃烧虽然使用较少的燃油，但其利用效率较高，且能在打火处保证动力充分。当然，空燃比也有一定的限值，并非越大越好。现在采用稀燃技术的汽油发动机，空气与汽油之比一般为 25∶1 及以上（普通发动机空燃比 14.7∶1）。

23. 吸附还原型技术中存储器的作用是什么？制作材料是什么？

答：存储器与催化活性组分一起负载在催化剂载体表面，它的作用是在稀燃阶段，将 NO 经催化氧化反应生成的 NO_2 转化成硝酸盐或亚硝酸盐，吸附存储在催化剂表面上，然后到复燃阶段时，在烃类化合物和 CO 浓度较高的条件下，重新释放 NO_2，还原转化。存储器一般使用的是碱或碱土金属元素（如 K^+、Na^+、Ba^{2+}）氧化物。

第二节 烟气脱硫脱硝

一、脱硫技术

24. 传统脱硫方法主要有哪些？

答：烟气脱硫（flue gas desulfurization）简称 FGD，在 FGD 技术中，按脱硫剂的种类划分，可分为以下 5 种方法：a. 以 $CaCO_3$（石灰石）为基础的钙法；b. 以 MgO 为基础的镁法；c. 以 Na_2SO_3 为基础的钠法；d. 以 NH_3 为基础的氨法；e. 以有机碱为基础的有机碱法。世界上普遍使用的商业化技术是钙法，所占比例在 90%以上。

按吸收剂及脱硫产物在脱硫过程中的干湿状态又可将脱硫技术分为湿法、干法和半干（半湿）法：

① 湿法 FGD 技术是用含有吸收剂的溶液或浆液在湿状态下脱硫和处理脱硫产物，该法具有脱硫反应速率快、设备简单、脱硫效率高等优点，但普遍存在腐蚀严重、运行维护费用高及易造成二次污染等问题；

② 干法 FGD 技术的脱硫吸收和产物处理均在干状态下进行，该法具有无污水废酸排出、设备腐蚀程度较轻、烟气在净化过程中无明显降温、净化后烟温高、利于烟囱排气扩散、二次污染少等优点，但存在脱硫效率低，反应速率较慢、设备庞大等问题；

③ 半干（半湿）法 FGD 技术是指脱硫剂在干燥状态下脱硫、在湿状态下再生（如水洗活性炭再生流程），或者在湿状态下脱硫、在干状态下处理脱硫产物（如喷雾干燥法）的烟气脱硫技术。

按脱硫产物的用途脱硫可分为抛弃法和回收法两种。

25. 烟气脱硫副产物重金属对环境有哪些影响？

答：由于燃煤及金属冶炼过程中排放的烟气含有一定量的重金属，而几乎所有的脱硫工艺都会产生副产物，这些副产物包括石膏或者硫酸铵化肥等，其中不可避免地会含有重金属。燃煤烟气脱硫副产物中的总Pb、Cd、Cr、As、Se、Ni、Cu等指标，基本上都低于国标最高容许量和土壤环境质量二级标准，符合国家控制标准，但普遍高于土壤自然背景值含量。

广东省生态环境与土壤研究所和广东省农业环境综合治理重点实验室曾通过理化分析、盆栽生物试验及土壤淋溶试验探讨了燃煤电厂烟气脱硫副产物的重金属农业环境行为。实验表明：8～10g/kg土的供试物量处理花生、萝卜、甘蔗和水稻的可食部分重金属均无超常累积现象，未导致农产品重金属的富集残留污染，不影响农产品安全品质。在表土层供试物量达到40g/kg条件下，土壤淋溶试验结果表明，施脱硫副产物未导致土壤淋滤液重金属污染，不可能通过降雨淋溶过程渗透过1m左右的土层而污染地下水源。

适当施用脱硫副产物既有作物营养的价值又无重金属污染的环境风险，农业利用有一定的可行性。但也应指出，添加脱硫副产物确实提高了淋滤液铅、镉、砷等重金属含量，尤其是土壤中移动能力相对较强的铅、镉元素。此外，脱硫副产物来源不同，重金属含量差异较大，因此有必要先进行重金属含量检测，同时注重适量施用。另外，长期施用脱硫副产物的重金属环境风险还需要用长期定位试验来探讨。

燃煤烟气脱硫副产物中的总Pb、Cd、Cr、As、Se、Ni、Cu等指标都低于海水水质标准及海洋沉积物标准，利用海洋的超级纳污能力，可以采用海水法进行燃煤电厂的烟气脱硫，并将吸收后的海水直接排海。

冶金厂排放的烟气中重金属含量要高于燃煤电厂，所以对冶炼厂排出的烟气需进行必要的脱除重金属控制。

26. 湿法与半干法钙硫比一般范围都在多少？

答：对石灰石-石膏湿法脱硫，其最优钙硫比在1.01～1.03之间，对于钙硫比的要求比半干法更为严格。

较多的工程实例和研究表明，NID半干法的最佳钙硫比在1.1～1.5之间，在这之间脱硫效率最高，可达到85%～92%，循环流化床半干法钙硫比一般为2～2.5。

27. 在石灰消化系统已经加水为何还要在增湿器加水？

答：① 石灰消化系统的水就是单纯用于石灰消化。

② 增湿器中加水主要用于增湿，电除尘器中收集的脱硫循环灰需要在增湿器中加水均匀增湿，使灰的含湿量由初始的2%升高到5%左右，同时控制系统通过调节混合器加入水量的多少来保证反应器中反应的温度及封顶的烟气出口温度。

28. NID半干法与钙法的关系是怎样的？

答：① 钙法是个统称，NID半干法也是钙法的一种，通过原理进行分类，同时还有碱法、镁法、钠法、氨法等，但是钙法最为成熟，应用也最广。

② 对于众多的脱硫方法的分类，最常用的还是通过脱硫方式和产物的处理形式划分，把其分为湿法、干法、半干法，NID法显然是属于半干法，而钙法分为很多种，有湿法的钙法，如石灰/石灰石-石膏法；有干法的钙法，如CDS法；另外还有半干法的钙法。

29. 镁法和钙法经济性的比较。

答：① 镁法镁硫比为1.03，耗量仅相当于石灰石的40%，原料节省，另外输送系统也简化，建设投资低。

② 镁法脱硫塔主体高度仅为钙法的 2/3，造价低，一般可比钙法低 20%～30%。

③ 镁法脱硫系统电耗低，为钙法的 1/2 以下。

④ 镁法副产品硫酸镁经济价值高，可以作为复合肥。据调查目前硫酸镁（纯度 99%）价格为 220～300 元/吨。

所以虽然镁法脱硫剂单价成本较高，但综合脱硫成本，总体还是比钙法低。

30. pH 值对镁法脱硫工艺过程的影响是怎样的？

答：脱硫系统的 pH 值是脱硫运行中的一个主要的工艺测量参数，pH 值的高低，不仅与 SO_2 的吸收率和 MgO 利用率有关，而且与系统的腐蚀、沉淀有关。pH 值与脱硫率和吸收剂的利用率关系如图 1-1 所示：随着吸收剂 $Mg(OH)_2$ 的加入，吸收塔内部的浆液 pH 值上升，高 pH 值的浆液环境有利于 SO_2 的吸收，随着 pH 值的上升，吸收剂的利用率不断降低，在达到一定的 pH 值后，脱硫效率不会继续升高，如果浆液呈碱性，则会影响到反应中 $Mg(HSO_3)_2$ 的生成，降低吸收剂利用率，SO_3^{2-} 的大量生成，会使系统中磨损和沉淀增强；如果 pH 值偏低，脱硫效率低，腐蚀性加强，不利于脱硫，同时设备的腐蚀加大。将 pH 值控制在 6.5～6.8 的范围之内比较合适。

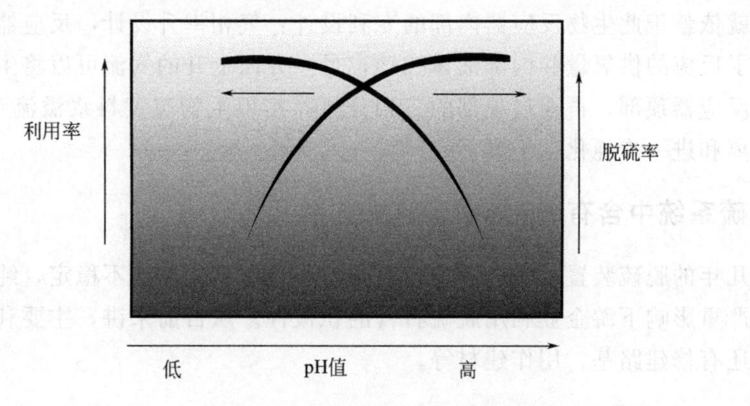

图 1-1 pH 值与脱硫率和吸收剂的利用率关系

31. 镁法脱硫工艺产物硫酸镁的应用情况是怎样的？

答：1）农业 镁法脱硫副产物通过曝气氧化法可直接将亚硫酸镁强制氧化成硫酸镁，再依次经过低温加热浓缩、蒸发结晶、高速离心脱水等过程制得七水硫酸镁半成品，可根据具体的产品需求和干燥温度的不同制成不同的硫酸镁产品。对于纯度较低或纯化难度较大的硫酸镁，常用于制备硫酸镁肥料或直接用于改良土壤。$MgSO_4 \cdot 7H_2O$ 半成品也可与氯化钾反应制备硫酸钾，硫酸钾是制备钾肥的基础原料。同时硫酸镁和有机质经过复合配制，可以合成有机-无机复合肥料，复合镁肥在农业上使用广泛。

2）建筑业 硫酸镁在建筑领域主要用于制备胶凝材料。副产物焙烧热解产生的氧化镁与经过浓缩的硫酸镁浆液按比例调配可制备硫氧镁水泥。硫氧镁水泥经过一系列增强改性，能够达到建筑使用标准，再通过发泡改性可制备用于建筑装修的保温材料。

3）畜牧业 硫酸镁经过一定工艺提纯后可以达到饲料级别，饲料级硫酸镁可以作为饲料加工中镁的补充剂，也可以直接作为饲料中镁元素的补充剂。

4）工程工业　硫酸镁在过程工业中的应用形式多种多样，总体在ABS和PVC树脂的合成助剂、造纸、印染等行业应用较多。其次，硫酸镁可用于环保领域中工业废水和生活污水的处理，可以使得工业废水和生活污水凝结和沉降，达到环保部门要求的废水排放标准。在纺织过程工业中，硫酸镁一般可以作为加重剂、镁染剂等对织物进行处理，也可用于印染细薄的棉布、丝，作为棉、丝的加重剂和木棉制品的填料。在制药工业中，硫酸镁的添加可制成泻药、三硅酸镁、麦白霉素等药物。

32. Shell-Paques 生物脱硫法有何不足？

答：该工艺的核心部分是具有专利设计的生物反应器，如何选育具有高选择性的硫氧细菌，来提高生物硫黄的产出率以及纯度是需要突破的问题之一；其次要想阻止硫氧细菌进一步氧化为 SO_4^{2-}，也就是控制反应器内的氧化还原电位，提高气、液、固三相接触效率和传导率，一方面就需要对反应器内部进行针对性设计，另一方面就需要对控制参数进行不断地优化，这也是需要突破的问题之一；这些原因，加之其反应器的专利设计限制了其大规模应用。

33. Shell-Paques 生物脱硫法工艺中生物硫黄是如何从反应器中分离提取出的？

答：这就依赖于此生物反应器内部的专利设计：气相举升设计，反应器下部通入的空气一方面保证了反应的供氧量和内部液体扰动，另一方面上升的气流可以将生成的比较轻的单质硫举升到反应器顶部，再通过顶部的三相分离器实现生物硫黄料浆溢流到硫黄回收系统，进行离心分离和进一步纯化、干燥。

34. 脱硫系统中含有 Hg 的石膏该如何利用？

答：前几年的脱硫装置，工艺不稳定，导致脱硫石膏的性能不稳定，纯度不达标，有害成分超标。严重影响下游企业利用脱硫石膏的积极性。从目前来讲，主要利用在水泥的生产环节，其次还有修建路基，用作建材等。

35. 石膏中的汞会不会迁移到自然环境中？

答：在脱硫石膏的利用过程中受到一些因素，例如酸雨，或者空气中湿度的影响，确实存在汞的浸出，所以现在也在进行脱硫石膏中汞的迁移转化的机理以及汞的稳定化技术研究。例如，对磁性纳米 FeS 吸附剂和一些重金属捕集剂的研发，就是为了减少 Hg 的浸出。

36. 克劳斯硫回收装置是什么？

答：克劳斯硫回收装置用来处理来自低温甲醇洗工序的酸性气体，使酸性气中的 H_2S 转变为单质硫。首先在燃烧炉内1/3的 H_2S 与氧燃烧，生产 SO_2，然后剩余的 H_2S 与生成的 SO_2 在催化剂的作用下，进行克劳斯反应生成硫黄。

克劳斯反应：

$$H_2S+\frac{3}{2}O_2 = SO_2+H_2O$$

$$2H_2S+SO_2 = 3S+2H_2O$$

如图1-2所示，在该工艺中，全部原料气进入酸气燃烧炉，经燃烧将酸性气中的氨和烃类等有机物全部分解。在炉内约有体积分数65%的H_2S进行高温克劳斯反应转化为硫，余下的H_2S中有1/3转化为SO_2。自酸气燃烧炉排出的高温过程气，一小部分通过高温掺合阀用于调节一级转化器的入口温度，其余进入制硫余热锅炉进行冷却，同时，制硫余热锅炉产生饱和蒸汽。从制硫余热锅炉出来的过程气进入一级冷凝冷却器。在一级冷凝冷却器末端，冷凝下来的液体硫与过程气分离，自底部流入硫池；顶部出来的过程气经高温掺合阀调节至所需温度，进入一级转化器，在催化剂的作用下进行反应，反应后的气体先经过过程气换热器的管程与进二级转化器的冷气流换热，然后进入二级冷凝冷却器。二级冷凝冷却器冷凝下来的液体硫在末端与过程气分离，自底部流入硫池，顶部出来的过程气经换热器壳程与一级转化器出口的高温气流换热后，进入二级转化器，过程气在催化剂的作用下继续进行反应，然后进入三级冷凝冷却器。在三级冷凝冷却器末端，被冷凝下来的液体硫与过程气分离，自底部流入硫池；顶部出来的过程气经尾气分液罐分离后，进入尾气处理部分。

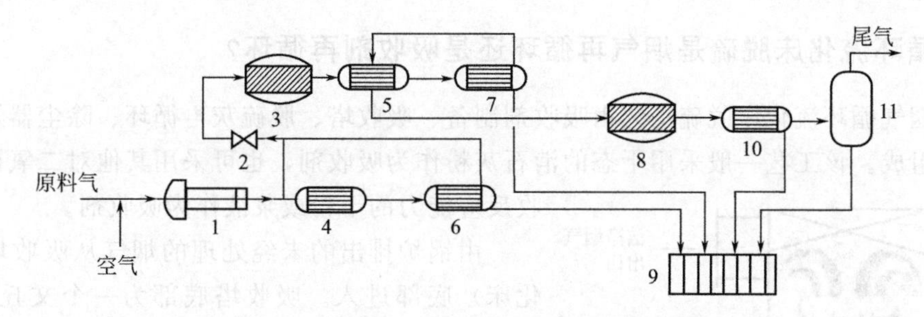

图1-2 某炼油厂硫回收装置工艺流程示意

1—酸气燃烧炉；2—高温掺合阀；3—一级转化器；4—制硫余热锅炉；5—过程气换热器；6—一级冷凝冷却器；7—二级冷凝冷却器；8—二级转化器；9—硫池；10—三级冷凝冷却器；11—尾气分液罐

37. 与干法相比，湿法的优势在哪里？

答： 优势主要在：a. 操作弹性大，脱除硫化氢效率高；b. 可将H_2S一步转化为单质硫，无二次污染；c. 可在常温、常压下操作；d. 大多数脱硫剂可以再生，运行成本低。

38. 硫液中副盐的存在会对反应造成什么影响？

答： ① 副盐的存在阻碍了氧在脱硫液中的传递，降低了再生效率，致使脱硫剂的载氧和释放氧量大打折扣，破坏了HS^-的氧化条件，甚至使脱硫过程的反应链出现薄弱环节或中断，而导致脱硫效率降低。尤其是当副盐Na_2SO_3消耗部分氧转化为Na_2SO_4，会更加剧氧不足的影响。

② 随着副盐浓度的增加，脱硫液黏度升高，在再生过程中空气泡难以分散，气泡比表面积减小，对硫的浮选能力下降；加之脱硫液黏度增高，硫颗粒聚集的阻力增大，硫颗粒变小。

39. 什么叫循环流化床锅炉？

答： 循环流化床锅炉技术是近十几年来迅速发展的一项高效低污染清洁燃烧技术。其燃烧设备是循环流化床，是针对低热值煤质设计的锅炉。循环流化床锅炉起源于丹麦，是专为坑口电站设计的，过去因煤矸石等低含热量的燃料无法消化，既不能作为建筑材料，又不能用作燃料，煤矸石（页岩等）大量堆积到煤矿，为消灭这些低热值燃料，丹麦人发明了循化流化床锅炉，即CFBB锅炉。CFBB锅炉的燃烧工况介于固定床与沸腾床之间，也叫浮动床；同时，这种锅炉的燃烧特点是循环燃烧，在第二燃烧室会把未燃尽的颗粒物反流回主燃烧室，进行再次燃烧，所以，称之为循环流化床锅炉。

循环流化床锅炉适合炉内脱硫，即在燃料中添加生石灰脱硫，第一，流化床具有扰动搅拌作用，生石灰中的钙质与硫混合得更好；第二，由于CFBB锅炉属于低温燃烧，一般情况下的炉膛温度在900℃左右，适合燃用劣质煤，所以即便是在燃料中添加不可燃物质也不会影响燃烧。床料中未发生脱硫反应而被吹出燃烧室的石灰石、石灰能送回至床内再利用；另外，已发生脱硫反应部分，生成了硫酸钙的大粒子，在循环燃烧过程中发生碰撞破裂，使新的氧化钙粒子表面又暴露于硫化反应的气氛中。这样脱硫性能大大改善。当钙硫比为1.5～2.0时，脱硫率可达85%～90%。与煤粉燃烧锅炉相比，不需采用尾部脱硫脱硝装置，投资和运行费用都大为降低。

40. 循环流化床脱硫是烟气再循环还是吸收剂再循环？

答：烟气循环流化床脱硫工艺由吸收剂制备、吸收塔、脱硫灰再循环、除尘器及控制系统等部分组成。该工艺一般采用干态的消石灰粉作为吸收剂，也可采用其他对二氧化硫有吸收反应能力的干粉或浆液作为吸收剂。

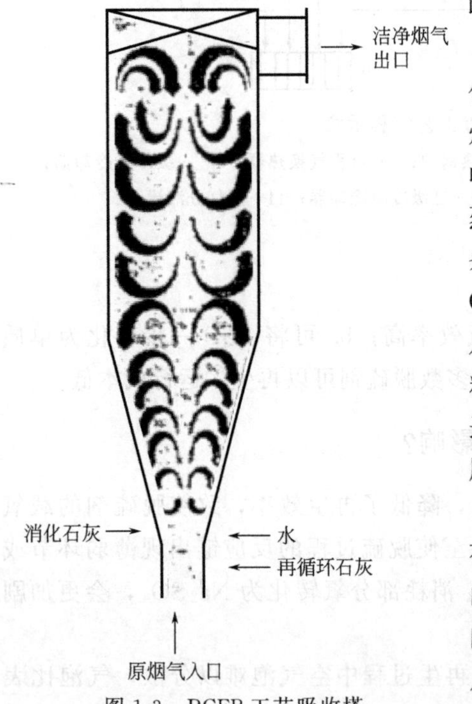

图1-3 RCFB工艺吸收塔

由锅炉排出的未经处理的烟气从吸收塔（即流化床）底部进入。吸收塔底部为一个文丘里装置，烟气流经文丘里管后速度加快，并在此与很细的吸收剂粉末互相混合，颗粒之间、气体与颗粒之间剧烈摩擦，形成流化床，在喷入均匀水雾降低烟温的条件下，吸收剂与烟气中的二氧化硫反应生成$CaSO_3$和$CaSO_4$。脱硫后携带大量固体颗粒的烟气从吸收塔顶部排出，进入除尘器，被分离出来的颗粒经中间灰仓返回吸收塔，由于固体颗粒反复循环达百次之多，故吸收剂利用率较高。所以循环是指脱硫灰的再循环。

吸收塔中的烟气和吸收剂颗粒在向上运动时会有一部分烟气在塔内回流（不是循环），形成很强的内部湍流，从而增加了烟气与吸收剂的接触时间，使脱硫过程得到极大改善，提高了吸收剂的利用率和脱硫效率。另外，吸收塔内产生回流使得塔出口的含尘浓度大大降低。一般来说，塔内部回流的固体物量为外部再循环量的30%～50%。这可大大减轻后续除尘器的负荷（见图1-3）。

41. 循环流化床（CFB）处理后的烟气需要加热后再排放吗？

答：不需要，在CFB内，气、固两相由于气流的作用产生激烈的湍动与混合，充分接触。脱硫剂颗粒在烟气携带上升的过程中，由气、固二相物形成的絮状物在床内气流激烈湍动中不断形成，又不断解体，固体颗粒在床内下落、提升过程随时发生，使得气、固间的滑移速度大大提高。脱硫塔顶部结构进一步强化了絮状物的返回，从而提高了塔内床层颗粒的密度和延长吸收剂的反应时间。在床内的钙硫比高达 50 以上，使 SO_2 充分反应。这种 CFB 内气、固两相流机制，极大地强化了气、固间的传质与传热。由于流化床中气、固间良好的传热、传质效果，SO_3 全部得以去除。加上排烟温度通过设置在文丘里段上部的喷水装置始终控制在高于露点温度 20℃以上，因此不需烟气加热，更无需任何的防腐处理。

烟气排放前如果是湿式脱硫或湿式除尘，需要烟气加热后排放，但循环流化床脱硫属于半干法脱硫技术，经最后的干式电除尘或袋式除尘，烟气温度较高，不需再加热。

42. 何为密相干塔半干法脱硫技术？

答：密相干塔半干法脱硫技术是利用干粉状的钙基脱硫剂，与布袋除尘器除下的大量循环灰一起进入加湿器进行增湿消化，使混合灰的水分体积分数保持在 3%～5%之间，然后循环灰进入密相干塔（脱硫塔）上部，与由塔上部进入的含 SO_2 烟气进行反应。净化后的烟气经布袋除尘器后从烟囱外排。反应后的物料经脱硫塔和除尘器底部灰斗送入刮板机，然后经提斗机送入加湿活化机，完成灰系统的循环，少部分失去活性的脱硫灰作为脱硫副产物排出系统。由于含水分的循环灰有极好的反应活性和流动性，另外塔内设有搅拌器，不仅克服了粘壁问题而且增强了传质，使脱硫效率可达 90%以上。脱硫剂不断循环使用，有效利用率达 98%以上。主要有以下化学反应：

① 消化： $CaO+H_2O \longrightarrow Ca(OH)_2$

② SO_2 被吸收： $Ca(OH)_2+SO_2 \longrightarrow CaSO_3 \cdot H_2O$

43. 密相干塔工艺脱硫的优缺点是什么？

答：（1）密相干塔法的优点

① 脱硫效率高、脱硫剂利用率高。塔内形成混合灰浓度高达 400～600g/m³ 的反应环境，同时塔内安装的搅拌装置显著提高了脱硫效率和脱硫剂的利用率。

② 对烟气负荷波动适应性强。系统具有很高的稳定性，对烟气量、烟气温度、SO_2 浓度变化适应能力较强，耐负荷变化达 50%以上。耐含硫量冲击，含硫浓度从 1000mg/m³ 增加到 5000mg/m³，新料投加量从 0.3t/h 增加到 1.5t/h。

③ 耗水量低，料流顺畅。塔外加湿，耗水量低，循环颗粒含湿量 3%～5%，且颗粒表面含水均匀，料流顺畅。

④ 系统压力损失小，运行费用低。密相干塔法钙硫比低，脱硫剂耗费少；同时脱硫塔压损小，故而需要的风机功率低，电耗低。以上两项综合，因此系统运行费用低。

⑤ 塔体无需特殊防腐，投资低。系统操作温度高于露点，没有冷凝现象产生，所以脱硫塔用普通钢材制作，无需合金、涂料和橡胶衬里等特殊防腐措施。

（2）密相干塔法的缺点

反应为气固反应，反应速率慢；脱硫副产物即脱硫灰不易利用。

44. 密相干塔工艺脱硫过程中 NO_x 会不会影响脱硫？

答：不会。密相干塔工艺脱硫主要原理是利用熟石灰进入加湿器均化后吸收烟气中的 SO_2，NO_x 没有影响。若要协同去除氮氧化物可从 3 个方向入手：a. 脱硫脱硝技术组合；b. 吸附剂同时脱硫脱硝（如活性焦吸附工艺）；c. 对现有的脱硫系统改造，d. 增加脱硝功能。

45. 烟气与脱硫剂并行操作的优点是什么？

答：① 脱硫塔上端，热烟气与脱硫剂温差较大，热交换过程迅速，水分快速蒸发，有利于物料运动；

② 并行操作，脱硫塔顶端负压低，减少漏风量，有利于稳定脱硫塔内烟气流速，稳定运行；

③ 循环脱硫剂颗粒粒径小，惯性力比较小，运动表现出较强的跟随性，与烟气并行过程中，脱硫剂颗粒被烟气带动过程中发生碰撞，增大接触面积，提高脱硫效率和脱硫剂利用率。

46. 脱硫系统中能够实现脱硫灰的循环，为什么还要继续加入脱硫剂？

答：当循环灰中 $Ca(OH)_2$ 的含量不能满足脱硫效果时，需要向系统中加入脱硫剂以保证脱硫效果。此外，提高密相塔内的循环灰的浓度，即增加参与脱硫反应的含湿 $Ca(OH)_2$ 颗粒的表面积，增加 SO_2 气体分子与含湿 $Ca(OH)_2$ 颗粒的碰撞概率，使烟气在密相塔内的停留时间都转变为接触反应时间，系统的脱硫效率升高。

47. 为什么脱硫剂要经过加湿器加湿？

答：脱硫剂加湿后，含湿量增加，进入密相干塔后水分快速蒸发，塔内烟气的温度降低，烟气中水分含量增加，烟气相对湿度增加，在循环脱硫剂表面形成一层有一定厚度的液膜，为 $Ca(OH)_2$、SO_2 创造了有利的反应条件，脱硫效率提高。

48. 锰矿法处理硫化氢的反应机理是什么？

答：天然锰矿含二氧化锰 90%左右，脱硫时先将四价的锰还原成二价的锰以具有脱硫活性，脱硫机理也是将有机硫转化为硫化氢，然后按以下方程式反应：

$$MnO + H_2S \longrightarrow MnS + H_2O$$

该反应是可逆的，温度升高会使反应逆向进行，适宜的操作温度为 400℃。饱和后锰矿脱硫剂一般要废弃。

49. 低浓度硫化氢废气的液相催化氧化法净化原理是什么？

答：由于 H_2S 具有还原性，因此，可利用 Fe^{3+} 的氧化性将其氧化成 S 单质。其液化氧化过程可以分成吸收和催化氧化两大过程。

吸收过程：

$$H_2S + Na_2CO_3 \longrightarrow NaHS + NaHCO_3$$

$$NaHS \longrightarrow Na^+ + HS^-$$

催化氧化过程：

$$HS^- + 2Fe^{3+} \longrightarrow 2Fe^{2+} + S\downarrow + H^+$$

再生反应式为：

$$4Fe^{2+} + O_2 + 2H_2O \longrightarrow 4Fe^{3+} + 4OH^-$$

此时产生的 OH^- 与吸收时产生的 HCO_3^- 反应重新生成 CO_3^{2-}：

$$OH^- + HCO_3^- \longrightarrow CO_3^{2-} + H_2O$$

则总反应为：

$$H_2S+\frac{1}{2}O_2 \longrightarrow S\downarrow +H_2O$$

同时还伴有以下副反应：

$$Fe^{2+}+HS^- \longrightarrow FeS\downarrow +H^+$$

$$2FeS+O_2+2H_2O \longrightarrow 2Fe^{2+}+2S\downarrow +4OH^-$$

由于铁离子在碱性溶液中极易形成沉淀从而脱离净化系统，使得吸收液净化效率下降，故必须选择适合的稳定剂，使 Fe^{3+} 和 Fe^{2+} 稳定存在于吸收液中，确保净化效果。

二、脱硝技术

50. 传统脱硝方法主要有哪些？

答：现在主流的脱硝工艺主要有选择性非催化还原（SNCR）技术和选择性催化还原（SCR）技术。

（1）SNCR 技术

SNCR 技术是通过将 NH_3（或尿素）喷入燃烧器上部，NH_3（或尿素）在无催化剂的条件下与烟气中 NO_x 反应，并选择性地生成 N_2 和 H_2O。该技术不需贵金属催化剂，其投资和运行成本比选择性催化还原法低，但烟气和还原剂需在特定的温度和氧含量范围内进行，最佳反应温度区间内停留时间短且难以混合，所以 SNCR 脱硝效率一般只有30%～40%。

（2）SCR 技术

SCR 技术与 SNCR 技术所发生的化学反应相同，其根本的差别在于 SCR 技术中采用了金属催化剂，NO_x 和 NH_3（或尿素）的反应在催化剂的活性中心发生，并使反应速率加快，其脱硝效率可以达到 90%以上，而且降低了 NO_x 还原温度，使还原温度范围变宽。脱硝催化剂是 SCR 烟气脱硝工艺的核心，目前工业化应用较成熟的 SCR 催化剂主要有以贵金属（Pt-Pd）为活性组分的催化剂和 V_2O_5/TiO_2 催化剂，其中，V_2O_5/TiO_2 催化剂应用最为广泛。

51. SCR 工艺原理是什么？

答：选择性催化还原（selective catalytic reduction，SCR）指氨有选择地将 NO_x 进行还原的反应。传统的 SCR 装置一般布置在锅炉省煤器出口与空气预热器入口间，催化反应温度在 300～400℃。低温 SCR 催化的原理与传统的原理相似，只是把装置放在了除尘或者脱硫装置的后面。主要反应有：

$$4NO+4NH_3+O_2 \longrightarrow 4N_2+6H_2O$$

$$2NH_3+NO+NO_2 \longrightarrow 2N_2+3H_2O$$

$$8NH_3+6NO_2 \longrightarrow 7N_2+12H_2O$$

$$4NH_3+2NO_2+O_2 \longrightarrow 3N_2+6H_2O$$

52. 在 SCR 工艺运行时，氨气怎么投加进去？

答：液氨经过加热器蒸发产生氨气，在混合器中被空气稀释成氨气体积分数为 5%的气体，喷入反应器中进行脱硝反应，稀释的氨气质量浓度是根据纯氨气给料来控制的。氨气投加量根据反应器进出口 NO_x 质量浓度差来调整控制，氨气系统设有反应器低温、高温保护以及反应器进出口压差保护，当温度低于 280℃或高于 420℃时氨气停止投加；当反应器进出口压差超过设定值时，氨气也要停止投加。

53. 飞灰脱除重金属的 SCR 工艺是什么原理？

答：烟气中的重金属吸附在亚微米颗粒表面排放到大气中，在大气中主要以气溶胶形式存在，不易沉降，而且重金属元素不易被微生物降解，可以在人体内沉积，并可转化为毒性很大的金属有机化合物，给环境和人类的健康造成很大危害，所以需要对亚微米级的颗粒进行控制。

SCR 工艺中加入固体吸附剂（如高岭土、石灰石、铝土矿等）可有效控制重金属元素的排放。整个吸附过程不仅是一个单纯的物理过程，而是物理吸附与化学吸附相结合的过程。吸附剂对重金属的吸附除了对重金属蒸汽的吸附外，还包括对重金属颗粒和熔融灰的吸附。在原始 SCR 法中，实验表明成型飞灰的比表面积和孔隙度仅次于活性炭，非常适合作为去除重金属的吸附剂。同时，飞灰中含有大量的 Al_2O_3、SiO_2、CaO 等化合物，这些化合物都可与相应重金属的化合物反应。例如 Al_2O_3、SiO_2 就可与气相 $CdCl_2$ 进行反应而生成稳定的晶体和玻璃体（Cd 的铝硅酸盐）；在高温下 CaO 与气相 SeO_2 反应而生成 $CaSeO_3$，$CaSeO_3$ 又可被吸附在飞灰颗粒表面上，进而达到去除重金属 Se 的目的。类似地还会与 Hg、Cr、Ge 等发生反应，可以达到去除多种重金属的目的。

54. 什么是催化剂中毒？

答：催化剂中毒，指反应原料中含有的微量杂质使催化剂的活性、选择性明显下降或丧失的现象。中毒现象的本质是微量杂质和催化剂活性中心的某种化学作用，形成没有活性的物种，在气固多相催化反应中形成的是吸附络合物。中毒现象分为两类：一类为可逆中毒或暂时中毒，是指毒物与活性组分作用较弱，可用简单方法使活性恢复；另一类为不可逆中毒，不可能用简单方法恢复活性。

对于 SCR 反应体系，硫可以使 NO_x 吸附器的吸附剂（例如金属钡）中毒，导致催化效率下降。NO_x 吸附器在富氧条件下吸附 NO_x，把 NO_x 以硝酸盐形式存储起来，当吸附达到饱和后，利用三效催化器使硝酸盐分解释放出 NO_x，NO_x 再与烃类化合物和 CO 在贵金属催化剂作用下被还原为无害的 N_2 排出。在无硫条件下，NO_x 吸附器可以使 NO_x 的转化效率达到 90%，但是硫燃烧后形成的 SO_2 会与吸附剂发生类似 NO_x 的反应而生成硫酸盐，使吸附催化剂失去活性。在 SCR 的催化过程中，燃油中的硫通过 S-SO_2-SO_3-NH_4HSO_4 或者 $(NH_4)_2SO_4$ 的途径生成硫酸氢氨或硫酸铵，硫酸氢氨或硫酸铵沉积在催化剂表面使其失活。

55. SCR 技术中为什么 NH_3 只与 NO_x 反应而不与 O_2 反应？

答：SCR 脱硝技术采用 NH_3 作为还原剂，喷入温度约 300～420℃的烟气中，在催化剂的作用下，选择性地将 NO_x 还原成 N_2 和 H_2O，而不是 NH_3 被空气中的 O_2 所氧化。因为，NH_3 被 O_2 所氧化的条件是高温，且需要 Cr_2O_3 作催化剂（$4NH_3+5O_2 = 4NO+6H_2O$）；而在 SCR 处理技术中，所用的催化剂为 V_2O_5/TiO_2，且为中温反应体系，NH_3 与 O_2 反应的条件不完全具备，反应更易向着 NH_3 与 NO_x 反应生成 N_2 的方向进行。

56. 低温 SCR 系统反应器内催化剂填装的 2+1 设计模式具体是怎么样的？

答：低温 SCR 系统在电厂中的布置一般采用的是尾部布置，反应器内催化剂的填装也可以采用传统的 2+1 设计模式。即：反应器具有三层催化剂的总添加容量，在初期运行先添加两层催化剂预留一个催化剂添加位，当催化剂活性降低，尾部 NO_x 监测显示超出允许排放范围时，再添加第三层，从而充分有效地利用催化剂，使系统保证运行效率同时减少运行成本。

57. 比较一下 SCR 与其他一些脱硝技术，它们都有哪些优缺点？

答：SCR 与其他一些脱硝技术对比见表 1-4。

表 1-4　脱硝技术对比表

脱硝工艺	适应性特点	优缺点	脱硝率	投资成本
SCR	适合排气量大，连续排放源	二次污染小，净化效率高，技术成熟；但设备投资成本高，关键技术难度大	80%～90%	较高
SNCR	适合排气量大，连续排放源	不用催化剂，设备和运行费用低；但 NH_3 用量大，有二次污染，难以保证反应温度和停留时间	30%～60%	较低
液体吸收法	处理烟气量很小的情况下可取	工艺设备简单、投资成本低，收效显著，有些方法能够回收 NO_x；但副产物不易处理，不适于处理燃煤电厂烟气	效率低	较低
微生物法	适应范围较大	工艺设备简单、能耗及处理费用低、效率较高、无二次污染；但微生物生长的环境条件难以控制，仍处于研究阶段	80%	低
活性炭吸附法	排气量不大	同时脱硫脱硝，运行费用较低；但吸收剂用量多，设备庞大，一次脱硫脱硝效率低，再生频繁	80%～90%	高

SCR 工艺具有技术成熟、脱硝率高、几乎无二次污染等特点，因此在全球范围内有数百台的成功应用业绩和十几年的运行经验。

58. 各种低温 SCR 催化剂的优缺点有哪些？

答：目前广泛研究的低温 SCR 催化剂可分为贵金属催化剂、分子筛催化剂、金属氧化物催化剂和碳基材料催化剂 4 类。

其优缺点对比如表 1-5 所列。

表 1-5　低温 SCR 催化剂优缺点对比表

催化剂类型	优点	缺点
贵金属催化剂	具有良好的低温活性，且具有较好的抗硫和抗水性能	活性窗口较窄，成本高，不适合大规模固定源的 NO_x 治理
分子筛催化剂	热稳定性很高、耐酸性、受水蒸气负面影响的程度小、憎水性、不易积炭	多数的催化活性主要表现在中高温区域，实际应用中也会存在水抑制及硫中毒问题
金属氧化物催化剂	目前应用最广的是 TiO_2，其具有很强的抗硫性能	单一金属氧化物型催化剂高温下不稳定，而且催化活性不高
碳基材料催化剂	比其他传统载体孔系高度发达、比表面积大、耐酸碱、表面改性灵活、表面相对惰性、功能多样(可用作吸附剂、催化剂、催化剂载体)、活性组分回收方便、制备简单、成本低廉等	催化剂在有水和硫的情况下易中毒，催化剂的稳定性不高，低温活性不太高

59. 低温 SCR 催化剂以及稀土催化剂有哪些应用实例？

答：实际应用中，SCR 法在大型燃煤电厂获得了较好的商业应用，其中 SCR 在全球范围内有数百台的成功应用案例和十几年的运行经验，日本和德国95%的烟气脱硝装置采用SCR技术，该方法技术成熟、脱硝率高、几乎无二次污染。

国内应用形式主要是中温SCR工艺，并且引进技术占主流。

目前针对低温SCR工艺应用钒钛类催化剂在电厂脱硝工程中应用最多。以锐钛矿TiO_2为载体的钒类催化剂主要有：V_2O_5/TiO_2，V_2O_5-WO_3/TiO_2，V_2O_5-MoO_3/TiO_2和V_2O_5-WO_3-MoO_3/TiO_2等，其中V_2O_5/TiO_2和V_2O_5-WO_3/TiO_2已经相继实现商业化。由于V_2O_5-WO_3/TiO_2比V_2O_5/TiO_2更具活性和抗SO_2、抗H_2O性，已经逐渐取代V_2O_5/TiO_2。

低温SCR工艺是一种同时具有良好环境效果和经济效益的烟气处理工艺，完全符合我们在追求环境效率的同时追求的低投入、低消耗的期望。因此，它是一个很有发展前景的烟气净化工艺，也将是SCR工艺发展的必然趋势。

60. 低温SCR的机理所提到的ER和LH机理具体是什么？

答：目前，对于低温时NH_3选择性还原NO机理的研究结果还未达成一致，但国外研究认为NH_3选择性还原NO的反应主要遵循两种反应机理：ER（Eley-Rideal）和LH（Langrnuir-Hinshelwood）机理。

1）ER机理　NH_3先被吸附，然后NH_3被活化（被氧化）和NO反应。

2）LH机理　NO首先被氧化，随后吸附在催化剂表面上生成NO_2、NH_3和NO_2，通过在催化剂表面相邻的活性中心上吸附而结合，进而达到降低NO_x的效果。

ER机理适合于移动源的中高温温度范围，但是应用于低温条件还值得商榷，有一部分学者认为低温时SCR反应遵循LH机理。国内韩灵翠等在自制的Fe-Mo/ZSM-5催化剂上进行了程序升温脱附及暂态响应试验，结果表明该催化剂上SCR反应遵循LH机理，即NO、O_2和NH_3首先吸附在Fe-Mo/ZSM-5表面，吸附NO物种与吸附NH_3物种直接反应生成N_2，气相O_2的作用是加强NO吸附、补充催化剂表面吸附氧物种，使NO氧化还原反应能够持续进行。

61. 氮氧化物的去除率是怎样计算的？

答：进入处理系统前后氮氧化物浓度值的差值与进入前浓度的比值即为去除率。

62. 氮氧化物废气生物法处理效率可以达到多少？其中NO不易溶于水，它处理的实质过程是怎样的？

答：一般来说氮氧化物中NO的去除率可达到90%，NO_2的去除率可达到70%。但在不同的氮氧化物进口浓度、烟气停留时间、液气比、循环液中pH值、NO_3^-浓度等条件下，NO脱除效率可在40%～99%之间变化。NO的去除是废气通过液膜时被吸附在液膜中的微生物直接还原为N_2。

63. 在工业上应用选择性催化还原（SCR）脱硝时怎么确定氨气的用量？

答：目前工业上应用主要是先测定氮氧化物的量，然后根据反应方程式确定出大概的氨气量，实际应用中会比计算值投加量大，但这也引发了氨逃逸等问题，氨逃逸有很多原因，要根据实际情况加以判断，然后采取措施控制。如果喷氨量过大，要降低喷氨量；如果氨分布不均匀，要改善氨的喷入均匀性；如果流场不均匀，要改善流场均匀性；如果催化剂活性降低，要增加催化剂的量。在保证脱硝效率的前提下，存在氨逃逸的问题是不可避免的，因此只能尽量保证小的氨逃逸率。

64. 选择性非催化还原（SNCR）脱硝效率比较低，有什么方法可以提高它的效率？目前工业上应用情况如何？

答：选择性非催化还原（SNCR）脱硝主要是在高温（850～1100℃）条件下，使 NO 与氨气发生反应生成 N_2 和 H_2O 的过程，它的效率在 40%～60%之间，想要保证它的效率就要给它相适应的温度以及还原剂。选择性非催化还原（SNCR）脱硝具有投资使用费用较少，占地面积少等优点。但是，随着我国对烟气排放中 NO_x 浓度要求的提高，选择性非催化还原（SNCR）脱硝的脱除效率较低，已经不适用于当今的要求，在工业上应用会越来越少，除非可以更好地提高它的效率问题。

65. 快速 SCR 反应中，NO 转化为 NO_2 的过程有什么途径？应用如何？前景如何？

答：NO 转化为 NO_2 主要靠氧化剂的氧化作用，目前实验室阶段使用 O_3、ClO_2、H_2O_2 等已经取得了不错的转化效果，但是其目前在工业上应用较少，主要是因为氧化剂的制备价格较高，不适合在工业上应用。如果以后能够研究出一种良好的氧化剂，那么可能会推动快速 SCR 在工业上的应用。

三、同时脱硫脱硝技术

66. 火电厂燃煤锅炉烟气处理系统，除尘与脱硫脱硝的顺序是怎样的？

答：根据电除尘器的安装位置，可将系统分为以下三种类型：一是高温电除尘系统，电除尘器安装在脱氮装置的上游（见图 1-4）；二是低温电除尘系统，电除尘器安装在脱氮装置的下游及无泄漏式热交换器的上游（见图 1-5）；三是低低温电除尘系统，电除尘器安装在脱氮装置的下游及无泄漏式热交换器的下游（见图 1-6）。

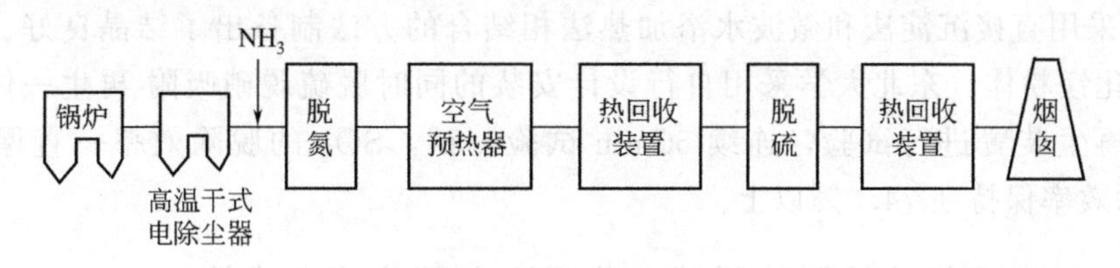

图 1-4　高温电除尘系统示意

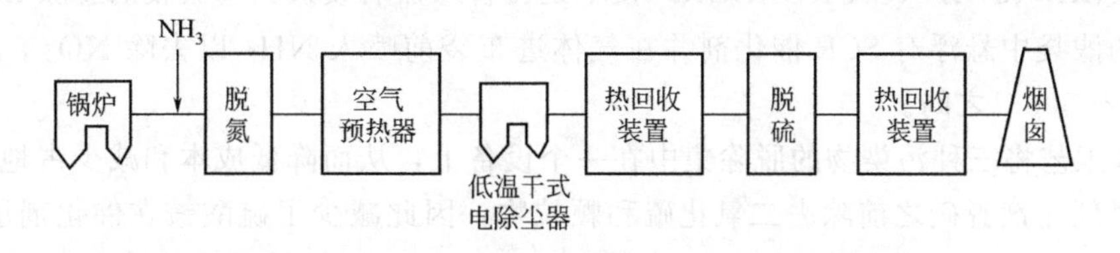

图 1-5　低温电除尘系统示意

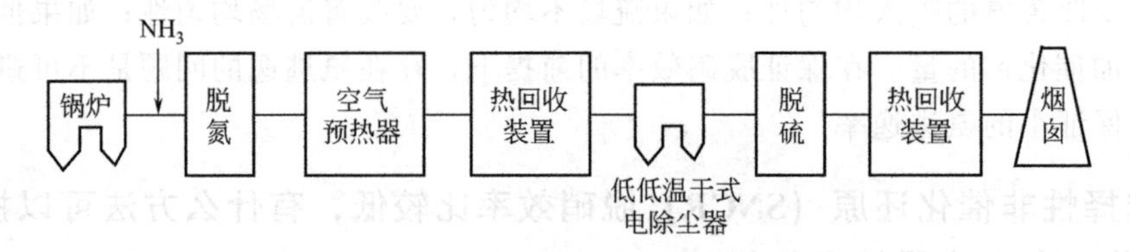

图 1-6 低低温电除尘系统示意图

67. 联合脱硫脱硝技术与同时脱硫脱硝技术分别指什么？

答：联合脱硫脱硝技术：指将单独脱硫和单独脱硝技术进行整合后而形成的一体化技术；同时脱硫脱硝技术：指用一种反应试剂在一个过程中将烟气中的 SO_2 和 NO_x 同时脱除的技术。

68. 脱硫脱硝一体化技术中，多余的 NH_3 排入大气后会污染空气，怎么处理这一问题？

答：加入 NH_3 是为了将 NO 还原为 N_2 达到脱硝的目的。因为活性炭对 NO_2 易吸附，现在有一些研究针对在活性炭干法中氧化 NO 为 NO_2，这些研究的主要思想就是将 NO 进行催化氧化，将活性炭改性成能够催化氧化 NO 的催化剂。

69. 有没有能同时脱硫脱硝的吸附剂？

答：1）半焦吸附剂　采用廉价半焦为原料，经硝酸氧化和高温热处理改性后，负载金属氧化物制备半焦吸附剂。当烟气组成为 $NO\text{-}O_2\text{-}N_2$ 时，吸附剂具有良好的脱硝性能，失活吸附剂经水洗再生后，脱硝活性恢复较好；当烟气组成为 $SO_2\text{-}O_2\text{-}N_2$ 或 $SO_2\text{-}NO\text{-}O_2\text{-}N_2$ 时，吸附剂具有良好的脱硫性能，NO 的存在能够显著提高脱硫活性，但脱硝活性迅速下降，失活吸附剂再生后，脱硝活性不能有效恢复。表征发现，SO_2 与 NO 在半焦吸附剂上均有一定的吸附量，而吸附剂的失活主要是由于孔道堵塞，表面性质发生了改变。

2）纳米氧化镁基吸附剂　以 $MgSO_4 \cdot 7H_2O$ 和 Na_2CO_3 为原料，添加表面活性剂聚乙二醇 1000，采用直接沉淀法和微波水浴加热法相结合的方法制备出了结晶良好、比表面积大的纳米氧化镁粉体。东北大学采用自行设计安装的同时脱硫脱硝吸附-再生一体化气动流化循环处理再生装置进行试验，连续 60min 试验测试，SO_2 的脱除效率一直保持 100%，NO_x 的脱除效率保持在 74.3%以上。

70. SNRB 工艺与传统脱硫脱硝工艺相比有哪些技术优势？

答：SNRB（SOX-NOX-ROXBOX）技术是在省煤器后喷入钙基吸收剂脱除 SO_2，在布袋除尘器的滤袋中悬浮有 SCR 催化剂并在气体进布袋前喷入 NH_3 以去除 NO_x，要求控制温度在 300～500℃之间。

SNRB 工艺将三种污染物的脱除集中在一个设备上，从而降低成本和减少占地面积。该工艺在选择催化剂脱硝之前除去二氧化硫和颗粒物，因此减少了硫酸铵在催化剂层的堵塞、磨损和中毒。SNRB 工艺要求的烟气温度范围为 300～500℃，装置布置在空气预热前的烟道里。当脱硫后的烟气进入空气预热器时，就消除了在预热器中发生酸腐蚀的可能性，因此可以进一步降低排烟温度，增加锅炉的热效率。

SNRB技术工艺的优点：SNRB技术工艺脱硝的效果好；吸附剂利用率高；可除尘，达99.89%的除尘率；占地少；工艺的适用性好；不腐蚀设备；运行稳定。

71. SNRB工艺与SNOX工艺脱除污染物的顺序不同，在工艺的选择上哪个更有优势？

答：相对国内而言，这两种工艺都是比较先进的。当然这要根据不同地区的污染物排放标准来确定，而且还要考虑当地的社会经济发展状况。SNRB可能更适合小型锅炉，脱硫脱硝效率都比后者低。如果条件允许，当地排放标准也较高，建议选择后种。当然还有一点就是SNRB的副产物都是钙化物，后期处理也较麻烦，而后种工艺的主要产物是 H_2SO_4，可以直接参与工业回用。因此，可以根据当地的经济产业链情况来选择，如果项目投产后能带来更大的经济效益，后种脱硫脱硝工艺是不错的选择。

72. 双流化床锅炉如何实现脱硝又脱硫？

答：双流化床锅炉是将循环流化床与鼓泡流化床进行协同组合而形成的一种创新设备。在常规循环床锅炉炉膛侧面至少设置一组鼓泡床，作为循环床锅炉的燃煤预处理部件，鼓泡床以烟气与空气的混合物作为流化风，燃煤的挥发分在鼓泡床还原性气氛中全部燃尽，半焦进入循环流化床中燃烧。

双流化床燃烧工艺过程：燃煤按照含硫量掺入一定比例的石灰石，根据锅炉负荷需要连续均匀地给入鼓泡床炉膛中。鼓泡床流化风由烟气和空气混合组成，调节鼓泡床流化风（烟气＋空气）流量，可以控制鼓泡床流化状态；调节流化风中空气比例，即调节流化风的含氧量，可以控制鼓泡床内燃料燃烧强度，从而控制鼓泡床温度。加入的燃煤在鼓泡床内被加热，析出挥发分并在强还原性气氛中进行缺氧燃烧。循环床循环物料及燃煤全部来自鼓泡床的溢流，鼓泡床炉膛内物料量及粒度结构一定的情况下，通过调节鼓泡床流化风量，可以调节鼓泡床密相区流化高度，从而调节自鼓泡床炉膛经过溢流口进入循环床炉膛中的物料数量、速度。

双流化床锅炉的燃煤全部由设置在鼓泡床炉膛下部的给煤口给入，燃煤在鼓泡床高温料层中被加热、析出挥发分、着火，同时燃煤颗粒热爆、燃爆、磨损成为较小的颗粒。由于燃煤给入量大、相对集中，低速流化的鼓泡床内无受热面，为控制鼓泡床炉膛温度，鼓泡床一次风中的空气量及炉膛上部的鼓泡床二次风提供的空气量很低，鼓泡床炉膛内严重缺氧燃烧，形成强还原性气氛，挥发分N难以生成 NO_x，即使生成少量的 NO_x 也会被 NH_3 和CN等中间产物还原成 N_2。燃煤给入鼓泡床后经过较长时间高温干馏，挥发分N充分析出。在煤的燃烧温度下，燃料型 NO_x 主要来自挥发分N，形成的半焦燃料基本没有挥发分，进入循环流化床进行富氧低温强化燃烧，NO_x 产生份额很低。

双流化床锅炉中的循环床实现了流态优化重构，通过调整风煤配比，多层二次风的调配，可以使循环燃烧温度场均匀；不必像常规循环床再考虑分段燃烧，全炉膛配以较富裕的含氧量，并调控适合钙法炉内脱硫的温度需要；同时由钙质脱硫剂给料管补充加入石灰石或白云石等钙质脱硫剂颗粒，使烟气处于浓厚的CaO气氛中，可以达到高效脱硫，实现 SO_2 “超低排放”。

第三节 烟气除汞及有毒有机物去除

73. 常用的脱汞技术有哪些？

答：常用的脱汞技术见表 1-6。

表 1-6 常用的脱汞技术

技术方案		技术特点	效率	缺点	优点
吸附剂法	活性炭	吸附烟气中的 Hg^0	吸附效率可达75%左右	成本较高，造成飞灰品质降低和二次污染	工艺简单
	改性活性炭	吸附烟气中的 Hg^0	吸附效率最高可接近 100%	成本高，活化工艺复杂，造成飞灰品质降低和二次污染	脱汞效率高
	功能性活性炭	吸附剂中添加磁性物质	可达 90%	吸附剂制备工艺复杂	脱汞效率高，吸附剂便于分离再生
	活性碳纤维	吸附烟气中的 Hg^0，促进 Hg^0 氧化		成本较高	脱汞能力强
	飞灰吸附	飞灰中未燃炭对汞吸附		造成飞灰品质降低和二次污染	成本较低
	农作物吸附剂	吸附烟气中的 Hg^0	80%～95%	造成飞灰品质降低，开口二次污染	原材料来源广，成本较低，通过改性后脱汞效率较高
化学氧化法	光催化氧化	将烟气中的 Hg^0 氧化成更容易脱除的 Hg^{2+}	85%～95%	消耗能源较大，成本较高	脱汞效率较高
	金属氧化物催化氧化	促进单质汞的氧化	86%～96%	氧化效果易受 SO_2 和 NO 干扰降低催化氧化效率	氧化效果好，脱汞效率高
	低温等离子体	促进单质汞的氧化	98%以上	耗能大，处理量较小	脱汞效率高
利用现有设备脱汞	SCR	促进单质汞的氧化	氧化效率可达 80%	飞灰品质降低，容易造成二次污染	对 Hg^0 氧化效率高，较好的抗硫性
	除尘器	促进单质汞的氧化，飞灰中未燃炭对汞吸附	静电除尘器脱汞效率约为30%～40%	飞灰品质降低，容易造成二次污染	成本较小，脱汞效率一般
	脱硫	可吸收 Hg^{2+}	脱汞效率约为50%～90%	设备腐蚀	成本低
	SCR、除尘器和脱硫协同	单质汞氧化、飞灰吸附、脱硫吸收 Hg^{2+}	脱汞效率高低不一	不同机组运行策略不同，需进行运行优化调整	运行成本小，通过运行调整，汞排放可达标

（1）吸附剂法

吸附脱汞在燃煤电控制汞方面发挥着重要作用。目前，脱汞吸附剂包括活性炭、改性活性炭、功能性活性炭、活性碳纤维、飞灰和农作物吸附剂等。

（2）化学氧化法

化学氧化法的原理是利用氧化剂或催化剂将烟气中的 Hg^0 氧化成更容易脱除的 Hg^{2+}，Hg^{2+}具有水溶性易溶于脱硫液，从而更加容易脱除。目前，化学氧化法主要包括光催化氧化、金属及金属氧化物催化氧化和低温等离子体法等。

（3）利用现有设备和技术控制汞的排放

现有烟气污染物的控制设备与技术主要有 SCR 脱硝设备、袋式除尘器（FF）、静电除尘器（ESP）、湿法脱硫（WFGD）和湿式电除尘等。湿法脱硫技术和湿式电除尘可以利用 Hg^{2+} 易溶于水和易附着在颗粒物上的特点被除去。SCR 脱硝设备可以把零价态汞氧化为氧化态汞；袋式除尘器能除去烟气中的颗粒态汞 Hg^{p}；静电除尘器不但能除去 Hg^{p}，还能有效氧化吸附 Hg^{0}，因为颗粒汞也可称为粒子吸附态汞，是指吸附于颗粒的零价汞或二价汞，通过除尘器基本可以脱除；而单质（零价）汞基本上以蒸汽形式存在，需经氧化为二价汞才容易被脱除。

74. 目前在工业上已经被应用的脱汞技术有哪些？

答：我国目前对汞的控制技术在不断的发展，主要有活性炭注入脱汞（ACI）、SCR 脱汞、钙基吸附剂、活性焦吸附、改性活性炭吸附等。

国内普遍使用的汞减排方法是利用传统工艺及设备除汞、吸附剂除汞两类方法。

SCR 方法不是针对脱汞的技术，但研究发现其有利于脱汞。SCR 对汞脱除作用并不明显，但 SCR 催化剂可改变烟气中汞的形态。研究发现，SCR 可促进 Hg^{0} 向 Hg^{2+} 转化，最后进行湿式喷淋从而脱除。

湿式石灰石-石膏法是我国应用最广泛的脱硫方式，该法可以有效脱除易溶于水的 Hg^{2+}。优化脱硫系统的运行方式能提高脱汞效率，自然氧化时 Hg^{0} 的释放量低于强制氧化。因此，提高湿法脱硫系统脱汞效率应致力于促进 Hg^{0} 向 Hg^{2+} 的转化和抑制 Hg^{2+} 被还原再释放。

吸附剂吸附脱汞技术是当今最成熟而且已有工业应用的汞控制技术，一般布置在锅炉空气预热器与除尘装置之间的平直烟道上，通过喷入吸附剂的方式，提高 Hg^{p} 的比例，进而由除尘设备脱除。吸附剂吸附脱汞技术主要问题为吸附剂成本过高，以及含汞固体废物的处理。

75. 燃煤烟气脱汞技术的脱汞效率和应用条件如何？

答：（1）非催化气相氧化法

1）多元复合气相氧化剂 H_2O_2-$NaClO_2$ 进行预氧化耦合碱液吸收同时脱硫脱硝脱汞

提出了一种预氧化结合后吸收同时脱除烟气中 SO_2、NO 和 Hg^{0} 的新工艺，制备了一种由低成本 H_2O_2 和 $NaClO_2$ 组成的气化复合氧化剂（CO），氧化 Hg^{0} 和 NO，然后用 $Ca(OH)_2$ 溶液吸附氧化产物。NO 和 Hg^{0} 的脱除主要受 $NaClO_2$ 的加入率、CO 的加入率、pH 值和反应温度等因素的影响。同时，NO 和 SO_2 被表征为 Hg^{0} 去除的促进剂。在最佳反应条件下，SO_2 的最佳同时去除率为 100%，NO 为 87%，Hg^{0} 为 92%。

2）注入 O_3 对 Hg^{0} 等气态污染物进行氧化　提出了一种同时去除 NO_x、SO_2 和汞的工艺，该工艺利用臭氧的注入，辅助玻璃制碱洗涤塔。NO 和 Hg 的氧化效率在很大程度上取决于臭氧注入量。随着臭氧加入主流量的增加，NO 和 Hg 的氧化效率均有不同程度的提高。添加 $250mL/m^3$ 的臭氧可氧化 89%的元素汞。获得较高脱汞效率的温度范围为 473～523K，SO_2 的出现对 NO 的氧化过程影响不大。与臭氧反应时，NO 比汞更优先。

（2）非催化液相氧化法

1）采用含尿素和 $KMnO_4$ 的复合吸收剂同时脱除烟气中的 SO_2、NO 和 Hg^{0}　NO 和 Hg^{0} 的去除效率主要取决于 $KMnO_4$ 的浓度。尿素浓度、反应温度、初始溶液 pH 值、SO_2 和 NO 浓度对 NO 的去除影响较大，对 Hg^{0} 的去除影响较小。Hg^{0} 的入口浓度对 NO 和 Hg^{0} 的去除作用不大。该工艺是同时脱除 NO、SO_2 和 Hg^{0} 的一种很有前途的方法。

5 种氧化剂尿素溶液对 Hg^{0} 的去除率高低排序为 $KMnO_4 > NaClO_2 > K_2S_2O_8 > NaClO >$

H_2O_2，Hg^0 的平均去除率分别为 69.85%、64.90%、55.77%、54.09%和 39.91%。

2）紫外光激发 H_2O_2 溶液　一种新型光化学反应器：通过紫外（UV）/H_2O_2 工艺氧化烟气中的元素汞（Hg^0）。当单位溶液的紫外能量密度从 0 提高到 0.0056W/mL 时，Hg^0 的去除率从 11.7%提高到 85.1%。当 H_2O_2 浓度从 0 增加到 0.50mol/L 时，Hg^0 去除率从 59.4%提高到 85.1%，H_2O_2 浓度从 0.50mol/L 增加到 1.0mol/L 时，Hg^0 去除率从 85.1%下降到 77.3%，溶液 pH 值从 1.21 增加到 10.01，Hg^0 去除率从 59.4%提高到 85.1%。随着 O_2 浓度的增加（0～12.0%），Hg^0 去除率从 59.4%提高到 87.6%。溶液温度对 Hg^0 的去除影响很小。

（3）催化气相氧化法

一系列 $CeO_2(ZrO_2)/TiO_2$ 单晶催化剂对 Hg^0 和 NO 的 NH_3-SCR 的催化氧化：$CeO_2(ZrO_2)/TiO_2$ 催化剂在 240～400℃范围内对 Hg^0 的催化氧化效率较高，且对 NO 的 NH_3-SCR 无明显影响。NH_3 对 Hg^0 的催化氧化有轻微的抑制作用，而 SO_2 和 NO 对 Hg^0 的催化氧化无明显影响，而 O_2 对 Hg^0 的氧化敏感性有明显的改善作用。ICP-AES 法测定 Hg 的氧化效率为 93.55%，也证明 $CeO_2(ZrO_2)/TiO_2$ 催化剂对 Hg^0 具有高效的催化氧化作用。

（4）催化液相氧化法

1）一种在鼓泡反应器中用 Fenton 溶液氧化分离烟气中元素汞（Hg^0）的新工艺

H_2O_2 浓度、Fe^{2+} 浓度、溶液 pH 值和气体流量对 Hg^0 的去除有很大影响。溶液温度及 Hg^0、NO、SO_2、CO_3^{2-} 和 HCO_3^- 浓度对 Hg^0 的去除也有显著影响。Cl^-、SO_4^{2-}、NO_3^-、O_2 和 CO_2 浓度对 Hg^0 的去除影响不大。在最佳试验条件下，SO_2、Hg^0 和 NO 的同时去除率分别为 100%、100%和 88.3%。在鼓泡反应器中采用 Fenton 溶液去除 Hg^0 和同时去除 Hg^0、SO_2 和 NO 是可行的。

2）采用 $Fe_{2.45}Ti_{0.55}O_4/H_2O_2$ 高级氧化工艺　羟基自由基（·OH）具有非选择性和高活性的内在特性，能在无溶剂条件下氧化和去除 Hg^0。采用化学共沉淀法制备了磁性可分离的 $Fe_{2.45}Ti_{0.55}O_4/H_2O_2$ 催化剂，并用电感耦合等离子体原子发射光谱（ICP-AES）、扫描电镜（SEM）、Brunauer-Emmett-Teller（BET）比表面积、振动样品磁强计（VSM）和电子自旋共振（ESR）等技术对催化剂进行了表征。在最佳操作条件下，Hg^0 去除率较高（在弱酸性介质中，H_2O_2 浓度为 0.5mol/L，去除率约为 96%）。烟气中 SO_2 的存在对 Hg^0 的去除影响不大，而在高级氧化反应中，SO_2 对 Hg^0 的去除无明显促进作用。

76. 氧化后的 Hg^{2+} 回到脱硫系统如何保证 S 不被氧化？

答：如果在脱硫后进行零价汞的氧化，将得到的二价汞离子返回湿式脱硫系统中去除，这时脱硫系统中硫大部分是六价的石膏，不存在被氧化的情况。

第四节　VOCs 类污染及去除

77. 什么叫 VOCs?

答：VOCs 是挥发性有机化合物的简称，英文全称为 volatile organic compounds。根据世界卫生组织（WHO）定义，挥发性有机化合物（VOCs）是指在常温下，沸点 50～260℃

的各种有机化合物。

VOCs 在室内空气中作为异类污染物，由于它们单独存在时的浓度低，但种类多，一般不予逐个分别表示，而以 TVOCs 表示其总量。室内建筑和装饰材料是空气中 TVOCs 的主要来源，其中甲醛是重要的挥发性有机化合物之一。

研究表明，即使室内空气中单个 VOCs 含量都低于其排放标准限值，但多种 VOCs 的混合存在及其相互作用，就使危害强度增大。TVOCs 表现出毒性、刺激性，能引起机体免疫水平失调，影响中枢神经系统功能紊乱，出现头晕、头痛、嗜睡、无力、胸闷等症状，还可能影响消化系统，出现食欲不振、恶心等，严重时可损伤肝脏和造血系统，甚至引起死亡。

78. 生物法处理 VOCs 有哪些应用实例？

答：(1) 生物过滤器

将具有一定湿度的废气通过潮湿的填料层，填料层通常由木屑、土壤和堆肥等堆积而成。填料中生长了能降解污染物的微生物。生物过滤器具有工艺结构简单、价钱便宜、操作费用低，对于不产生酸性副产物的易降解的有机化合物处理非常有效。工艺流程如图 1-7 所示。

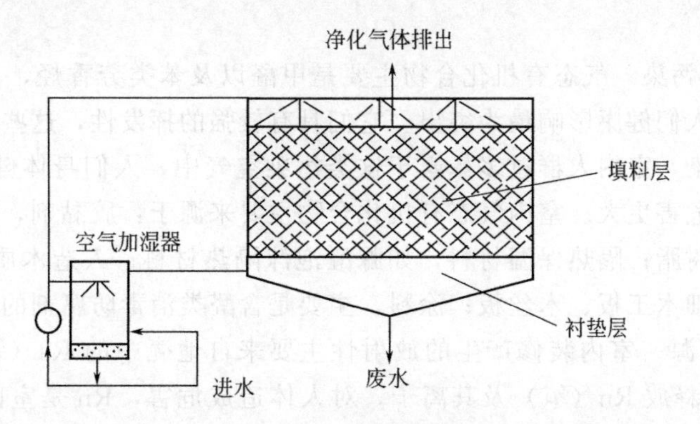

图 1-7 生物过滤器工艺流程

(2) 生物滴滤器

废气无需润湿，废气可以与滴滤液并流或逆流操作，生物滴滤器使用的填料通常是惰性的材料（如塑料环、火山岩、陶瓷和泡沫状的多孔材料等），填料的表面能形成可降解污染物的生物膜。滴滤液含有生物生长必需的 N、P、K 等元素，并且循环使用。生物滴滤器比

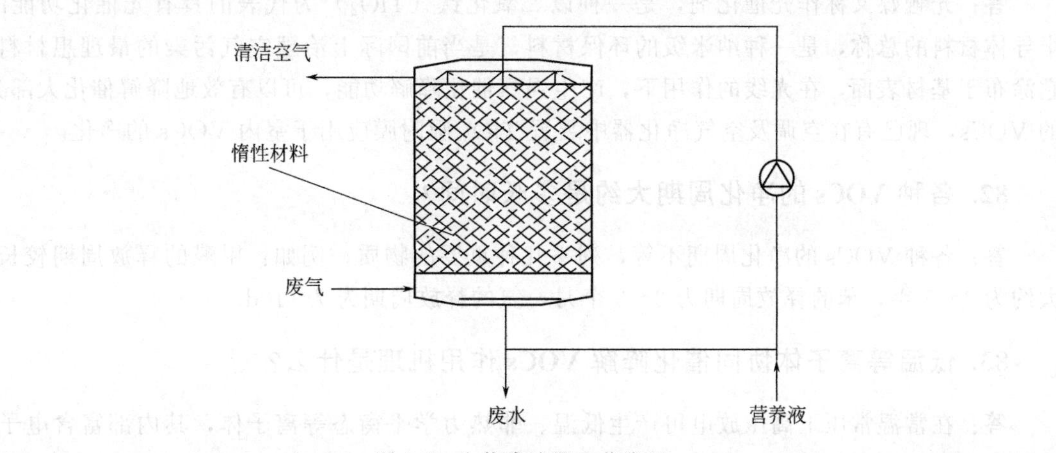

图 1-8 生物滴滤器工艺流程

生物过滤器结构复杂，但对于处理生成酸性副产物（如 H_2S）的废气时效果比生物过滤器更好。工艺流程如图 1-8 所示。

79. 活性炭吸附 VOCs 较常规吸附剂的优点是什么?

答: 活性炭是一种非极性吸附剂，研究表明，活性炭吸附 VOCs 的性能最佳，原因是其他吸附剂（如硅胶、金属氧化物等）具有极性，在水蒸气共存条件下，水分子和吸附剂极性分子进行结合，从而降低了吸附剂吸附性能，而活性炭分子不易与极性分子结合，从而提高了吸附 VOCs 的能力。但是也有部分 VOCs（如丙烯酸、苯酚等）被活性炭吸附后难以再从中除去，对于此类 VOCs，不宜采用活性炭作为吸附剂，而应选用其他的吸附材料。

80. 室内空气污染物来源有哪些?

答: 影响室内环境污染的来源最主要的还是属化学环境污染。化学污染物的种类很多，最常见的是气态有机物甲醛、苯类芳香烃（苯、甲苯、二甲苯等）；还有一种重要的化学污染是放射性污染（主要是 Rn）。它们大多数是由于人们购买了不合格建筑材料，装饰装修品和家具所致。

1）气态有机物污染　气态有机化合物主要是甲醛以及苯类芳香烃，与室内其他有机污染物相比，它们对人们健康影响最为突出。它们具有较强的挥发性，这些有害物质在室内释放造成室内空气污染，室内人群过多暴露于这类污染空气中，人们身体健康就会受到损害，尤其对孕妇和儿童危害更大。室内气态有机化合物主要来源于：胶黏剂，如酚醛树脂、聚乙烯醇缩甲醛、脲醛树脂；隔热保温材料，如脲醛泡沫隔热材料；人造木质板材，如纤维板、胶合板、刨花板、细木工板、木丝板；涂料，主要是含醛类消毒防腐剂的水溶性涂料。

2）放射性污染源　室内装修产生的放射性主要来自地壳中的 Ra（镭）、Th（钍）、K（钾）。Ra 在衰变中释放 Rn（氡）及其离子，对人体造成危害，Rn 是室内放射性污染的主因。专家研究表明，氡是除吸烟以外引起肺癌的第二大因素，世界卫生组织把它列为 19 种主要的环境致癌物质之一。天然石材、水泥、砖、砂石、石灰等都含有不同程度的放射性元素，不少品种的花岗岩严重超标。

81. 有无专门的仪器用来去除甲醛?

答: 光触媒又称作光催化剂，是一种以二氧化钛（TiO_2）为代表的具有光催化功能的半导体材料的总称，是一种纳米级的环保材料，是当前国际上治理空气污染的最理想材料。它涂布于基材表面，在光线的作用下，产生强烈催化降解功能，可以有效地降解催化大部分的 VOCs，现已有在空调及空气净化器中装置 TiO_2 吸附膜应用于室内 VOCs 的净化。

82. 各种 VOCs 的净化周期大约是多长时间?

答: 各种 VOCs 的净化周期不等，列举几种重要的物质，例如：甲醛的释放周期较长，大约为 3～5 年，苯的释放周期为 2～3 个月，氨的释放周期为 7～10d。

83. 低温等离子体协同催化降解 VOCs 作用机理是什么?

答: 在常温常压下高压放电可产生低温、非热力学平衡态等离子体，其内部富含电子、离子、中性粒子（包括自由基），其中电子在电场中加速获得能量变成高能电子。高能电子在整个反应历程中起着关键作用，其与气体分子（原子）发生非弹性碰撞，发生能量转移，基态分子（原子）获得能量，发生激发、离解和电离等一系列等离子体化学过程，使气体分子（原子）处于活化状态。一方面使气体分子键断裂，生成一些单原子分子和亚稳态碎片；另一方面，又产生O·和·OH等自由基和氧化性极强的O_3，这些活性物质含有巨大的能量，可以引发位于等离子体附近的催化剂，降低反应势垒。同时，催化剂还可以选择性地加速反应，促进生成无污染的产物，如CO_2、H_2O等，使污染物矿化。而且催化剂还可以促进生成的副产物进一步反应，减少反应过程中生成的二次污染物，提高CO_x的选择性和碳平衡。

等离子体-催化剂协同作用可以提高能量的利用效率和VOCs的降解率，可以有效地减少或消除有害产物的生成，达到良好的处理效果。低温等离子体-催化剂协同作用降解VOCs时，由于高能电子和活性粒子的存在能够使催化剂在较低温度甚至常温下起到催化效果，大大降低了催化剂的活化温度。同时，由于催化剂的引入，特别是采用填充床式的等离子体反应器，它不仅涉及催化过程，同时又会改变等离子体的放电状态，其反应机理相当复杂。目前，等离子体-催化协同作用脱除VOCs的机理尚不清楚，一般认为：催化剂填充等离子体反应器可以增加绝缘体的表面积，对VOCs产生表面催化反应作用以及吸附作用；等离子体中产生的高能电子能够活化催化剂，激发催化剂表面多种化学反应，同时催化剂又具有选择性的促进化学反应，提高产物的选择性。

84. 二噁英的物理、化学性质是什么？

答：① 二噁英是一种无色无味、毒性严重的脂溶性物质，二噁英在水平和垂直两方向均为对称结构，故它的化学稳定性非常好。其物理、化学特性为：室温下为无色的结晶体；25℃时在水中的溶解度为0.0002g/m³，苯中的溶解度为57g/m³，甲醇中的溶解度为1.048g/m³，在大部分有机溶液中的溶解度很小，但极易溶于脂肪，容易在人体内积累；熔融点303～306℃；沸点421.2～446.5℃；热分解温度在700℃以上；25℃时的蒸气压为8.14×10^{-8}～1.33×10^{-4}Pa；25℃时的密度为1.827g/m³；通常在酸或碱中较稳定，但在强氧化剂作用下易分解，在光和紫外线的作用下会缓慢地分解；总的来说其挥发性较低，但半挥发性的二噁英类物质较多，在大气中长距离敞开运输时对环境造成大规模污染；极易被土壤所吸附；生物降解能力差。

② 二噁英物质的检测有仪器法、生物法以及免疫法。

85. 二噁英的降解标准是什么？

答：大气中二噁英的每日可耐受摄入量（tolerable daily intake，TDI）：1998年WHO-ECEH/IPCS重新审议了2,3,7,8-TCDD的TDI，提议二噁英的TDI设定为1～4pg TEQ/kg。一些国家根据最新的研究进展，相继制定或修订了2,3,7,8-TCDD或二噁英的TDI。美国EPA对2,3,7,8-TCDD设定的TDI值为0.006pg TEQ/kg，荷兰、德国对二噁英设定的TDI值为1pg TEQ/kg，日本对二噁英设定的TDI值为4pg TEQ/kg，加拿大对二噁英设定的TDI值为10pg TEQ/kg。

我国《危险废物焚烧污染控制标准》（GB 18484—2001）中对二噁英排放标准的规定是0.5ng TEQ/m³；《生活垃圾焚烧污染控制标准》（GB 18485—2014）中规定二噁英的排放限值是0.1ng TEQ/m³。

86. POPs的致病机理是什么？

答：POPs一般是有机小分子，而人体组织都是由大分子蛋白质组成的，POPs由呼吸道、皮肤、食物进入人体后，会与人体内的大分子蛋白结合，破坏原有蛋白的活性，进一步会导致组织病变等，致畸、致癌等。

87. 如何控制 POPs 污染？

答：我国的 POPs 污染问题已经相当严峻，由于历史的原因，我国对 POPs 污染的重视程度还不够，POPs 研究起步较晚，相关的环境背景资料匮乏，研究基础相对薄弱。关于有机化学品，特别是 POPs 污染的研究报道较少，与国外相比存在很大的差距。必须大力开展有关 POPs 的基础研究和应用研究，制定符合国情、因地制宜的对策和控制措施。

① 减少 POPs 物质的使用和排放，开发安全、高效的替代品，从源头上消除 POPs。

② 研究高灵敏度的可靠分析方法，建立和完善标准分析方法。

③ 开发治理 POPs 污染物新技术。

④ 积极支持和参与联合国有关机构对 POPs 采取的国际控制行动。

⑤ 加强环保宣传教育，提高全社会对控制和消除 POPs 公害的认识和自觉性。

⑥ 完善法规管理和加强执法检查与执法力度。

⑦ 加强全国 POPs 生产、使用和环境污染的实地调查和跟踪。

⑧ 国家应全面开展国际合作，共同控制 POPs 的污染，以解决 POPs 造成的全球环境污染问题。

88. 大气 PAHs 光化学降解和转化机理是什么？

答：多环芳烃（polycyclic aromatic hydrocarbons，PAHs）是普遍存在的一类有机污染物，是指两个或两个以上苯环以线状、角状或簇状枚举的稠环化合物，是有机物不完全燃烧或高温裂解的副产物。

燃煤烟气以及汽车尾气中 PAHs 光化学反应降解的机理可以推断如下：

① 在紫外线的照射下，PAH 吸收了光能从基态跃迁到激发态：

$$PAH + h\nu \longrightarrow PAH^* \tag{1}$$

式中，h 为普朗克常数 6.626×10^{-34} J·s；ν 为照射光的频率，Hz。

另一方面，在气相也发生如下反应：

$$O_2 + h\nu \longrightarrow O\cdot + O\cdot \tag{2a}$$

$$O_3 + h\nu \longrightarrow O\cdot + O_2 \tag{2b}$$

$$O\cdot + H_2O \longrightarrow 2\cdot OH \tag{2c}$$

$$PAH^* + \cdot OH \longrightarrow \text{降解产物} \tag{3}$$

② 但当水蒸气含量为零时，PAHs 仍以一定速率降解表明除水分子外存在着其他反应途径，如未燃尽烃类自由基 R、RO、RO_2（R 代表烃基）等；与其他基体 B 相连的 OH 通过类似途径（3）与激发态 PAH 反应，从而致使 PAH 降解：

$$B\text{-}[OH] + PAH^* \longrightarrow \text{降解产物} \tag{4}$$

89. 室内甲醛的浓度限值是多少？活性炭吸附甲醛是物理吸附还是化学吸附？吸附后的活性炭如何处理？活性炭是否可以重复使用？

答：① 我国明确规定住宅室内空气中甲醛的最高容许浓度为 0.1mg/m³。

② 普通活性炭属于非极性吸附剂，它可有效地吸附各种非极性有机物，以物理吸附为

主；改性后使其表面具有一定的极性，增强其对极性物质的吸附，以化学吸附为主。

③ 活性炭吸附有毒气体后，可采用一定的手段使活性炭脱附，如高温或加入比被吸附组分的吸附力更强的物质将被吸组分置换下来，脱附后的气体进一步消除其毒性。

④ 活性炭经过再生都可以重复使用，且改性活性炭具有比普通活性炭更优越的再生性能，如活性炭担载氧化铜新型 Cu/AC 脱硫剂用于脱除烟气中的 SO_2，显示出优于活性炭的脱硫活性。

第五节　颗粒物污染及控制

90. 现有仪器可以监测出 $PM_{1.0}$ 吗？

答：$PM_{1.0}$ 是对空气中直径小于或等于 1.0μm 的固体颗粒或液滴的总称，也称为可入肺颗粒物。$PM_{1.0}$ 粒径小，富含大量的有毒、有害物质且在大气中的停留时间长、输送距离远，因而对人体健康和大气环境质量的影响更大。有数据表明，$PM_{2.5}$ 占 PM_{10} 的 1/2 以上，而 $PM_{1.0}$ 占了 $PM_{2.5}$ 中颗粒物数量的绝大部分。2014 年环保部已经将 $PM_{1.0}$ 纳入环保监测范围，现有的仪器可以监测到 $PM_{1.0}$，如用 FAS-5400 型 $PM_{1.0}$ 监测器就可以监测 $PM_{1.0}$。

91. $PM_{2.5}$ 和 PM_{10} 哪个危害更大？

答：PM_{10} 是空气动力学当量直径小于等于 10μm 的可吸入颗粒物，能够进入上呼吸道，但部分可通过痰液等排出体外，另外也会被鼻腔内部的绒毛阻挡，对人体健康危害相对较小；$PM_{2.5}$ 是空气动力学当量直径小于等于 2.5μm 的可吸入颗粒物，更不易被阻挡，被吸入人体后会直接进入支气管，干扰肺部的气体交换，引发包括哮喘、支气管炎和心血管病等方面的疾病。这些颗粒还可以通过支气管和肺泡进入血液，其中的有害气体、重金属等溶解在血液中，对人体健康的伤害更大。

92. 室内空气净化器有哪几类？工作原理是什么？

答：目前市场上出售的室内空气净化装置有以下几种。

(1) 吸附净化器

原理：将室内环境中的污染物吸附在吸附材料（如活性炭，包括用活性炭制成的布、苫等）上，以达到去除污染物的目的，但这种净化装置只是对污染物起到转移的作用，不能彻底分解污染物，同时吸附材料使用一定的时间就会饱和，这时就得重新更换材料。

(2) 光催化净化器

原理：在吸附材料上涂上一些催化剂，利用催化剂的表面活性和降低反应活化能的原理将一些在常温情况下难分解的污染物进行降解以达到净化的目的。

(3) 负氧离子空气净化器

原理：负氧离子具有极强的吸附和氧化作用，因此它能高效快速地杀灭空气中的细菌、病毒等各种微生物，可快速消除空气中有机异味、臭味、化学挥发物、尘埃、烟雾等。负离子空气净化器工作时，负离子发生器中的高压产生直流负高压，将空气不断电离，产生大量负离子，被微风扇送出，形成负离子气流，为人们提供一个类似大自然中新鲜空气的“微气候环境”；同时可以吸附空气中带正电的悬浮微粒和空气中过多的正离子，如灰尘、烟雾、废气，使其落地成为尘埃，解决家居空气污染，从而保持空气洁净。

（4）臭氧净化器

原理：利用高压放电，使空气中的氧气部分离解为氧原子，然后活性氧原子与空气结合生产臭氧，然后利用臭氧灭菌。广泛应用于卫生间除臭，餐具消毒，衣柜防霉、防蛀，家庭贮存蔬菜、水果的保鲜等。

第六节　CO_2固定及资源化

93. 气体 CO_2 可用作气体肥料是怎么回事？

答：植物和某些藻类可通过叶绿体吸收光能，将光能转变为化学能，同时消耗 CO_2 释放 O_2。对植物而言，CO_2 是重要的生产原料，是赖以生存的必需碳源。在蔬菜大棚中，由于空间相对封闭，棚内植物栽种密度较高，往往导致 CO_2 浓度低于外界。补充大棚中的 CO_2 浓度，能促进植物的光合作用，提高作物抗病能力，促进早熟，增加产量。在这个过程中，CO_2 的作用就是气体肥料。用离子液体固定的 CO_2 经过解析可以释放出来，纯度高，无有害物质，可以用作气体肥料。

94. 固定 CO_2 的目的都有哪些？

答：固定 CO_2 可以缓解温室气体效应。而从资源化角度上讲，CO_2 又是一种安全丰富的碳资源，如气体 CO_2 可用作气体肥料、杀菌气等；超临界 CO_2 可用于食品、医药等行业中；固体 CO_2（干冰）可用于人工降雨、混凝土生产、环境保护等。

95. 固定 CO_2 的藻种有哪些？

答：目前没有能成熟运用到实际生产中的藻种，但有开发价值的藻种如表 1-7 所列。

表 1-7　固定 CO_2 的藻种

类型	菌株	类型	菌株
细菌	紫色硫细菌	红藻	布朗葡萄藻
蓝藻	聚球菌、螺旋藻	硅藻	舟形藻
绿藻	单衣藻、雨生红球藻、杜氏盐藻、小球藻		

96. 固定 CO_2 以后的藻类如何利用？

答：现阶段微藻的综合利用处理都还处在实验阶段，其综合利用如下。

① 利用微藻发酵产生的沼气或其他燃料作为能源；从微藻中得到的脂肪酸可转化成脂肪酸甲酯，即生物柴油；在沸石催化剂的作用下，微藻通过热化学转化可生产出汽油型燃料；生长在海水中的绿藻，能积累大量游离的甘油以平衡环境中的盐浓度，其甘油的含量可占自身干重的85%。

② 可以制作成肥料或饲料。

③ 从藻类中提取生物活性物质，用于制成药品、化妆品或食物添加剂等。

97. 微藻晚上的呼吸作用会不会把已经固定的 CO_2 释放出来？

答：高效固定 CO_2 的微藻，它的机理是通过提高核酮糖-1,5-二磷酸羧化酶/加氧酶的活性和含量来增加 CO_2 的固定量，相比于一般微生物固定的 CO_2 更多。而夜间呼吸作用分解的有机物只是维持其基本代谢活动所必需的能量，释放的 CO_2 量相较于白天光合作用固定的量来说很少。

98. 咪唑盐型离子液体吸附 CO_2 的反应是可逆的，而 CO_2 又是一种可利用的资源，目前有没有通过咪唑盐型离子液体吸附 CO_2 的逆反应来反复回收 CO_2 加以资源化利用？

答：CO_2 在离子液体［bmim］［Ac］(1-丁基-3-甲基咪唑醋酸盐）中的溶解过程是可逆的，在一定条件下又释放出 CO_2，其固定反应过程表示如下：

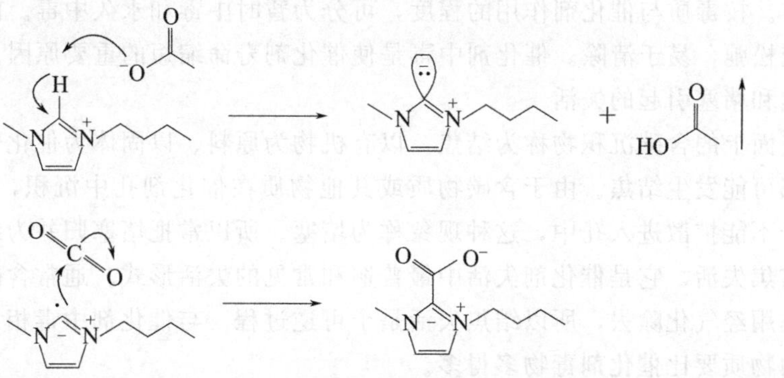

离子液体［bmim][Ac］可以用来回收 CO_2 加以资源化利用。这是其中的一个例子，其他咪唑型离子液体也能够回收 CO_2。但是目前关于离子液体固定 CO_2 的研究都还处于实验室阶段，距离工业应用还有一段距离，需要做进一步的研究。目前还没有成熟的工业应用。

第七节 催化剂及气态污染物去除

99. 稀土元素做催化剂的优势是什么？其又有哪些缺点？

答：我国稀土资源丰富，而且稀土材料性价比高，可重复使用，对环境无二次污染，其发展和应用对环境和经济可持续发展具有重要意义。同时，稀土作为独特的催化功能组分或重要的助催化剂，凭借其特有的催化性能和优秀的抗中毒能力，在多种催化材料中发挥着重要和不可替代的作用。

稀土催化剂的主要缺点是活性差，单一的稀土催化剂几乎没有活性；寿命短；工作温区窄。

100. 铈基催化剂有哪些优点？

答：Ce 元素作为稀土元素的一员，具有独特的 4f 电子结构。氧化铈是典型的面心立方萤石结构氧化物。根据氧化铈的结构图可以看出，每个铈原子与处在立方体角落上最相邻的8个氧原子配位，而每个氧原子与周围相邻的四个铈原子配位。当氧化铈被还原时，晶格氧可以被释放出来，因此在原先晶格氧占据的位置上便产生了一个氧空穴，同时 Ce^{4+} 变为 Ce^{3+} 且 CeO^{2-x} 仍保持萤石结构。氧化铈独特的晶体结构使其显示出很多优异的性能，从而在催化剂领域得到了广泛的研究和应用。

101. 催化剂在使用过程中活性为什么会降低？

答： 催化剂的失活原因一般分为中毒、结焦和堵塞、烧结和热失活三大类。

(1) 中毒引起的失活

催化剂中毒是指由于某些物质的作用而使催化活性衰退或丧失的现象。这些物质称为毒质。毒质通常是反应原料中带入的杂质，或者是催化剂自身的某些杂质；反应产物或副产物亦可能使催化剂中毒。中毒的机理大致有两类：一类是毒质吸附在催化剂的活性中心上，由于覆盖而减少了活性中心的数目；另一类是毒质与构成活性中心的物质发生化学作用转变为无活性的物质。按毒质与催化剂作用的程度，可分为暂时中毒和永久中毒。前一类毒质与催化剂的结合较松弛，易于清除。催化剂中毒是使催化剂寿命缩短的重要原因。

(2) 结焦和堵塞引起的失活

催化剂表面上的含碳沉积物称为结焦。以有机物为原料、以固体为催化剂的多相催化反应过程几乎都可能发生结焦。由于含碳物质或其他物质在催化剂孔中沉积，造成孔径减小，使反应物分子不能扩散进入孔中，这种现象称为堵塞。所以常把堵塞归并为结焦中，总的活性衰退称为结焦失活，它是催化剂失活中最普遍和常见的失活形式。通常含碳沉积物可与水蒸气或氢气作用经气化除去，所以结焦失活是个可逆过程。与催化剂中毒相比，引起催化剂结焦和堵塞的物质要比催化剂毒物多得多。

(3) 烧结和热失活

催化剂的烧结和热失活是指由高温引起的催化剂结构和性能的变化。高温除了引起催化剂的烧结外，还会引起其它变化，主要包括：化学组成和相组成的变化，半熔，晶粒长大，活性组分被载体包埋，活性组分由于生成挥发性物质或可升华的物质而流失等。

当然催化剂失活的原因是错综复杂的，每一种催化剂失活并不仅仅按上述分类的某一种进行，而往往是由两种或两种以上的原因共同引起的。

102. 如何恢复催化剂的催化活性？

答： 催化剂在生产运行中，由于毒物或其他因素的影响暂时失去大部分活性时，采用适当的方法和工艺操作条件进行处理，可使催化剂恢复或接近原来的活性，称为催化剂的再生。通常采用解吸或分解等办法来消除毒物，工业上常用的再生方法有下列几种。

1) 蒸汽处理　如轻油蒸汽转化制合成气的镍基催化剂，当处理结炭现象时，用加大蒸汽比或停止加油，单用蒸汽吹洗催化剂床层直至所有结炭全部吹净。这个过程称为“烧炭”，其反应式如下。

$$C+H_2O \longrightarrow CO_2+H_2$$

2) 空气处理　当催化剂被炭或烃类化合物吸附在表面而阻塞微孔结构时，可通入空气进行燃烧或氧化，使催化剂表面上的炭以及其它焦油状化合物与氧反应放出 CO_2。

3) 通入 H_2 或不含毒物的还原性气体　如氨合成用的熔铁催化剂，当原料气中含 O_2 及氧的化合物浓度过高，受到毒害时，可停止通入该气体，而改用合格的 H_2、N_2 进行处理，催化剂即可获得再生。有时用加氢的方法，也是除去催化剂中含焦油状物质的一个有效途径。

4）用酸或碱溶液处理 如加氢用的骨架镍，催化剂的毒化通常采用酸或碱以除去毒物，因结构毒化而失活的，不容易恢复到从前的结构和活性。

综上所述，催化剂的再生是指催化剂暂时性中毒或物理性中毒，如微孔结构阻塞等。如果催化剂永久性中毒或结构毒化，则就很难再生。再生方法很多，不同的方法适用于不同的催化剂。

103. 目前，使用过的废催化剂的再生方法有哪些？工业上应用哪个？

答：催化剂再生分为现场再生和拆除再生。对于失活不严重的催化剂，可采用现场再生。现场再生一般采用去离子水或纯水冲洗催化剂，清除催化剂上附着的飞灰和可溶性金属离子。该方法简单易行，费用低，可延长催化剂的使用寿命，但只能恢复部分的活性。对于失活严重的催化剂，必须从反应器中拆除，送往专门的公司进行再生。拆除再生的方法有水洗再生、热再生、热还原再生、酸液处理等。

1）水洗再生 是用高压去离子水冲洗催化剂，清除催化剂表面的可溶性物质和部分飞灰，对于一些难清洗的附着物（如硫酸钙），可将催化剂模块放入超声波振动设备中进行深度清洗。水洗再生对一些碱金属中毒严重的催化剂效果很好，用这种方法处理的催化剂活性可恢复到原始活性的70%～80%，但有可能会溶解掉少量的活性成分，因此在水洗后通常要将催化剂浸泡在含活性物质的溶液中，添加活性物质。

2）热再生 是在惰性气体氛围下，以一定速率升高催化剂的温度，使催化剂表面的铵盐分解，在催化剂失效形式主要为铵盐堵塞的场合，这种方法效果很好。

3）热还原再生 与热再生类似，是在惰性气体中添加一定的还原性气体（如 NH_3、H_2），在高温条件下，通过还原性气体还原催化剂表面的物质，实现催化剂的再生。

4）酸液处理 能增加催化剂表面的活性酸位，其再生效果优于水洗，对于碱金属中毒严重的催化剂，采用酸液处理后活性可恢复至80%以上。研究表明，利用0.5mol/L的稀硫酸溶液处理催化剂，再生效果最好。

采用哪种再生方法根据催化剂类型和失效原因来确定，例如：板式催化剂适合水洗再生；也可采用热再生或热还原再生；对蜂窝式和波纹式催化剂可采用热还原再生；对碱金属中毒严重的催化剂，可采用酸液处理再生等。

104. 贵金属催化剂的载体和金属氧化物催化剂的载体有什么不同？

答：贵金属催化剂的反应温度较低，而金属氧化物的反应温度较高，因此金属氧化物催化剂载体所需要的温度更大，对载体的热稳定性要求更高。无论是贵金属催化剂还是金属氧化物催化剂，它们所需要的载体都需要提供巨大的比表面积供其负载，需要有良好的机械性能、稳定性等。目前贵金属催化剂通常以氧化铝等整体式陶瓷作为载体；金属氧化物类催化剂通常以 TiO_2、Al_2O_3、ZrO_2、SiO_2 和活性炭（AC）等作为载体。

105. 什么是光催化技术？光催化技术的反应机理是什么？

答：光催化技术是一种新型的高效环保技术，是利用复合纳米功能材料在光线照射下受激发产生强还原性的光生电子及强氧化性的空穴的特性，从而达到利用光能还原重金属离子、氧化分解有机物质、消除异味和杀灭细菌等。光催化材料一般为金属氧化物或硫化物半导体材料，包括二氧化钛（TiO_2）、三氧化钨（WO_3）等多种半导体。

半导体的光催化机理可以用半导体的能带理论解释，半导体材料存在能级分布，其有一个充满电子的低能价带（VB）和一个空的高能导带（CB），在价带和导带之间存在一个禁带（E_g），它们是不连续的。当所用能量大于半导体禁带宽度的光照射半导体时，其价带上的电子被激发，跃过禁带进入导带，从而在价带上将会产生光生空穴，导带上即会产生光生电子。产生的光生电子和空穴也有可能在半导体材料的内部或表面位置发生复合，以热能或者其他形式散发掉。当催化剂存在捕获剂、表面缺陷等时，光生电子和空穴就可能被捕获，从而抑制了光生载流子的复合，就会在半导体表面发生氧化还原反应。

光生电子具有很强的还原性，可与催化剂表面吸附的 O_2 发生反应生成超氧自由基（$\cdot O_2^-$），而价带空穴具有氧化性，可与表面吸附的 H_2O 或 OH^- 反应生成羟基自由基（$\cdot OH$）。这些自由基是环境治理中降解污染物的关键活性基团，具体的化学反应如下：

$$M + h\nu \longrightarrow M^* \quad (h^+ + e^-)$$

$$O_2 + e^- \longrightarrow \cdot O_2^-$$

$$\cdot O_2^- + H^+ \longrightarrow HO_2 \cdot$$

$$HO_2 \cdot + e^- \longrightarrow HO_2^-$$

$$HO_2^- + H^+ \longrightarrow H_2O_2$$

$$H_2O_2 + \cdot O_2^- \longrightarrow \cdot OH + OH^- + O_2$$

$$OH^- + h^+ \longrightarrow \cdot OH$$

$$H_2O + h^+ \longrightarrow \cdot OH + H^+$$

式中，M 代表半导体材料；M^* 表示被激发状态。

106. 纳米材料 TiO_2 会不会失活？会不会产生二次污染？

答：纳米 TiO_2 在反应过程中充当的其实是催化剂的作用，任何的催化剂都是有一定的寿命的，不管是在气相反应体系还是在液相反应体系中，失活现象都普遍存在。这种失活现象本质上是由于某些吸附质优先吸附在催化剂的活性部位上，或者形成特别强的化学吸附键，或者与活性中心起化学反应，使催化剂的性质发生变化，从而导致催化剂活性降低，甚至完全丧失。但是在气相无机污染物的光催化降解过程中，TiO_2 催化剂的失活一般为可逆失活，通过简单的水洗即可恢复活性。TiO_2 无毒、催化活性高、氧化能力强、稳定性好，所以基本上不会引起二次污染。

107. TiO_2 降解有机物的机理是什么？

答：TiO_2 是一种 n 型半导体材料，由一个充满电子的低能价带（VB）和一个空的高能导带（CB）构成，价带和导带之间的区域称为禁带，区域大小为禁带宽度 E_g，E_g 一般为 0.2～3.0eV。当 TiO_2 表面被等于或大于其禁带宽度的光子照射时，电子被激发从价带跃迁至导带，从而分别在价带和导带形成光生空穴和光生电子。光生空穴具有很强的氧化性，可以直接氧化任何污染物，或者与催化剂表面吸附的水分子作用产生氧化能力很强的羟基自由基（$\cdot OH$），而导带上的光生电子可以与催化剂表面吸附的氧作用。TiO_2 光催化反应机理可以用以下方程表示（M为金属离子）。

$$TiO_2 + \text{能量} \longrightarrow h^+ + e^-$$
$$h^+ + e^- \longrightarrow \text{热量}$$
$$e^- + O_2 \longrightarrow O_2^-$$
$$h^+ + \text{有机物} \longrightarrow CO_2$$
$$h^+ + H_2O \longrightarrow \cdot OH + H^+$$
$$\cdot OH + \text{有机物} + O_2 \longrightarrow CO_2 + H_2O + \text{其他}$$
$$O_2^- + \text{有机物} \longrightarrow CO_2 + H_2O$$
$$M^+ + e^- \longrightarrow M$$

108. 制备 TiO_2 过程中的主要影响因素有哪些？

答：制备 TiO_2 包括了电化学方法、凝胶法、化学气相沉积法、溶液浸渍法等，制备过程中的主要影响因素有加水方式、加水量、乙醇量、水解温度、烧结及提拉条件等。但是，对于不同的制备方法其影响因素也有所不同。

电化学方法，分为阴极电沉积法、阳极电沉积法、电泳法。其中，阴极电沉积法的主要影响因素是加入水的量、硝酸盐溶剂浓度、pH值、热处理温度、凝胶温度。阳极电沉积法的主要影响因素是 $TiCl_3$ 溶液浓度、热处理温度。电泳法的主要影响因素是胶体浓度、胶粒粒径、直流偏压、时间。

凝胶法的主要影响因素是醇盐种类、溶剂、加水量、酸催化剂、络合物、添加剂等。

化学气相沉积法的主要影响因素是沉积温度、反应物的蒸气压、沉积物的蒸气压、反应生成物的物态。

溶液浸渍法的主要影响因素是前驱体制备浸渍溶液的种类与浓度、焙烧温度、酸的浓度。

109. TiO_2 光催化作用主要应用在哪些方面？

答：二氧化钛具有稳定性好、光催化效率高和不产生二次污染等特点，有着广阔的应用前景。TiO_2 催化技术能处理多种污染物，使用范围广泛，主要集中在以下的几个方面。

1）处理工业有机废水　高浓度有机废水是污水处理的难点，光催化技术作为一种高级氧化技术，与传统的化学氧化法相比，具有氧化能力强、氧化过程无选择性、反应彻底等优点。常见的应用领域如印染废水、表面活性剂废水、含油废水、含酚废水、农药废水等。

2）水中重金属的处理　金属类无机物与有机物存在着完全不同的性质，它不可能发生结构的变化，最好的处理方法是回收，大量的研究表明光催化技术对金属离子，尤其是低浓度存在的金属离子可以有效地去除，目前常见的有含铬、含汞、含铅等废水处理方面的光催化应用。

3）大气污染物的净化　光催化技术净化空气的优点为广谱性、经济性、杀菌消毒等，其效果都是单独采用紫外光和过滤技术所无法比拟的。大气污染物主要指汽车尾气与工业废气中的氮氧化物和硫氢化物。将含 TiO_2 的涂料涂在建筑物外表面，其光催化作用可以将这些气体氧化成蒸气压低的硝酸和硫酸，伴随着降雨过程而除去，从而达到降低大气污染的目的。

4）室内空气中VOCs的处理　在紫外线照射下，通过室内喷涂吸附能力强的锐钛型纳

米 TiO_2 涂层可以分解装修过的房间存在的大量游离甲醛、苯系物、酮类等有机挥发物，吸烟产生的乙醛、家庭灰尘产生的硫醇等有机异臭。

5）杀菌作用 TiO_2 光催化剂具有很强的杀菌能力，对大肠杆菌、绿脓杆菌、葡萄球菌、化脓菌等具有很强的杀灭能力，其超强的氧化能力可破坏细胞的细胞膜使细胞组分流失造成细菌死亡。

6）太阳能转化 由于常规能源如石油天然气和煤等化石资源的日趋枯竭，常规能源的使用造成了极为严重的环境污染，清洁新能源的开发备受关注，而把太阳能转化为可贮存的氢能源和电能都是解决未来能源危机的主要途径，以二氧化钛为代表的半导体光催化分解水制氢是实现这一目标最简单易行、最有发展前途的方法。

110. 影响 TiO_2 光催化降解有机污染物的因素有哪些？

答：（1）温度

在光催化降解某些有机物时，反应速率常数与温度之间存在着阿伦尼乌斯（Arrhenius）关系。

（2）溶液的 pH 值

光催化氧化反应与催化剂粒子的大小、聚集度、表面电荷、水合状态以及能带位置等有关，而这些状态受溶液的 pH 值影响，由此可以得出光催化氧化反应在一定的程度上也受溶液的 pH 值影响。这主要与溶液的等电点（IEP）或称零电点（ZPC）有关。当 pH 值高于氧化物的等电点时，催化剂表面带负电，反之带正电。光催化反应与颗粒表面上的有机物的吸附和向催化剂表面跃迁的光生电子有关，而有机物的吸附和电子的跃迁都受到催化剂粒子的表面电荷影响，因此催化剂粒子的表面电荷影响着光催化反应。所以在光催化反应中，降解物质不相同，pH 值的影响也不尽相同。

（3）光的强度

降解速率与光强之间的关系：在光强小于 6×10^{-5} Einstein/(L·s) 时，反应速率与光强的平方根呈线性关系：光强越强，光催化反应的降解速率越快；而当光强大于 6×10^{-5} Einstein/(L·s) 时，光催化没有效果。

111. 半导体材料有很多种，为什么选择二氧化钛作为光催化材料？

答：考虑日光中的紫外线部分集中在 400nm 附近，可以有效地利用太阳光降解绝大多数有机污染物、细菌和部分无机物，降解最终产物为水、二氧化碳和无害的盐类，产物清洁，能达到净化环境的目的。再考虑到化学及生物稳定性，而且它还具有无毒、催化活性高及抗氧化能力强等优点，所以二氧化钛就是比较理想的催化剂材料。

112. 半导体光催化技术在降解有机污染物方面具有哪些缺点？

答：光催化半导体材料一般的光吸收波长在紫外区，利用太阳光的比例低，半导体载流子的电子和空穴复合率高，量子效率高。

TiO_2 在水处理应用方面存在 3 个主要的缺点：a. TiO_2 粉体在水溶液中分散后很难与溶液分离，难以实现催化剂的回收和再利用；b. 由于 TiO_2 粉体自身的“屏蔽效应”，随着 TiO_2 粉体在溶液中剂量的增加，激发光在溶液中的穿透深度急剧下降，从而使催化剂的降解率下降；c. 光生电子和空穴在 TiO_2 粉体表面容易复合，从而使催化剂的降解率下降。以上 3 个缺点限制了 TiO_2 粉体作为催化剂在水处理中的实际应用。

113. 影响半导体光催化反应速率的外部因素有哪些？

答： 1）pH 值的影响　通过影响催化剂表面特性、表面吸附和化合物存在形态来影响反应速率，还能改变氧化还原电位来提高反应效率。

2）光强和反应物浓度的影响　在低光强下，成正比；在中等光强下与平方成正比。总之，就是光越强，催化剂的活性越高。浓度低时速率与浓度成正比，浓度增加到一定值将不再影响反应速率。

3）加入 O_2、O_3、H_2O_2　O_2、O_3、H_2O_2 可作为电子俘获剂，阻止大量电子-空穴复合，提高反应效率。

4）超声辐射　超声辐射会产生空穴现象，即气泡的成核生长破裂，气泡破裂会产生局部超临界条件：高温高压和放电现象。会使 O_2、H_2O 形成 $\cdot H$、$\cdot OH$、$\cdot O_2^-$，然后这些物质在溶液中相互作用形成 H_2O_2、$HO_2\cdot$ 等氧化剂，从而提高污染物降解效率。

$$h^+（空穴）+H_2O+O_2 \longrightarrow \cdot OH+H^+ +\cdot O_2^-$$

$$H^+ +\cdot O_2^- \longrightarrow HO_2\cdot$$

$$2HO_2\cdot \longrightarrow O_2+H_2O_2$$

114. 半导体改性中半导体复合是如何提高效率的？

答： 从光催化机理来看，抑制光生载流子的复合是提高光催化效率的关键。半导体复合是利用能隙不同而又相近的两种半导体之间光生载流子的输送与分离，有效地提高催化剂的光催化活性的。如 ZnO-SnO_2，两者都是宽带隙半导体，ZnO 的 E_g 是 3.17eV，SnO_2 为 2.53eV，ZnO 与 SnO_2 两者的能级不同，两者复合后，光激发 ZnO 产生的电子从 ZnO 较高的导带迁移至 SnO_2 较低的导带。空穴的运动方向与电子的运动方向相反，从 SnO_2 的价带迁移至 ZnO 的价带，实现了电子和空穴的分离，使得更多的载流子转移给半导体表面上的吸附物种发生氧化还原反应，提高催化效率。

115. 纳米 TiO_2 光催化氧化对无机有害气体 NO_x、SO_2、NH_3、H_2S 处理的氧化机理及应用是什么？

答： NO_x 的去除主要是 NO 的吸附、氧化。

光催化：

$$TiO_2+h\nu \longrightarrow TiO_2^*(h^* +e_{cb}^-) \qquad 活性电子产生$$

$$OH^-(ads)+h_{vb}^+ \longrightarrow \cdot OH(ads) \qquad 空穴俘获$$

$$O_2(ads)+e_{cb}^- \longrightarrow O_2^-(ads) \qquad 电子陷落$$

羟基激活氧化：

$$NO+2\cdot OH(ads) \longrightarrow NO_2(ads)+H_2O(ads)$$

或

$$NO_2(ads)+\cdot OH(ads) \longrightarrow NO_3^-(ads)+H^+(ads)$$

活性 $\cdot O_2^-$ 氧化：$NO_x(ads)+O_2^-(ads) \longrightarrow NO_3^-(ads)$

歧化作用：$3NO_2(ads)+2OH^- \longrightarrow 2NO_3^- +NO+H_2O$

硝酸的去除：$[HNO_3](ads) \longrightarrow HNO_3(aq)$

式中，vb 为价带；cb 为导带；ads 为表面吸附物；aq 为液相吸附物。

光催化技术处理 NO_x 的应用主要集中在两个方面：一方面是光催化烟气脱硝技术的开发利用，光催化烟气脱硝技术目前尚处于实验室研发阶段；另一方面是在公路工程中的应用。①用于路面材料。将纳米 TiO_2 微粉掺入道路水泥中，制作路面的面层材料。汽车尾气最先与路面材料接触，经太阳光照射，潮湿的水泥混凝土路面将吸附的有害气体氧化，从而净化空气。②用于混凝土砌块。在透水的多孔混凝土砌块表面 7～8mm 深度掺入 50%以下的 TiO_2 微粉，这种砌块能很好地去除 NO_x 等有害气体，可用于公路建设的路边材料或建筑物的墙体材料。③用作自洁材料。自洁玻璃是在其表面涂上一层纳米 TiO_2 薄膜制成，经处理后其表面具有超亲水性能。

该特性可使水分均匀地在玻璃表面铺展开，同时，完全地浸润玻璃和污染物，最终通过水的重力将附着于玻璃上的污染物带走，并保持玻璃的长期清洁。将纳米 TiO_2 涂覆在公路隧道内的照明玻璃上，可防止汽车尾气污染。将纳米 TiO_2 涂覆在公路指示牌的玻璃上，可起很好的防雾作用。

光生电子-空穴及 $^3SO_2$ 的生成：

$$ZnO + h\nu \longrightarrow h^+ + e^-, \quad SO_2 + h\nu \longrightarrow {}^1SO_2 + {}^3SO_2$$

反应物的吸附：

$$O_2(g) \rightleftharpoons O_2(ads), \quad SO_2(g) \rightleftharpoons SO_2(ads)$$

活性物种的产生：

$$O_2(ads) + e^- \longrightarrow \cdot O_2^-\ (ads), \quad h^+ + \cdot O_2^-(ads) \longrightarrow O^*$$

$$h^+ + H_2O \longrightarrow \cdot OH + H^+, \quad h^+ + OH^- \longrightarrow \cdot OH$$

中间产物及最终产物的生成：

$${}^3SO_2 + SO_2 \longrightarrow SO_3 + SO, \quad {}^3SO_2 + O_2 \longrightarrow SO_3 + O\cdot$$

$${}^3SO_2 + \cdot O \longrightarrow SO_3, \quad SO_2 + O^* \longrightarrow SO_3, \quad \cdot OH + SO_2 \longrightarrow \cdot HSO_3$$

式中，ads 为表面吸附物；g 为气态。

利用光催化氧化方法脱除 SO_2 有良好的应用前景，作为应用技术尚不成熟。其机理都是利用光催化剂所形成的强氧化自由基实现对污染物的降解作用，使用范围广、运行成本低、去除污染物比液相更加有效等优点，且光催化剂固定化技术解决了分离与回收难的关键问题。

$$TiO_2 + h\nu \longrightarrow h^+ + e^-$$

$$h^+ + OH^- \longrightarrow \cdot OH$$

$$h^+ + H_2O \longrightarrow \cdot OH + H^+$$

$$h^+ + NH_3 \longrightarrow NH_3^+$$

$$O_2 + e^- \longrightarrow \cdot O_2^-$$

$$2\cdot OH + 2NH_3^+ + \cdot O_2^- \longrightarrow N_2 + 4H_2O$$

总反应式为：

$$4NH_3 + 3O_2 \longrightarrow 2N_2 + 6H_2O$$

$$2H_2S + O_2 \longrightarrow 2S + 2H_2O$$

该技术可应用于消除家庭卫生间，公共厕所以及畜牧场的恶臭气体。利用室内光作为辐射光源，用涂抹在墙壁和窗户格子上的 TiO_2 薄膜作为催化剂，通过光催化分解恶臭气体，保持室内空气清新，同时也解决了以往使用芳香剂和表面活性剂对环境造成的二次污染。

116. TiO_2 光催化还原 CO_2 的反应机理是什么？

答：纳米 TiO_2 是一种无机金属氧化物材料，也是一种 n 型半导体材料。半导体材料存在导带和价带，两者之间为禁带，当用能量等于或大于禁带宽度（E_g）的光照射时，半导体价带上的电子可被激发跃迁到导带上，同时在价带上产生空穴，这样就在半导体内部生成电子-空穴对。由于半导体能带的不连续性，电子和空穴能够在半导体内部存在一段时间，到达表面的电子和空穴与吸附在半导体颗粒表面的物质发生氧化还原反应，或者被表面晶格缺陷俘获。由于纳米 TiO_2 具有较大的比表面积和合适的禁带宽度（锐钛矿 TiO_2 为 3.2eV，金红石 TiO_2 为 3.0eV），因此具有一定的光催化氧化和还原能力。当 TiO_2 受激发后，产生的空穴具有氧化能力，能够同 TiO_2 表面的羟基或吸附在表面的 H_2O 发生作用生成 ·OH 自由基；光生电子具有还原能力，可与吸附在 TiO_2 表面的 CO_2 反应最终生成烃、醇、醛和酸类。

具体过程如下：

$$TiO_2 + h\nu \longrightarrow h^+ + e^-$$

$$H_2O + h^+ \longrightarrow \cdot OH + H^+$$

$$CO_2 + H^+ + e^- \longrightarrow \text{中间产物}$$

反应中间产物（CO 或 $\cdot CO_2^-$）与自由基进一步反应生成 CH_4 和 CH_3OH 等多种有机物。TiO_2 光催化还原 CO_2 示意图如图 1-9 所示。

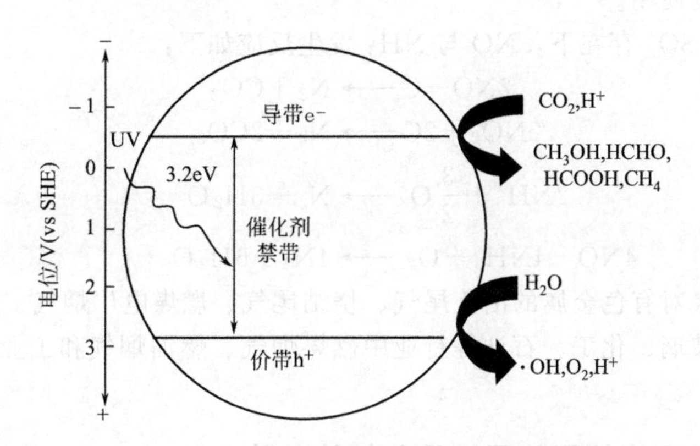

图 1-9　TiO_2 光催化还原 CO_2 示意

第八节　多孔介质及气态污染物去除

117. 哪些物质可以改变活性炭的表面化学性质？

答：活性炭表面化学性质的改变主要是通过一定的方法改变活性炭表面的官能团以及表面负载的离子和化合物，从而改变其表面的化学性质达到活性炭的吸附能力的提高。活性炭表面化学性质改变方法可分为表面氧化法、表面还原法、负载原子和化合物法、酸碱改性法等。

（1）表面氧化法

活性炭在适当条件下经过氧化剂进行表面处理，以提高酸性基团的含量，增强对极性物质的吸附能力。常用的氧化剂有 HNO_3、HClO、H_2SO_4、Cl_2、H_2O_2、$(NH_4)_2S_2O_8$ 等。

（2）表面还原法

活性炭表面在适当温度下用还原剂对表面官能团进行还原改性，提高碱性基团的相对含量，增强表面的非极性，从而提高活性炭对非极性物质的吸附能力。常用的还原剂有氨水或苯胺等。

（3）负载原子和化合物法

负载原子和化合物法主要是根据活性炭所具有的吸附性和还原性，把活性炭浸渍在一定的溶液中，通过液相沉积的方法在活性炭表面引入特定的原子和化合物，把金属离子浸入到活性炭表面。常用的浸渍液有 $Cu(NO_3)_2$、$CuCl_2$、Na_2CO_3、$FeSO_4$、$FeCl_3$ 等水溶液。

（4）酸碱改性法

酸碱改性法是利用酸、碱等物质处理活性炭，根据实际需要调整活性炭表面所需要的官能团数量。常用的改性剂有 HCl、NaOH、柠檬酸。

118. 活性炭脱硫脱硝技术的工艺原理是什么？

答：活性炭因具有高度发达的孔隙结构和巨大的比表面积，因而具有很强的吸附性。加之活性炭表面含有多元含氧官能团，所以它既是优良的吸附剂，又可作为催化剂载体。在吸附过程中，通过活性炭的催化作用，SO_2 被氧化成 SO_3，在水蒸气存在的条件下，SO_3 形成硫酸 H_2SO_4，沉积在活性炭孔隙内；然后通过加热，使硫酸蒸发而被回收，回收硫酸后的活性炭可再生重复使用。

对于 NO_x，在 SO_2 存在下，NO 与 NH_3 发生反应如下：

$$2NO + C \longrightarrow N_2 + CO_2$$

$$2NO_2 + 2C \longrightarrow N_2 + 2CO_2$$

$$2NH_3 + \frac{3}{2}O_2 \longrightarrow N_2 + 3H_2O$$

$$4NO + 4NH_3 + O_2 \longrightarrow 4N_2 + 6H_2O$$

脱硫脱硝活性炭对有色金属的冶炼尾气、烧结尾气、燃煤电厂烟气、城市垃圾焚烧烟气以及水泥、陶瓷、玻璃、化工、石油等行业中燃煤烟气、燃油烟气和工业尾气中 SO_2/NO_x 的脱除效果好。

119. 活性炭处理烧结烟气要满足怎样的条件？

答：活性炭吸附过程为放热过程，吸附塔中的温度会随着烟气中的 SO_2 浓度升高而变高，当塔内温度达到活性炭的燃点，就有可能引起活性炭自燃，发生严重的生产安全事故，故活性炭吸附 SO_2 的浓度不宜过高。

同样，基于防止活性炭自燃现象发生，在工艺系统设计时必须对系统进口温度加以控制，在入口或者喷水急冷，或者补入冷空气。适宜的烧结烟气温度一般<160℃。

活性炭吸附法对系统的入口粉尘浓度也有要求，主要是因为粉尘会占据活性炭的有效吸附部位，有些粉尘甚至会阻碍二噁英的降解，降低系统的脱硫脱硝和去除二噁英的效率。适宜的烧结烟气粉尘浓度一般$<100mg/m^3$。

120. 活性双分子层是如何形成的，如何实现催化效率的提高？

答：活性双分子层的形成类似于水中的胶体。以 O^{2-} 为例，在电流的作用下，活性组

分 O^{2-} 传导至金属催化剂/电解质表面，O^{2-} 带负电，吸引了催化剂中的正电荷，使催化剂带弱正电，同时弱正电的催化剂表面又吸附了一层带负电的 $O^{\delta-}$，使体系整体保持了电中性，形成活性双电子层结构，类似胶体的压缩双电子层（见图 1-10）。

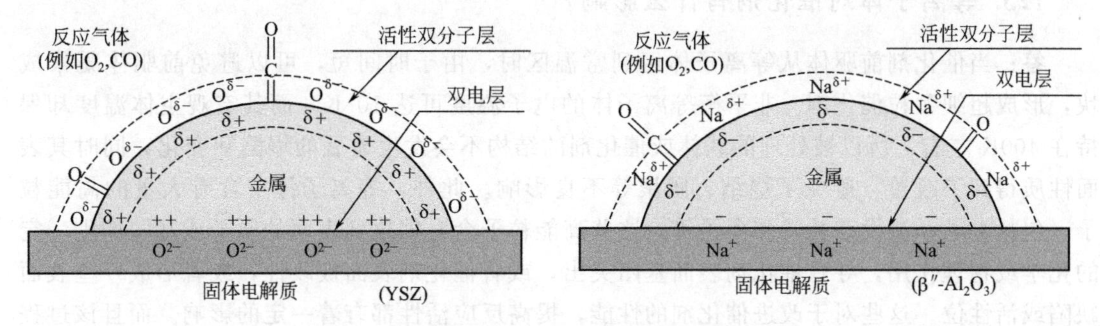

图 1-10　活性双分子层的形成

由于界面间两层电荷距离非常近，使得微弱的电位差也能产生巨大的电场强度，既能使一些在常规条件下不能进行的反应得以顺利进行，又能极大地促进电极反应的反应速率，由此提高了催化活性。

第九节　低温等离子体及气态污染物去除

121. 低温等离子体与高温等离子体有什么区别？

答： 1）高温等离子体　10^4 K 以上的等离子体称高温等离子体。给物质提供热量，使其上升到足够的温度，物质内部粒子无规则热运动就会加剧，当粒子的动能增加到一定程度时，带电粒子就会摆脱静电力的束缚而成为可以自由运动的离子，物质也转化到高温等离子体。宇宙中 99.9%以上的物质（如太阳等恒星）均处于高温等离子态。

2）低温等离子体　10^4 K 以下的等离子体称低温等离子体。低温等离子体又分为冷等离子体和热等离子体。在电场的作用下，物质内部的不同电性的粒子会受到方向相反的电场力，当电场足够强时，正负粒子就无法再集合在一起，最终成为可以自由运动的离子，物质也转化到等离子态。由于这种转化不需要高温就可以在常温下完成，所以称为低温等离子态。日光灯、霓虹灯、极光和等离子体彩电等就是典型的低温等离子态。

122. 与常规技术相比，低温等离子体技术有何优点？

答： 低温等离子体技术是一个集物理学、化学、生物学和环境科学于一体的交叉综合性技术。该技术显著特点是对污染物兼具物理效应、化学效应和生物效应，且有能耗低、效率高、无二次污染等明显优点。

低温等离子体中的高能电子可使电负性高的气体分子（如氧分子、氮分子）带上电子而成为负离子。

低温等离子体的净化作用还具备显著的生物效应。发生的静电作用在各种细菌、病毒等微生物表面产生的电能剪切力大于细胞膜表面张力，使细胞膜遭到破坏，导致微生物死亡。因此低温等离子体除臭技术具有优秀的消毒杀菌之功效。

低温等离子体技术不仅可以净化空气，同时还可以消毒杀菌，从而使空气维持在自然、清新的状态，这是其他任何技术方法所无法比拟的。

123. 等离子体对催化剂有什么影响？

答：当催化剂前驱体从等离子体区到常温区时，由于时间短，可以避免前驱体凝聚成块，形成超细颗粒催化剂。非平衡等离子体的电子温度可达 10^4K，而其宏观主体温度却保持在 400K 左右，所以被处理的载体或催化剂的结构不会发生显著的塌陷和变化，同时其表面性质得到了改善，避免了烧结、团聚等不良影响。此外，等离子体中含有大量的高能粒子，包括电子、激发态粒子和离子等，这些高能粒子会对催化剂表面的原子或基团产生一定的化学或物理作用，导致催化剂表面基团突出，或者催化剂表面被改性，或者形成一些表面缺陷或活性位。这些对于改进催化剂的性能，提高反应活性都有着一定的影响。而且该过程时间短，快速有效。

124. 为什么要研究低温等离子体，而不是高温等离子体？

答：高温等离子体的能量均匀地分布在各个自由度中，会使得反应物被过度加热，造成能量的浪费，且没有化学选择性。低温等离子体在这方面有其独特的优势。低温等离子体中大部分的能量被用来产生高能电子和活性基团等，而不是浪费在加热气体方面，从而具有良好的化学选择性。一方面电子具有足够高的能量（如 1～5eV）使反应物分子激发、离解和电离；另一方面反应体系又得以保持低温，乃至接近室温，从而不仅减少了设备投资，且提高了能量利用效率，在实际应用中非常易于实现，因此获得了非常广泛而有效的利用。

125. 使用等离子体法脱硝耗能较多，为什么还要研究使用等离子体方法？

答：因为使用 SCR 或是 SNCR 的方法都会产生二次污染危害环境，而使用低温等离子体的方法不会产生二次污染；SCR 对于温度区间的控制较为严格，低温等离子体方法对温度区间没有要求，相对好控制，容易操作。

126. 等离子体技术的缺点中 CO_2 的选择性差是什么意思？

答：选择性＝目标产物的摩尔数/所有产物的摩尔数。

CO_2 的选择性差就是说等离子体技术处理 VOCs 时，生成的最终产物中 CO_2 的比例低，而生成一些像 CO 和 COF_2 等副产物。

试验发现，在单一等离子体作用时，含 C 的主要产物是 CO_2 和 COF_2，选择性分别为 48%和 45%，而在等离子体-催化协同作用时，含 C 的主要产物为 CO_2 和少量的 CO，没有发现 COF_2 的生成。另外，对 C_2F_6 的试验也显示出类似的结果。可见等离子体-催化协同作用可以有效地消除 COF_2 的生成，防止二次污染。所以说和等离子体-催化剂协同技术相比，单一的等离子体技术的 CO_2 选择性差。

127. 等离子体在大气污染治理中的应用现状如何？

答：等离子体在国外已经用于工业生产中，在我国由于在理论和工艺上存在一些问题，受加工工艺有关的因素影响多，参数范围大，过程复杂，目前还处于实验室阶段，但由于其具有投资少、运行费用低、处理效率高等优点，具有广阔的前景。

128. 等离子体有什么缺点？工艺该如何改进？

答：大功率、窄脉冲、长寿命的高压脉冲电源尚在研究之中，副产物收集中的黏结问题没有得到有效解决，尚未建立完善的等离子体净化污染物的物理生物化学动力学模型。

可以加强内部零件分析、加强催化过程控制，企业方面可以从加强低温等离子体生产企业的管理、加大资金投入等多方面进行改进。

129. 低温等离子体在脱硫脱硝两个处理工艺中都产生了铵盐副产物，在工艺流程中它是如何进行收集处理的？

答：电子束烟气脱硫脱硝技术，生成的铵盐副产物经过电除尘器收集后回收，而净化后的烟气引入到烟囱排空；脉冲等离子体烟气脱硫脱硝工艺，烟气中的 SO_2 和 NO_x 与投加的氨气反应，分别形成硫酸铵和硝酸铵，生成的铵盐副产物采用副产物收集器收集并用作化肥，洁净的烟气从烟囱排出。

130. 在脉冲等离子体脱硫脱硝工艺流程图中，为什么经过电除尘器的锅炉烟气的节点位置有一个管道直接排向烟囱？

答：这是一个备用装置，以防调质塔损坏或不能工作产生很大气压，可以从烟囱排除气体，防止发生危险。

131. 低温等离子体脱硫脱硝过程，等离子体起什么作用（氧化、还原、催化）？

答：在对有害气体的治理中，通过放电产生的等离子体中的高能电子起决定作用。高能电子与气体分子（原子）发生非弹性碰撞将能量转化为基态分子的内能，发生激发、离解和电离等一系列过程，使气体处于活化状态。一方面打开气体分子键，生成一些单质原子或由单一气体原子组成的单原子分子和固体微粒；另一方面产生大量的活性基团和 O_3 等强氧化性基团。由这些单原子分子、自由基和 O_3 等组成的活性粒子所引起的氧化反应，最终将废气中的有害物质变成无害物质。

第二章

水环境化学

第一节　水体污染及水资源危机

1. 什么是水体富营养化？

答：富营养化是指生物所需的氮、磷等营养物质大量进入湖泊、河口、海湾等缓流水体，引起藻类及其他浮游生物迅速繁殖，水体溶解氧量下降，鱼类及其他生物大量死亡的现象。在受影响的湖泊、缓流河段或某些水域增加了营养物，由于光合作用使得藻类的个数增加，种类减少，水体中原来以硅藻和绿藻为主的藻类变成了以蓝藻为主的暴发性繁殖。

2. 赤潮与色潮是什么关系？

答：水体出现富营养化现象时，浮游藻类大量繁殖，形成水华（淡水水体中藻类大量繁殖的一种自然生态现象，如湖泊的富营养化）。因占优势的浮游藻类的颜色不同，水面往往呈现蓝色、绿色、红色、棕色、乳白色等。这种现象在海洋中则叫作赤潮或红潮。因此，赤潮是海洋水体富营养化现象，也是各种色潮的统称。

3. 矿山酸性废水是如何形成的？

答：酸性矿山废水的产生主要是由于在采矿的过程中，矿物中的硫在氧化环境中被氧化溶解于水中，使得水中的 SO_4^{2-} 含量增高，成为地下水中的主要阴离子，并与阳离子生成硫酸盐，因为硫酸盐是强酸弱碱盐，所以会导致水体呈酸性。

以黄铁矿为例，酸性废水产生的具体过程如下：

$$2FeS_2 + 2H_2O + 7O_2 \longrightarrow 2FeSO_4 + 2H_2SO_4$$

黄铁矿在氧化的环境中生成 $FeSO_4$ 和 H_2SO_4，其中生成的 H_2SO_4 呈酸性，但 $FeSO_4$ 不稳定，在酸性水环境中还要进一步被氧化：

$$4FeSO_4 + 2H_2SO_4 + O_2 \longrightarrow 2Fe_2(SO_4)_3 + 2H_2O$$

在此过程中生成的 $Fe_2(SO_4)_3$ 比较稳定，但在弱酸性的环境中还会进一步发生水解反应：

$$Fe^{3+} + 3H_2O \longrightarrow Fe(OH)_3 + 3H^+$$

水解生成 $Fe(OH)_3$ 与 H_2SO_4，使水的 pH 值进一步减小。而生成的 $Fe(OH)_3$ 失水后，生成不溶于水的黄褐色褐铁矿沉淀，即所谓的“铁帽”。在此循环反应的过程中产生了大量的酸，使水体呈酸性，然而上述化学反应在一般情况下进行得比较缓慢，而在硫氧化细菌参与下会使其加速进行。

4. 什么样的矿山环境会更容易产生矿山酸性废水？

答：a. 矿石中含有大量的黄铁矿；b. 矿岩中没有足够的用以中和酸的碳酸盐或是其他碱性物质；c. 黄铁矿被随意抛弃在非专用的水池中。

5. 尾矿水的循环利用处理方法是什么？

答：尾矿废水处理方法，是由加药系统、集水井、提升泵、管道混合器、高浊度一体化净水器、清水池、清水泵、污泥脱水系统组成。正常生产状况下的尾矿废水来自采掘区，通过提升泵排入集水井，后通过提升泵加压经管道混合器投加聚合氯化铝、阳离子聚丙烯酰胺混合后进入高浊度一体化净水器装置，在高浊度一体化净水器中经旋流反应、悬浮澄清、斜管沉降、污泥浓缩及清水汇集后进入清水池回用，处理后达到《污水综合排放标准》(GB 8978—1996) 一级排放标准，悬浮物 SS≤70mg/L；浓缩污泥排入污泥池，后送入污泥脱水系统脱水，干化污泥送到尾矿堆场堆放，滤液返回集水井再处理。清水通过清水泵送回采掘区使用。

6. 水环境中药品和个人护理用品的种类、来源及迁移转化的过程是怎样的？

答：随着检测技术和分析方法的进步，水中很多药品和个人护理品（PPCPs）被检测出来，种类主要有抗生素类、血脂调节药、止疼消炎药、消毒剂杀菌剂、麝香和激素类等，十分繁杂。环境中 PPCPs 的来源十分广泛，主要包括生活污水、畜禽和水产养殖业及垃圾填埋场等。城市生活污水是 PPCPs 最主要的汇集源，主要包括被随意丢入下水道的不用和过期药物污染的污水，人体摄入药物后经人体排泄或沐浴产生的污水等。

PPCPs 类物质进入水环境后，一部分会与水体中的悬浮物质结合而随其沉淀于底泥，在水量大时沉积物会发生再悬浮，但这部分进入水体的量较少。另一部分随水流迁移，有些会被水生动植物吸收，在其体内积累，在食物链中传递，最终进入人体，一部分被人体吸收，其余部分排出体外，进行再循环；有些会随水流的迁移发生降解转化。研究表明，进入水环境中的 PPCPs 类物质，有的可以通过生物作用或光照作用在水中降解为 CO_2 和水，但有些具有亲水性，这些物质具有不挥发性和持久性，最后基本滞留在水环境中。另外，大多数的药物在释放到水环境之前会经过氧化、还原或水解和共轭反应等过程，转化为小分子物质。

第二节 化学法

一、水解法

7. 水解作用有时可改变物质自身的性质，那么哪些有机物的水解可以提高或降低自身的挥发性？

答：有机物挥发性的大小可以用其饱和蒸气压来度量。

饱和蒸气压是指在一定温度下，与液体或固体处于相平衡的蒸气所具有的压力。饱和蒸气压大小与分子间氢键有关。分子中的氢原子与电负性大的原子 X 以共价键相结合时，还可以和另一个电负性大的原子 Y 形成一种特殊的键，这种键称为氢键，氢键可以用下式表示：X—H…Y。

式中 X、Y 代表电负性大、原子半径小的原子，如 N、O、F。

在相同温度下，具有相同或相近分子量的液态有机物中，若某种有机物能形成分子间的氢键，则其饱和蒸气压会比其他没有形成分子间氢键的有机物低，并且分子间形成的氢键越多，氢键键能越大，则其饱和蒸气压越低，即该有机物的挥发性越小。

在此仅以以下几种有机物为例分析水解后挥发性的变化：

① 由同种醇类形成的醚水解成醇后，由于形成分子间的氢键，挥发性降低了。

② 由不同种醇类形成的醚水解后，醚的挥发性总比水解后形成的分子量最大的醇的挥发性要大，即挥发性也降低了。

③ 酯类水解，由饱和单醇和饱和单酸形成的酯的挥发性总比其水解后形成的分子量最大的醇或酸的挥发性要大；对于多醇或多酸形成的酯，一般其碳原子数较多，分子量较大，比较复杂，不做讨论。

④ 单卤取代烃，包括：脂肪烃和芳香烃，其水解产物为醇或酚，由于形成了分子间的氢键，使挥发性降低了。而对于多卤代烃，则情况比较复杂。如 1,1-二氯乙烷，若只发生一次水解，则其水解产物的挥发性要比它低，若再次水解则会形成乙醛，会使产物的挥发性增大。又如 1,1,1-三氯乙烷，若只发生一次水解，则其水解产物的挥发性要比它低，若再次水解则会形成酰卤，会使产物的挥发性增大，若形成的酰卤再次水解则会生成乙酸，使挥发性再次降低。

⑤ 对于大分子有机物如纤维素、木质素、蛋白质、脂肪等，它们水解后得到的产物的挥发性要比原物质大。因为大分子被水解断裂成小分子，很多氢键被打开，使挥发性有一定的增加。

⑥ 如与 pH 有关的离子化水解产物的挥发性可能是零。

8. 哪些有机物的水解可以提高或降低自身的毒性？

答：水解作用主要发生在酯类、酰胺类和腈类有机物中，其中芳香腈水解为相应的羧酸和胺，脂肪腈则转化为腈醇，再水解生成醛及氢氰酸。水解作用过程中，需生物水解酶系促进完成。

在此仅以以下几种有机物为例分析水解后毒性的变化：

1）有机磷农药　多为磷酸酯类或硫代磷酸酯类，遇到碱便容易水解而失去毒性。

2）芳香腈类　水解使毒性降低，在相关酶的作用下，反应式如下：

$$RC_6H_5CN+2H_2O \longrightarrow RC_6H_5COOH+NH_3$$

3）脂肪腈类　水解使毒性增强，在相关酶的作用下，反应式如下：

$$RCH_2CN \longrightarrow RCHOHCN \longrightarrow RCHO+HCN$$

4）有机氮农药　在有机氮农药中，氨基甲酸酯类农药的应用最广泛，使用量最大。氨基甲酸酯是氨基直接与甲酸酯的羰基相连的化合物，通式为 $R_1NHCOOR_2$，其中 R_1 和 R_2 是烷基或芳香取代基。水解是氨基甲酸酯类农药降解的最有效的方法之一。如西维因是氨基甲酸酯类农药，其降解过程为：

$$\text{(1-萘基)O—C(=O)—N(CH}_3\text{)—H} + H_2O \xrightarrow{-OH} \text{1-萘酚(OH)} + H_2NCH_3 + CO_2$$

9. 木质素与 NH_3 发生碱水解的化学反应是什么?

答: 一般而言，木质素主要含有对羟基苯丙烷、愈创木基丙烷和紫丁香基丙烷三种单体，对应的前驱体分别是香豆醇、松柏醇和芥子醇。木质素是这些单体通过脱氢聚合，由 C—C 键和 C—O 键等连接无序组合而成。

CH_3—CH_2—CH_2—（苯环，OMe，OH）　　CH_3—CH_2—CH_2—（苯环，H_3CO，OMe，OH）　　CH_3—CH_2—CH_2—（苯环，OH）

愈创木基丙烷单元　　紫丁香基丙烷单元　　对羟基苯丙烷单元

木质素分子在亲核试剂的攻击下，主要的醚键如 α-芳醚键、酚型 α-烷醚键和酚型 β-芳醚键发生断裂，木质素大分子碎片化，部分木质素溶解于反应溶液中。在碱性介质中，酚型结构单元解离成酚盐阴离子，酚盐阴离子的盐氧原子通过诱导和共轭效应影响苯环，使其邻位和对位活化，进而影响了 C—O 键的稳定性，使 α-芳醚键断裂，生成了亚甲基醌中间体，亚甲基醌芳环化生成 1,2-二苯乙烯结构。另外，在氧化剂的参与和一定温度条件下，木质素可以与氨水发生反应形成氨化木质素，其含氨量达到 8%～24%。这种氨化木质素可以作为有机稀释肥应用于农业。反应式如下：

$$R—COO—R' + NH_3 \longrightarrow R—CO—NH_2 + HOR'$$

式中，R'为多糖链；R 为多糖链或羟基苯的氢原子或木质素的苯丙基单位。

10. 半纤维素与 NH_3 发生碱水解的化学反应是什么?

答: 木质纤维素类生物质主要由纤维素、半纤维素和木质素组成，其中半纤维素一般占 20%～35%。半纤维素可作为胆固醇抑制剂和药片分解剂等，其本身是由几种不同类型的单糖构成的异质多聚体，这些糖是五碳糖和六碳糖。半纤维素经水解可制备功能性低聚糖，可生产木糖、阿拉伯糖和半乳糖等，得到的糖还可进一步生产燃料乙醇、木糖醇、2,3-丁二醇、有机酸、单细胞蛋白、糠醛等工业产品。半纤维素可以溶于碱溶液，半纤维素木聚糖在木质组织中占总量的 50%，它结合在纤维素微纤维的表面，并且相互连接，这些纤维构成了坚硬的细胞相互连接的网络。

半纤维素与氨发生的碱水解的化学反应可产生单糖。半纤维素在碱性条件下可以降解，碱性降解包括碱性水解与剥皮反应。在温度较高时，半纤维素苷键可被水解裂开，即发生了碱性水解；在较温和的碱性条件下也发生剥皮反应。半纤维素的剥皮反应从聚糖的还原性末端基开始，逐个糖基进行。但是由于半纤维素是由多种糖基构成的不均聚糖，所以半纤维素的还原性末端基有各种糖基，而且还有支链，故其剥皮反应更复杂。

二、混凝法

11. 高分子混凝剂和无机盐混凝剂该如何选择？

答：正常情况下高分子混凝剂的价格相对于无机盐混凝剂更加昂贵，在常规污水处理中在保证处理效果的前提下首选无机盐混凝剂以降低处理成本。但如果无机盐混凝剂不能达到所需的处理效果，例如水温较低的情况下，那么就需要投加高分子混凝剂。高分子混凝剂如PAM常作为助凝剂来使用，能够较好地增强混凝效果。

12. 为什么说混凝可以节约用地？

答：混凝常常作为一级强化处理工艺，可以除去污水中的胶体悬浮物、磷以及少量的有机物和重金属，能够大大降低二级处理的负荷。二级处理工艺作为主体处理工艺，由于不需要处理那么多的污染物，其相应的构筑物的尺寸就会有所减小，从而减少占地面积。这在北京、上海等土地资源紧张的城市具有重要意义。

13. 什么是微生物絮凝剂？与传统絮凝剂相比其优势是什么？

答：微生物絮凝剂是由微生物产生的一类细胞代谢产物，生长过程中分泌到培养液中或分泌到胞外并黏附在细胞壁上，以功能性多糖类和糖蛋白类成分常见，可以絮凝悬浮固体、菌体及胶体粒子等。

与传统的絮凝剂相比，微生物絮凝剂的优势有如下几方面。

1）高效性　同等用量下，微生物絮凝剂的使用效率明显高于常规絮凝剂。

2）安全无毒性　例如，采用微生物絮凝剂处理食品废水，既可回收有用成分，又可减少排污量，是食品行业废水治理的发展趋势。

3）投放量相对少　使用少量微生物絮凝剂，就能实现大面积污水的净化作用。

4）无二次污染　微生物产生的絮凝剂成分复杂多样，且因菌种的不同而不同。到目前为止，已报道的微生物产生的絮凝物质为糖蛋白、黏多糖、纤维素、DNA等高分子物质，其分子量多在105以上，具有可生化性，即能够自行降解，因而絮凝后不会带来二次污染。

5）用途广泛、脱色效果独特　对泥浆水、畜产废水、染料废水等有极好的絮凝和脱色效果。

14. 影响微生物絮凝剂絮凝效果的因素有哪些？

答：(1) 微生物本身特性

微生物絮凝剂的主要成分为含有亲水的活性基团（氨基、羟基等），其絮凝效果会受分子形状、分子量等因素影响。一般说来，线形结构比交联或支链结构更容易絮凝。分子量越大，吸附位点多，携带的电荷就多，中和能力也强，架桥作用和网捕作用越明显；此外一些特殊基团由于在絮凝剂中充当颗粒物质的吸附部位或维持一定的空间构象，对絮凝剂活性影响也很大。

(2) 反应条件控制

微生物絮凝剂的絮凝效果还受到絮凝剂加药量、pH值、金属离子、温度等因素影响。对于微生物絮凝剂，要取得最佳絮凝效果，需要有一个最佳投量。在低浓度范围内，絮凝效率随浓度的增大而提高，但在达到一定浓度后，再增大絮凝剂的浓度，絮凝效率反而下降。另外，有些微生物产生的絮凝剂中含有金属离子，金属离子可以加强微生物絮凝剂的架桥作用和电性中和作用，对微生物絮凝剂的絮凝活性有重要意义，甚至是必需条件。

(3) 颗粒表面电荷

同一絮凝剂对不同胶粒会表现出不同的絮凝活性。微生物絮凝剂所带电荷多数为负电荷，在处理阳离子型废水时，加入的生物高聚物吸附在带电胶粒上，将中和胶粒的表面电荷，这就降低了胶粒的 Zeta 电位而使其聚沉，提高了絮凝活性胶粒的表面结构，对絮凝活性也有一定的影响。

15. 如何制备微生物絮凝剂？为什么微生物絮凝剂的制备成本高？

答：微生物絮凝剂的制备基本可分为两步：首先是微生物絮凝剂产生菌的筛选，其次是微生物絮凝剂的提纯。产絮微生物通过有效的菌株筛选和纯化富集后，还要在最适发酵工艺条件下生长培养才能发挥絮凝作用。因为各种微生物絮凝剂不同，其分离提纯方法也是千差万别，一般是根据絮凝剂的分子特性而制定分离方法。

说其成本高是因为，一方面，自然中可以产生絮凝物质的微生物很多，但是还没有成熟的技术和指标来寻找到这些微生物；另一方面也是主要方面，微生物培养基的成本很高，以葡萄糖、半乳糖等作为有机碳源，酵母菌浸出液、牛肉膏、蛋白胨作为有机氮源，成本很高，目前没有合适的廉价的培养基原料。而且微生物絮凝剂作为一种液态发酵产物，其液体状态下的储存稳定性较差，若制成干粉则在室温状态下其絮凝活性可保持 50d 而无较大影响，但冻干费用成本较高。

16. 微生物絮凝剂的种类有哪些？微生物絮凝剂去除水中重金属的机理是什么？

答：从微生物絮凝剂来源看，其种类主要分为 4 种：a. 直接利用微生物细胞的絮凝剂，如某些细菌、霉菌、放线菌和酵母菌，它们大量存在于土壤、活性污泥和沉积物中；b. 利用微生物细胞壁成分的絮凝剂，如酵母细胞壁的葡聚糖、甘露聚糖、蛋白质和 *N*-乙酰葡萄糖胺等成分均可用作絮凝剂；c. 利用微生物细胞代谢产物的絮凝剂，微生物细胞分泌到细胞外的代谢产物主要是细菌的荚膜和黏液质，除水分外，其主要成分为多糖及少量的多肽、蛋白质、脂类及其复合物，其中多糖和蛋白质在某种程度上可用作絮凝剂；d. 通过克隆技术获得的絮凝剂。

利用微生物细胞本身制出的菌体絮凝剂主要是指利用某些细菌、霉菌、放线菌、酵母菌和藻类等来去除重金属离子，菌体絮凝剂对金属离子的絮凝主要是通过生物吸附来实现的。目前开发研究的主流趋势是从细胞壁内提取已经成熟应用的高分子物质为絮凝剂，其典型代表是甲壳素和壳聚糖，壳聚糖是一种高分子多糖，为甲壳素的脱乙酰衍生物，安全无毒，由于壳聚糖分子中含有氨基和羟基，能与许多金属离子生成稳定的螯合物，故能有效去除金属离子。

17. 生物吸附和生物絮凝是什么关系？

答：生物吸附是物质通过共价、静电或分子力的作用吸附在生物体表面的现象，如大气中的尘埃、细菌、重金属等能被吸附在植物叶片上，水体中的颗粒物及一些污染物能被水草、藻类及鱼贝类所吸附。吸附作用与表面积有关，细菌、藻类等的相对面积最大，其吸附能力最强。生物絮凝包括4种作用分别是吸附架桥作用、电荷中和作用、卷扫作用和化学反应作用，吸附只是其中的一种作用。

18. 将重金属絮凝后的微生物絮凝剂应如何处理？

答：因为微生物絮凝剂相较于其他絮凝剂具有可自行生物降解的优势，使用后无二次污染，因此对于一般污泥可参照现有的污泥处理方法，对重金属含量较高的污泥可对其进行冶炼，置换回收金属。

19. 什么是电凝聚？

答：电凝聚（或电气浮）法是在外电压作用下利用可溶性阳极（铁或铝）产生大量阳离子，对胶体污染物进行凝聚，同时阴极上析出大量氢气微气泡，与絮体黏附在一起上浮，从而实现污染物的分离的一种方法。

三、氧化还原法

20. 用高硫煤燃烧产生的 SO_2 处理含铬废水，其处理的基本原理是什么？

答：煤在燃烧过程中通常生成大量 SO_2，其具有较强的还原能力，且易溶于水。应用高硫煤燃烧中产生的 SO_2，还原废水中 Cr^{6+} 可以达到以污治污的目的。其反应的化学方程式如下：

$$S+O_2 \longrightarrow SO_2$$

$$SO_2+H_2O \longrightarrow H_2SO_3$$

$$H_2Cr_2O_7+3H_2SO_3 \longrightarrow Cr_2(SO_4)_3+4H_2O$$

$$Cr_2(SO_4)_3+6NaOH \longrightarrow 2Cr(OH)_3+3Na_2SO_4$$

$$H_2SO_3+2NaOH \longrightarrow Na_2SO_3+2H_2O$$

$$2Na_2SO_3+O_2 \longrightarrow 2Na_2SO_4$$

虽然用 SO_2 处理含铬废水，设备简单、投资少、效果好、操作简便，但是设备易腐蚀，需加强防毒设施。

21. 什么是铁氧体？用铁氧体处理含铬废水的原理是什么？

答：铁氧体是一类复合的金属氧化物，其化学通式为 M_2FeO_4 和 $MO \cdot Fe_2O_3$（M表示其他金属），呈尖晶石状立方结晶构造。铁氧体种类很多，最简单最常见的是 $FeO \cdot Fe_2O_3$ 或 Fe_3O_4。

铁氧体法的处理原理是在含铬废水中加入过量的 $FeSO_4$，使 Cr^{6+} 还原成 Cr^{3+}，同时 Fe^{2+} 被氧化成 Fe^{3+}，然后调节pH值至8左右，通入空气搅拌并加入氢氧化物不断反应，形成铬铁氧体。在铁氧体的形成过程中，其他重金属离子通过吸附、包裹和夹带作用，取代铁氧体晶格中的 Fe^{2+} 和 Fe^{3+} 的位置，形成复合铁氧化沉淀析出，从而使废水得到净化。反应的化学方程式如下：

$$Cr_2O_7^{2-}+6Fe^{2+}+14H^+ \longrightarrow 2Cr^{3+}+6Fe^{3+}+7H_2O$$

$$2Fe(OH)_2+\frac{1}{2}O_2 \longrightarrow 2FeOOH+H_2O$$

$$Fe(OH)_3 \longrightarrow FeOOH+H_2O$$

$$FeOOH+Fe(OH)_2 \longrightarrow FeOOH\cdot Fe(OH)_2$$

$$FeOOH\cdot Fe(OH)_2+FeOOH \longrightarrow FeO\cdot Fe_2O_3+2H_2O$$

$$Fe^{2+}+Fe^{3+}_{1+x}+Cr^{3+}_{1-x}+2O_2 \longrightarrow FeO\cdot(Fe_{1+x}Cr_{1-x})O_3$$

22. 间氨基苯磺酸的生产工艺第二步中，铁粉是怎么把间硝基苯磺酸还原的？

答：部分间硝基苯磺酸加入铁粉，在搅拌加热的条件下活化，剩余的间硝基苯磺酸加入氢氧化钠调节 pH 至中性，然后将此份间硝基苯磺酸在搅拌沸腾的情况下加入第一部分，在 102℃时还原，最后除去铁泥，滤液蒸发浓缩，浓缩液酸析，过滤得到间氨基苯磺酸成品。主要反应如下：

$$\text{(NO}_2\text{, HSO}_3\text{)} \xrightarrow[H_2SO_4]{Fe} \text{(NH}_2\text{, HSO}_3\text{)}$$

23. 什么是纳米零价铁？能否应用于地下水处理过程中？

答：纳米零价铁是粒径在 1～100nm 之间的铁颗粒，它的比表面积和反应活性远远大于普通铁屑和铁粉，可以直接注入含水层的重污染区，形成一个高效的原位反应带，灵活、高效、低成本地治理地下水污染。零价铁还原性强，可以处理地下水中多种污染物，不仅可以降解各种卤代烃，还可以降解部分不含卤族元素的有机污染物，吸附或降解地下水中的重金属离子和多种无机阴离子。但是针对不同污染物，需要对零价铁进行不同的改性强化技术，使其具有更强的针对性。

24. 纳米零价铁可以有效处理水中的硝酸盐，其反应的具体机理是什么？去除效率为多少？

答：Fe^0 在不同条件下与硝酸盐发生许多反应：

$$Fe^0+NO_3^-+2H^+ \longrightarrow Fe^{2+}+H_2O+NO_2^-$$

$$5Fe^0+2NO_3^-+6H_2O \longrightarrow 5Fe^{2+}+N_2\uparrow+12OH^-$$

$$NO_3^-+4Fe^0+10H^+ \longrightarrow 4Fe^{2+}+NH_4^++3H_2O$$

$$4Fe^0+NO_3^-+7H_2O \longrightarrow 4Fe^{2+}+NH_4^++10OH^-$$

$$3Fe^0+NO_2^-+8H^+ \longrightarrow 3Fe^{2+}+NH_4^++2H_2O$$

硝酸盐与零价铁反应的主要产物是 NH_4^+，约占去除硝态氮含量中的 75%，反应过程有少量的亚硝酸盐生成，除此之外剩余的硝酸盐可能会生成 N_2，也有可能被其他副产物吸附。单纯的纳米零价铁去除硝酸盐的去除效率在 67% 左右。

25. 电化学氧化技术的基本原理是什么？

答：电化学氧化技术借助具有电催化活性的阳极材料，能有效形成氧化能力极强的羟基自由基（·OH），既能使持久性有机污染物发生分解并转化为无毒性的可生化降解物质，又可将之完全矿化为二氧化碳或碳酸盐等物质。

(1) 直接的电化学氧化作用，也就是所谓的电化学燃烧，通过阳极的电催化作用，使有机污染物矿化为 CO_2 与 H_2O 等无机物质。

如 2-萘酚在阳极表面的电化学燃烧：

$$C_{10}H_8O+\frac{23}{2}O_2 \longrightarrow 10CO_2+4H_2O$$

(2) 间接的氧化作用过程，首先使阳极板上进行水的羟基化反应，形成氧化性极强的羟基自由基（·OH）：

$$2H_2O-2e^- \longrightarrow 2\cdot OH+H_2\uparrow$$

生成的·OH 在阳极表面附近进攻水相中的持久性有机污染物质，发生复杂的自由基链反应，生成苯醌、苹果酸等一系列中间产物，部分中间产物最终形成 CO_2 与 H_2O，或者发生 2·OH 反应，生成 O_2 和 H_2O，中止链反应。反应方程式如下（以苯酚为例）：

$$C_6H_5OH+28\cdot OH \longrightarrow 6CO_2\uparrow+17H_2O$$

$$2\cdot OH \longrightarrow H_2O+\frac{1}{2}O_2\uparrow$$

26. 电化学氧化处理有机废水时，直接电氧化作用与间接电氧化作用哪个占主要地位?

答：直接电氧化是指有机污染物在电极表面通过电子的直接传递或与电极表面上的物质产生强氧化还原作用，被氧化成毒性较低的或易被生物降解的物质，甚至将有机物直接氧化成无机物。间接电氧化是利用电化学反应产生的强氧化剂，这些物质传质到本体溶液中，与污染物发生反应使其降解。大部分有机物降解过程主要靠直接氧化作用，间接氧化起到辅助作用，间接氧化对氨氮类去除效果较好。

27. 电化学氧化技术处理废水时，阳极的副反应对整个工艺有什么副作用?

答：在电化学氧化工艺处理水体中微量的持久性有机污染物的过程中，主要的竞争副反应是发生在阳极表面及其附近的水分解反应，即 O_2 逸出，反应式如下：

$$2H_2O \longrightarrow 4e^-+4H^++O_2$$

副反应的发生会降低污染物的处理效率。因此，为促使反应进行并提高电氧化效率，必须保证阳极具有较高的 O_2 逸出过电位（过电位指一个电极反应偏离平衡时的电极电位与这个电极反应的平衡电位的差值），主要采用的阳极材料有石墨、Pt/Ti 及其 PbO_2/Ti 与 SnO_2-Sb_2O_5/Ti 复合电极等。PbO_2/Ti 与 SnO_2-Sb_2O_5/Ti 复合电极即所谓的 DSA 电极，是以特殊工艺在金属基体上，如 Ti 上沉积一层微米级和亚微米级的金属氧化物薄膜，如 SnO_2、PbO_2 等而制备的稳定电极。这种电极可以通过改进材料及表面涂层结构而具有较高的析氧过电位，同时能够随着氧化物膜的组成和制备工艺条件不同而获得优异的稳定性和催化活性。

28. 电化学氧化技术处理废水时，产物是否有毒性?

答：电化学氧化技术借助具有电催化活性的阳极材料，能有效形成氧化能力极强的羟基自由基（·OH），既能使持久性有机污染物发生分解并转化为无毒性的可生化降解物质，又可将之完全矿化为二氧化碳或碳酸盐等物质。随着新型掺杂半导体复合电极的不断开发成功，有望通过电化学氧化技术在常温、常压下将有机污染物转化为无害的 CO_2 与 H_2O 等物质，并不对环境造成二次污染。

29. 电化学氧化技术在水处理中的应用情况？

答：在我国，电化学氧化技术应用于处理水体中持久性有机污染物只是最近几年才开展起来，已经有很多学者研究过电化学氧化技术在医疗废水、农药废水、含苯酚废水中的应用，实验证明处理效果很好，但是实际工业应用尚不多见。当前的研究重点在于新型电极材料、电极材料的结构与形态、电极反应活性和选择性、电化学反应技术及电解反应器结构和新型复合电极的开发等方面。

30. 电化学实验中总氮去除率差别很大的原因是什么？

答：这里总氮（TN）去除效率差别大并不是指单一实验处理效率不稳定，而是实验室层面测试了不同的实验条件所得的结果，与实验所采用的电极种类、电流密度、pH 值、是否添加氯离子有关系。在电化学过程中，有一部分氨氮被氧化成了亚硝态氮和硝态氮，这两种形态的氮最终以硝态氮的形式存在于溶液中，不会变成氮气离开该体系，因此这种情况也降低了总氮的去除率。

31. 电化学可否用于生活污水的处理？

答：可以，目前有很多采用电化学方式去除生活污水中的氮磷元素的研究，但是由于生活污水中氮磷浓度相对尿液低，因此存在耗电量大，处理成本高的问题，一般不会用于城镇污水处理厂中。

32. 电化学方法单独去除抗生素和重金属试验的最佳条件不同，两种污染物同时处理时最佳条件是什么？

答：实验表明电化学法去除养殖废水中抗生素和激素单因素试验最佳条件为：电解电压为 5V，电解时间为 16min，pH 值为 8，曝气时间为 1.5h，而对于重金属的去除优化条件为：电解电压为 15V，电解时间为 45min，pH 值为 8，初始废水 COD_{Cr} 浓度为 3000mg/L。一般来说电解电压越高，电解时间越长，能够达到更好的处理效果，在一体化研究时可以根据重金属去除的优化条件选择电解电压和电解时间。综合考虑两者的优化条件，选取电解电压 15V，电解时间 45min，pH 值为 8，曝气时间为 1.5h，废水浓度 COD_{Cr} 为 3000mg/L，作为同步处理研究的较优化条件。

33. 养殖废水应该有较高的 SS，电化学法反应器怎么解决这个问题？

答：反应器中的活性炭能吸附解决 SS，或者在反应进行一段时间之后，对反应器进行反冲洗，或者增加过滤预处理。

34. 尿液电化学处理有什么好处？

答：尿液的电化学处理主要目的在于尿液中氮磷元素的去除或者回收，该方法目前仍处于实验室研究层面，技术还未达到可以广泛使用的条件，电化学回收尿液中的氮磷元素对于建立营养元素的循环利用体系是具有重要意义的，尤其是磷元素，磷属于不可再生的资源，且在世界上分布非常不均匀，人们日常生活、工业生产和农业生产过程中均离不开磷的参与，而百年后世界上磷矿的储量将会衰竭，如果仍不能建立一个回收使用磷的循环体系，我们将面临严重的磷资源危机。由此看来，电化学回收尿液中氮磷元素如果得到推广，所具有的经济效益和环境效益不容小觑。

35. 什么是芬顿试剂？处理污水时如何确定添加量？

答：芬顿试剂为可溶性亚铁盐和 H_2O_2 的组合。添加量理论上 COD∶H_2O_2 是1∶1，H_2O_2 和亚铁的摩尔比是3∶1，不过处理的水质不同，加的量也是不一样的，处理的效果也不一样。具体的量需要通过实验确定。

36. 芬顿氧化法的作用机理是什么？

答：（1）芬顿试剂羟基自由基反应机理

芬顿氧化技术所使用的芬顿试剂具有很强的氧化能力，研究人员使用顺磁共振（ESR）的方法，研究了芬顿反应中产生的氧化剂碎片，成功地捕获了·OH 的特征信号，并提出了高能的自由基和氧化剂的产生机理，其涉及的主要反应过程为：

$$Fe^{2+} + H_2O_2 \longrightarrow OH^- + \cdot OH + Fe^{3+}$$

$$Fe^{3+} + H_2O_2 \longrightarrow Fe{-}OOH^{2+} + H^+$$

$$\cdot OH + H_2O_2 \longrightarrow HO_2^- + H_2O$$

$$Fe^{2+} + H_2O\cdot \longrightarrow Fe{-}OOH^{2+}$$

$$Fe^{3+} + O_2^- \longrightarrow Fe^{2+} + O_2$$

$$\cdot OH + HO_2\cdot \longrightarrow H_2O + O_2$$

$$\cdot OH + O_2\cdot \longrightarrow OH^- + O_2$$

$$OH^- + OH^- \longrightarrow H_2O_2$$

反应生成的·OH 具有很高的电极电位，具有很强的氧化能力，它不仅能够使共轭体系结构被氧化打破，还可使有机物分子最终转化成 CO_2 和 H_2O 等小分子。

（2）芬顿试剂氧化有机物的反应机理

芬顿试剂能降解有机污染物，是由于芬顿体系内发生的化学反应生成的·OH 具有较强的氧化性和电子亲和性，与有机化合物反应，使其达到降解。其主要类型有：

氢原子的反应：$RH^+ + \cdot OH \longrightarrow H_2O + R\cdot$

加成反应：　$PHX + \cdot OH \longrightarrow PHXOH$

电子转移：　$RX + \cdot OH \longrightarrow RX\cdot + OH$

芬顿氧化就是利用其羟基自由基（·OH）的超强氧化性能实现对难以降解物质的深度氧化，有机污染物 RH 首先与体系内·OH 反应生成游离基 R·，继续反应进一步被氧化生成 CO_2 和 H_2O，最终使有机污染物得以降解。

37. 什么是光-芬顿法？

答：光-芬顿法是将芬顿体系与复色太阳光或单色紫外光辐射（UV）结合使用的方法。其原理是以普通芬顿法为基础利用光激发化学反应生成更多的·OH，并且提高亚铁离子的循环效率，从而使污染物降解。

38. 利用芬顿法处理难降解的有机废水之后为何 COD 反而会偏高?

答：芬顿试剂为可溶性亚铁盐和 H_2O_2 的组合。芬顿法之后 COD 反而偏高是因为芬顿的过氧化氢加多了，造成反应后 COD 上升，芬顿试剂用量并不是越多越好，应用中芬顿试剂用量与废液最初 COD 值有关，芬顿试剂用量太多或太少都不利于氧化反应，合适的比例才可有效处理高 COD 浓度废水。

39. pH 值会影响芬顿氧化法的处理效果吗?

答：pH 值是影响芬顿氧化法的一个重要因素。常温条件下，pH 值在 3～4 之间，氧化反应进行较快；氧化反应结束后，调出水 pH 值等于 5，为絮凝最佳条件，有利于后续分离，达标排放。

40. 在芬顿反应中，为什么当 pH 值大于 4，即处于酸性条件下时，羟基就容易和金属离子形成氢氧化物沉淀?

答：芬顿试剂中发生的化学反应：

$$Fe^{2+} + H_2O_2 \longrightarrow Fe^{3+} + OH^- + \cdot OH$$

根据氢氧化铁的 K_{sp} 计算开始产生沉淀时的 pH，而不是说酸性条件就不产生沉淀，4 是计算得来的。

41. 如何克服 pH 值限制芬顿反应这个问题?

答：为解决芬顿系统应用的瓶颈问题，将铁离子负载于载体上形成固相催化剂，并在反应过程中添加光源，构成非均相芬顿体系，可以拓宽 pH 值范围，是目前芬顿系统的主要发展方向。

42. 芬顿氧化法适用于哪些污水的处理?

答：由于其中的羟基自由基（·OH）具有极强的氧化电位，高达 2.80V，臭氧的氧化电位已经是非常高了，但才达到 2.07V，所以芬顿试剂可以无选择性的氧化分解污水中任何可以被氧化的物质，具体说：a. 对有机废水都有用，包括很难被生物降解的有机污染物；b. 对无机废水只能对具有相对还原性的污染物质有用。

43. 芬顿氧化法处理废水的优缺点是什么? 什么样的污水水质适合芬顿氧化技术?

答：芬顿氧化技术具有高效、设备简单、选择性小、反应迅速、操作简便等特点，芬顿氧化法作为一种高级氧化技术应用于环境污染物处理领域，但是普通的芬顿体系存在着 H_2O_2 利用效率不高、反应体系 pH 值要求较低以及反应结束后会产生大量的含铁污泥，易造成二次污染等缺点。芬顿法处理高浓度 COD 难降解废水能够达标排放，而且可以回收资源，但总体上，处理流程过长，处理成本仍居高不下，今后的工作中仍有待效果更好、流程更简短、成本更低廉的处理方法或工艺出现。

芬顿法处理废水需要酸性的环境，所以对于废水先要进行酸化，处理之后还要用碱性物质中和，所以对于酸性废水的处理可用芬顿法。另外，芬顿法对有机废水都有用，包括很难被生物降解的有机污染物；但是，对无机废水只能对具有相对还原性的污染物质有用。

44. 高级氧化技术是如何处理高盐分有机废水？

答：高盐废水是指总含盐量大于1%的废水，高盐有机废水主要来源于化工（尤其是氯碱行业）、道路除冰和食品加工领域，其他不可忽略的来源还包括印染废水、皂素废水、石油开采废水、造纸废水和农药行业排出的废水等。废水中高浓度的可溶性无机盐和难降解的有毒有机物会造成严重的环境污染，对土壤及地表水、地下水造成破坏。

目前高盐有机废水的处理技术较多，主要有物理化学法、生物法和上述方法的组合工艺。高盐有机废水中的高浓度可溶性无机盐对生物处理过程有抑制作用，因此人们寄希望于物理化学方法对其进行处理，以除去其中的有机物和无机盐。常用的物理化学方法包括焚烧法、高级氧化法、离子交换法、电化学法和膜分离法等。

高级氧化法以生成氧化自由基为主体，利用自由基引发链式氧化反应迅速破坏有机物的分子结构，达到氧化降解有机物的目的。根据产生自由基的方式和条件的不同，高级氧化法可分为湿式氧化法、超临界水氧化法、光化学氧化法以及其他的催化氧化法。

例如：过硫酸盐氧化法是基于活化过硫酸盐产生硫酸根自由基（$\cdot SO_4^-$）为主要活性物质来降解废水中有机物的一种新型高级氧化技术。硫酸根自由基会与污染物发生一系列的自由基链反应：

$$S_2O_8^{2-} + A \longrightarrow 2 \cdot SO_4^- + \cdot A$$

$$\cdot SO_4^- + H_2O \longrightarrow \cdot OH + HSO_4^-$$

$$\cdot SO_4^- + A \longrightarrow \cdot A + \text{产物}$$

$$\cdot OH + A \longrightarrow \cdot A + \text{产物}$$

$$\cdot A + S_2O_8^- \longrightarrow \cdot SO_4^- + \text{产物}$$

杨世迎等提出：在250mL金橙印染废水（浓度250～1000mg/L）中加入活化过硫酸盐和催化剂（包括活性炭、硫化物、金属氧化物、铁氧体或碳化硅），然后置于频率2450MHz、功率800W的微波发生器辐射2～8min，随着降解时间的延长、催化剂加入量的增加，有机物的降解率逐渐增加。该方法处理时间短，加热均匀，无二次污染，启动和停止加热非常迅速，无需复杂设备，对难生化废水（BOD_5/COD值小于0.2）可达到较好的处理效果。

但废水中的盐分会影响氧化剂的处理效率。李春立的研究表明在用过硫酸盐氧化法处理甲醇氯盐废水时，当氯盐含量从0增加3%，甲醇氯盐废水的降解率不断降低，是因为Cl^-本身对硫酸根自由基有一定的清除作用，并生成一种氧化性较弱的$\cdot Cl^-$和$\cdot Cl_2^-$自由基。氯自由基经过一系列反应最终以氯离子或氯气的形式存在，随着氯盐含量的增加，反应体系中氯离子越来越多，从而抑制了氯自由基向氯离子的转化，体系中氯自由基浓度增加。此时反而减少了硫酸根自由基向硫酸根离子转化，因此氯离子含量过大时反而使反应体系的降解率重新回升。

$$\cdot SO_4^- + Cl^- \rightleftharpoons \cdot Cl + SO_4^{2-}$$

$$\cdot Cl + Cl^- \rightleftharpoons \cdot Cl_2^-$$

$$\cdot Cl_2^- + \cdot Cl_2^- \longrightarrow 2Cl^- + Cl_2$$

$$Cl\cdot + H_2O \rightleftharpoons ClHO\cdot^- + H^+$$

$$ClHO\cdot \rightleftharpoons OH\cdot + Cl^-$$

$$\cdot Cl_2^- + H_2O \longrightarrow ClHO\cdot^- + H^+ + Cl^-$$

$$\cdot R + \cdot Cl_2^- \longrightarrow R—Cl + \cdot Cl^-$$

$$R—H + HOCl \longrightarrow R—Cl + H_2O$$

45. 高级氧化法成本是否较高？对于大水量的污水处理效果是否较好？

答：高级氧化技术的成本较于传统氧化技术成本是较高的，因为比如要用一些贵金属作为催化剂，或者需要紫外光照等条件产生·OH自由基等，是需要更多成本的。仅适用于高浓度、小流量、里面的有机物难处理的废水，低浓度、大流量的废水应用难。

46. 采用 $UV/H_2O_2/TiO_2$ 联合工艺，与单独使用UV或 H_2O_2 相比，其优势在哪里？

答：通过文献查明：单独使用 H_2O_2 和单独用UV照射MC-LR（微囊藻毒素-LR，微囊藻毒素变体中最具毒性的同类物）均可以有效地降解水体中的微囊藻毒素，当采用 UV/H_2O_2 联合系统进行微囊藻毒素的降解时，由于UV与 H_2O_2 发生了协同作用，可以显著提高对MC-LR的去除率。在 $UV/H_2O_2/TiO_2$ 工艺中，H_2O_2 是体系中产生·OH的主体，其投加量会直接影响·OH的生成量，对微囊藻毒素的氧化去除效率起决定作用。此外，在紫外光降解过程中常采用 TiO_2 等纳米半导体作为催化剂，并采用 O_2、H_2O_2、Fe^{2+} 等作为光催化氧化剂。其中 H_2O_2 由于具有更高的氧化电位，不仅起到电子受体的作用，更能促进·OH等强氧化性物质产生。研究表明，TiO_2/H_2O_2 催化剂组合具有最为显著的光催化降解效能。因此在体系中 H_2O_2 的作用是提供·OH，而 TiO_2 的主要作用是催化剂用于加快反应速率，而UV是提供电子激发所需的能量。

47. 什么是湿式催化氧化法？

答：湿式催化氧化法是一种处理高浓度难降解有机废水颇有潜力的方法。它是指在一定温度和压力下，以富氧气体或氧气为氧化剂，利用催化剂的催化作用，加快废水中有机物与氧化剂间的反应，使废水中的有机物及含N、S等毒物氧化成 CO_2、N_2、SO_2、H_2O，达到净化之目的。

48. 湿式催化氧化法的反应机理是什么？

答：湿式催化氧化法主要包括传质和化学反应两个过程，目前的研究结果普遍认为湿式催化氧化反应属于自由基反应，通常分为三个阶段：链的引发、链的发展或传递、链的终止。

1）链的引发　反应物分子生成自由基的过程。可用下列反应方程式表示：

$$RH + O_2 \longrightarrow R\cdot + HOO\cdot$$

$$2RH + O_2 \longrightarrow 2R\cdot + H_2O_2 \quad (RH为有机物)$$

$$H_2O_2 \longrightarrow 2\cdot OH$$

2）链的发展或传递　自由基与分子相互作用，交替进行使自由基数量迅速增加的过程。可用下列反应方程式表示：

$$RH + \cdot OH \longrightarrow R\cdot + H_2O$$

$$R\cdot + O_2 \longrightarrow ROO\cdot$$

$$ROO\cdot + RH \longrightarrow ROOH + R\cdot$$

3）链的终止　各自由基之间相互碰撞生成稳定的分子，则链的增长过程终止。可用下列反应方程式表示：

$$R\cdot + R\cdot \longrightarrow R—R$$

$$ROO\cdot + R\cdot \longrightarrow ROOR$$

$$ROOH + ROO\cdot \longrightarrow ROH + RCOR_2 + O_2$$

49. 用湿式催化氧化法处理有机废水时如何选择催化剂？

答：催化剂分均相催化剂和非均相催化剂，它们各有优缺点：均相催化剂溶于反应体系，反应比较均匀，但是不能回收利用；非均相催化剂为固体催化剂，反应不易均匀，但是可以回收利用，价格较高。并且，催化剂具有选择性，要根据有机污染物的种类选择催化剂。对于催化剂的选择，一般要求催化效果高效，催化剂可以回收，可以反复利用，没有二次污染等。

50. 湿式催化氧化 Fenton 作催化剂、Fenton 法，这两个是同一个方法吗？不是的话，区别在哪里？

答：湿式催化氧化 Fenton 作催化剂方法和 Fenton 法不是同一种方法。前者是在高温（200～280℃）、高压（2～8MPa）下，以富氧气体或氧气为氧化剂，利用催化剂的催化作用，加快废水中有机物与氧化剂间的呼吸反应，使废水中的有机物及含 N、S 等毒物氧化成 CO_2、N_2、SO_2、H_2O，达到净化之目的，均相催化剂最常用的和效果较为理想的是铜盐和 Fenton 试剂；Fenton 法是在酸性条件下，H_2O_2 在 Fe^{2+}存在下生成强氧化能力的羟基自由基（·OH），并引发更多的其他活性氧，以实现对有机物的降解，其氧化过程为链式反应。两者的反应条件就不同，并且产生·OH 的机理也不一样，区别还是很大的。

51. 光激发氧化法、光催化氧化法、湿式催化氧化法的优缺点是什么？分别适用于哪种条件？如何选择？

答：光激发氧化法和光催化氧化法都属于光化学氧化法。光化学氧化反应是在光的作用下进行化学反应，在紫外线的照射下氧化剂氧化分解有机污染物。光激发氧化法主要以 O_3、H_2O_2、O_2 和空气作为氧化剂，在光辐射作用下产生·OH；光催化氧化法则是在反应溶液中加入一定量的半导体催化剂，使其在紫外光的照射下产生·OH，两者产生自由基的方式不同。

光化学氧化法的优点：反应条件温和、氧化能力强。缺点：由于反应条件的限制，光化学氧化法处理有机物时会产生多种芳香族有机中间体，致使有机物降解不够彻底。

湿式催化氧化法的优点：采用了催化剂，降低了反应温度和压力，因而减少了设备投资和处理费用。缺点：仍需要在广谱高效催化剂的研制、反应器材料、结构和操作方式的改进方面进行大量的研发工作。

选择依据：芬顿法特别适用于生物难降解或一般化学氧化难以奏效的有机废水如垃圾渗滤液的氧化处理。与常规的污水处理法相比较高级氧化法具有既可以单独处理也可以与其他工艺相结合、在反应过程中易控制、反应速率快、无二次污染、应用范围广等特点，但是在我国高级氧化法由于处理成本高，处理技术并不完全成熟，还是多数处于试验状态，在工业处理中未得到广泛的应用。因此，应该对高级氧化法处理成本、处理效率以及与其他工艺相结合做进一步更完善的研究，使高级氧化法能够在工业生产中得到广泛的应用。

52. 什么是超临界水氧化技术？

答：超临界水氧化技术（简称SCWO），是利用处于超临界状态下的水与溶解在其中的氧气同有机废物发生强氧化和水解作用，将各种有机废水和废物彻底处理，最终得到CO_2、氮气、纯净的水以及少量无机盐。超临界水氧化技术可直接用于各种高浓度有机废水和有毒物质的处理，产物可一次达标无需二次处理。

53. 超临界水氧化的技术原理是什么？

答：在高温、高压下，利用分子氧作为氧化剂，以超临界水作为溶剂，把有机物氧化分解为CO_2和H_2O的高级氧化技术。超临界水氧化反应，可以用自由基反应理论来解释，产生自由基的过程为：

$$RH+O_2 \longrightarrow R\cdot +HO_2\cdot$$

$$RH+HO_2\cdot \longrightarrow R\cdot +H_2O_2$$

$$PhOH+O_2 \longrightarrow PhO\cdot +HO_2\cdot$$

$$PhOH+HO_2\cdot \longrightarrow PhO\cdot +H_2O_2$$

式中，Ph为芳香族化合物。

在具有液体和气体的性质的超临界水中加入分子氧，活性氧与键能最弱的C—H作用产生自由基$HO_2\cdot$，它与有机物中的H生成H_2O_2，H_2O_2进一步分解产生羟基自由基：

$$H_2O_2 \longrightarrow 2HO\cdot$$

羟基自由基$HO\cdot$具有高活性，它与有机物反应产生有机自由基$R\cdot$，而有机自由基又与O_2反应得到有机过氧自由基，有机过氧自由基进一步与有机物反应产生有机过氧氢化物和有机自由基，由于过氧氢化物不稳定，其键发生断裂而生成较小分子量的化合物乙酸或甲醇，最后转化为CO_2、H_2O等物质。

氧化过程中，有机物中的S、Cl、P等元素同时被氧化生成硫酸盐、食盐、磷酸盐等盐类，而金属转化为氧化物。

54. 超临界水氧化工艺中的高温高压条件是如何实现的？

答：超临界水氧化工艺反应器是借助高压泵或压缩机来提供反应所需的高压。超临界水氧化工艺反应器只要废水中的有机物质量分数在2%以上，只需要提供初始能量，一旦反应开始就可依靠反应过程中自身产生的热量来维持反应所需的温度，不需要外界补充热量。

55. 在超临界水氧化工艺中重金属是如何变化的？

答：在超临界水的氧化作用下，重金属离子等无机污染物都会转化为盐类，如As会被氧化生成As_2O_3，而盐类和无机组分在超临界水中溶解度低，容易以固体的形式被分离出去。

56. 依照图2-1，简述超临界水氧化工艺的工作流程。

答：过程简述如下：首先，用污水泵将污水压入反应器，在此与一般循环反应物直接混合而加热，提高温度。然后，用压缩机将空气增压，通过循环用喷射器把上述的循环反应物一并带入反应器。有害有机物与氧在超临界水相中迅速反应，使有机物完全氧化，氧化释放出的热量足以将反应器内的所有物料加热至超临界状态，在均相条件下，使有机物进行反应。离开反应器的物料进入旋风分离器，在此将反应中生成的无机盐等固体物料从流体相中沉淀析出。离开旋风分离器的物料一分为二，一部分循环进入反应器，另一部分作为高温高压流体先通过蒸汽发生器，产生高压蒸汽，再通过高压气液分离器，在此大部分物质以气体物料的方式离开分离器，进入透平机，为空气压缩机提供动力。液体物料（主要是水和溶在水中的物质）经排出阀减压，进入低压气液分离器，分离出的气体进行排放，液体则为洁净水，而作补充水进入水槽。

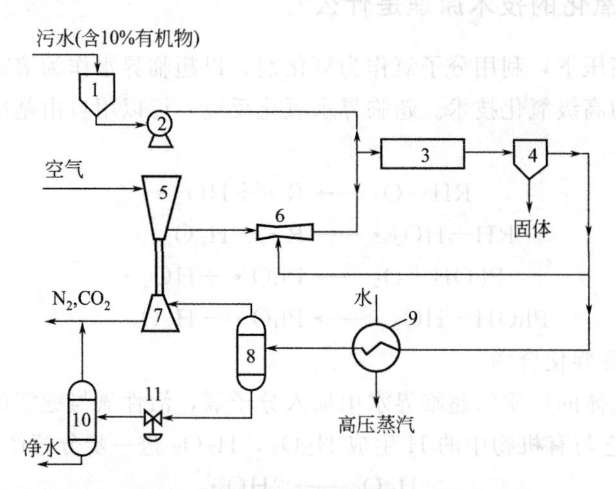

图 2-1 超临界水氧化处理污水流程

1—污水槽；2—污水泵；3—氧化反应器；4—固体分离器；5—空气压缩机；6—循环用喷射泵；7—膨胀透平机；8—高压气液分离器；9—蒸汽发生器；10—低压气液分离器；11—减压器

57. 有机废水在什么样的温度和压力条件下会进入超临界状态？

答：水的临界温度是 374℃，临界压力是 22.05MPa，当温度和压力都超过了这两个临界值时，水就会进入到超临界状态；有机废水的超临界氧化温度一般为 400～600℃，压力为 30～50MPa，在这种压力和温度下，有机碳会转化成二氧化碳，氢转化成水，卤素原子转化成卤化物的离子，硫和磷分别转化成硫酸盐和磷酸盐，有机氮转化成氮气，这些产物均为无毒无害的产物。

58. 超临界水氧化工艺中，对于设备的选择有哪些要求？

答：超临界水氧化反应都是在高温、高压条件下进行的，当其处理的有机废物中含有卤素、硫或磷时，在反应过程中会产生酸，对设备腐蚀严重。因此，对用于制造超临界水氧化反应设备的材料，既要满足耐高温、高压，还要有良好的耐腐蚀性能。这也从而导致超临界水氧化装置的生产成本比较高；另外，在超临界水氧化过程中会有无机盐生成。通常在室温下水能很好地溶解盐，而在低密度的超临界水中盐的溶解度却很低。因此在反应过程中会有盐沉淀，盐沉淀的问题轻者会降低换热率、增加系统压力，严重时会堵塞管路，所以为了使用效率，所用的设备还要方便除盐。

59. 超临界水氧化工艺主要去除哪类有机物？

答：超临界水氧化工艺主要的处理对象是高浓度的有毒难降解有机污染物，例如酚类、多环芳香类、丙烯腈等。

60. 在污水处理中，超临界水氧化工艺与生物处理工艺的区别是什么？

答：超临界水氧化属于化学处理方法。超临界水氧化是利用超临界水作为反应介质来氧化分解有机物，其过程类似于湿式氧化，不同的是前者的温度和压力分别超过了水的临界温度和临界压力。超临界水的特性使有机物、氧化剂、水形成均一的相，克服了相间的传质阻力。高温高压大大提高了有机物的氧化速率，因而能在数秒内将烃类化合物氧化成 CO_2 和 H_2O，将杂核原子转化为无机化合物，其中磷转化为磷酸盐，硫转化为硫酸盐，氮转化为 N_2 或 N_2O。由于相对较低的反应温度（比较焚烧而言），不会有 NO_x 或 SO_2 形成。另外，超临界水氧化反应是放热反应，只要进料具有适宜的有机物含量，仅需输入启动所需的外界能量，整个反应可靠自身维持进行。

而废水的生物处理法是利用经人工培育驯化得到的微生物群体，对废水中的有机物产生吸附并把有机物当作食物进行消化分解，这样微生物群体得到持续生存，同时污水水质得到净化。

61. 超临界水氧化技术的应用实例有哪些？此工艺的处理成本如何？

答：世界上第一套用于处理含有机物质量分数10%的废水的超临界水氧化中试装置于1985年由美国Modar公司建成，处理能力为950L/d，处理效果良好。

1994年美国生态废物技术委员会（EWT）与Huntsman公司在Anstin建了一套超临界水氧化装置，用于处理各种长链有机物及胺类物质，该装置流出物中的气体达到排放标准，污染物的去除率达到99.99%以上。

2001年美国得克萨斯州的哈灵根水厂在一年内启动了两条采用超临界水氧化技术处理城市污水、污泥的作业线，该处理场可处理含固体质量分数7%～8%的城市污水污泥132.5m^3/d，并且计算得出使用超临界水氧化技术处理，相比用于农田和掩埋处理，单位干污泥处理费减少了235美元/t，大大节省了费用。

至于处理污水的成本，超临界水氧化技术的运行费用也较高，如对处理能力为227.5L/d的试验装置，运行费用为2.20美元/L左右，而对于处理能力为11375～113750L/d的装置，其处理费用可降至0.022～0.44美元/L。

62. 光催化处理无机废水中重金属是如何去除的？

答：纳米 TiO_2 光催化剂同时具有氧化性和还原性，既可以氧化有机物杀灭细菌，又可以还原金属离子。因为每一颗 TiO_2 粒子近似看成是小型光电化学电池，受光激发后其导带上有光生电子，相当于阴极，物质可在此发生还原反应；而价带上有光生空穴，相当于阳极，物质可在此发生氧化反应。

(1) 对废水中铬离子的去除

在没有其他电子受体存在下，Cr(Ⅵ) 从受光激发半导体的导带上得到电子还原到三价的同时，H_2O 得到价带上的空穴而发生氧化，其反应为：

$$TiO_2 + h\nu \longrightarrow TiO_2\ (e_{cb}^- + h_{vb}^+)$$

$$16H^+ + 2CrO_4^- + 8e_{cb}^- \longrightarrow 2Cr^{3+} + 8H_2O$$

$$3H_2O + 6h_{vb}^+ \longrightarrow \frac{3}{2}O_2 + 6H^+$$

或

$$2Cr_2O_3^{2-} + 12H^+ - 4e_{cb} \longrightarrow 4Cr^{3+} + 6H_2O$$

$$2H_2O + 4h_{vb}^+ \longrightarrow O_2 + 4H^+$$

TiO_2 超细纳米粉末对水溶液中Cr(Ⅵ)有光催化还原作用。

(2) 对废水中 Hg^{2+} 的去除

Hg^{2+} 是一种研究较多的有毒金属离子，同六价铬还原相似，无机汞离子从半导体导带得到电子而被还原到零价汞。对金属离子的去除主要是利用空穴的还原作用，将高价态的金属离子还原为低价态的离子，若低价态的金属离子仍有毒性，继续还原至零价态或者还原为能与阴离子结合为沉淀的化合物而从废水中除去。

(3) 对废水中 Pb^{2+} 的去除

Pb^{2+} 不仅会得到电子还原为零价铅，而且还会直接得到空穴或被 O_2 氧化为 PbO_2 将其去除，其两种反应模式分别为：

$$Pb^{2+} + 2e_{cb}^- \longrightarrow Pb$$

$$2H_2O + 4h_{vb}^+ \longrightarrow 4H^+ + O_2$$

或

$$Pb^{2+} + 2H_2O + 2h_{vb}^+ \longrightarrow PbO_2 + 4H^+$$

$$O_2 + 2e_{cb}^- \longrightarrow 2O^{2-}$$

$$Pb^{2+} + 2O^{2-} \longrightarrow PbO_2$$

63. 光催化处理印染废水时废水不透光行吗？不行应该怎么做？

答：不透光不可以，必须透光，但可以浑浊。如果不透光，首先要将印染废水脱色，然后才可以进行光催化。所以光催化不适宜处理颜色很深的废水。

64. TiO_2 作光催化剂处理染料废水的实际应用中怎么回收有机物和重金属？

答：TiO_2 催化剂处理染料废水目前还处于实验阶段，实际应用还没有达到。TiO_2 催化剂的回收利用很少，目前催化剂已经作为危险废物来处理，所以回收利用也比较少。去除有机物后可以直接燃烧，但是如果是重金属的话，酸溶出会影响催化剂的活性，故比较难回收。

65. TiO_2 光催化剂能否再生？

答：TiO_2 有时作为活性组分（如降解有机物），有时作为载体（SCR 法脱硝）。TiO_2 光催化剂降解甲基橙的实例研究中，光催化剂 12 次使用后活性基本丧失。对于失活光催化剂，采用 3 种方法对其活性进行再生：蒸馏水中超声 20min，并辅以紫外光照；0.1mol/L H_2O_2 水溶液中超声 20min，并辅以紫外光照；450℃高温下焙烧 30min。对于 12 次使用光催化剂，上述 3 种方法可使甲基橙降解率分别恢复至 19%、29%、60%。

脱硝常用的催化剂是以锐钛矿型 TiO_2 为载体，负载钒氧化物作为活性物质，辅以氧化钨或氧化钼为助催化剂的金属氧化物催化剂。催化剂的使用寿命在3年左右，频繁更换，势必影响成本。

失活的催化剂能否再生，主要取决于催化剂失活原因和再生的难易程度。因积炭、积灰或金属沉积物等引起的失活较易进行再生处理，而永久性中毒及烧结引起的失活，就难以进行再生或根本无法再生。对于失活催化剂的处理，首先应判定失活催化剂的各项性能是否还有再生价值，如再生的潜力很小，再生后催化剂的活性、选择性、耐磨性等不能到达理想程度，这样的再生处理只能带来人力和物力的浪费。如催化剂再生的潜力较大，再生处理后，还能够维持一定时间的运行，能够为企业减少很大的经济开支，才是企业应首选考虑的。如催化剂经检测后，判定为无法再生或无再生价值，则要进行废弃处理。

根据不同的催化剂失活原因，采用不同的催化剂再生方法，再生处理的方法及分类，见表2-1。

表2-1 催化剂的再生方法

再生目的	再生方法	再生目的	再生方法
消除积炭、积灰	氧化烧炭、吹扫	添补有效组分	浸渍、沉淀
消除机械粉尘及杂质	吹扫、抽吸	恢复机械强度	重新成型
脱除表面沉淀的金属及盐类	酸碱洗涤、溶剂萃取 选择络合、水洗	表面重组	酸碱作用、氧化更新

1）洗涤法 对于那些因催化剂表面被沉积的金属杂质、金属盐类或有机物覆盖引起失活的催化剂，可采用洗涤法将表面沉积物去除。通过压缩空气冲刷去除催化剂表面的浮尘及杂质，然后根据表面沉积物的性质，用水洗、酸洗、碱洗或采用有机溶剂进行萃取洗涤，洗涤后再用空气干燥。此方法简单有效，可以冲洗溶解性物质以及冲刷掉催化剂表面部分颗粒物，对于失活程度较小的催化剂有明显提高催化剂脱硝效率的效果，使用该方法处理后的催化剂活性有30%左右的提高。

2）氧化烧炭法 催化剂的表面微孔因积炭而失活后，常用烧炭法进行再生处理。通过将催化剂微孔中的含碳沉积物氧化为CO或CO_2除去，即可恢复催化活性。影响烧炭反应的主要因素是氧分压。当催化剂的积炭量一定时，烧炭的最高温度取决于输入氧的浓度。

第三节 物理化学法

一、离子交换法

66. 离子交换工艺在水处理中的应用实质是什么？基本原理又是什么？

答：离子交换的实质是不溶性的电解质（离子交换树脂）与溶液中的另一种电解质所进行的化学反应，可以是中和反应、中性盐分解反应或复分解反应。

$$R—SO_3H+NaOH \longrightarrow R—SO_3Na+H_2O \quad (中和反应)$$

$$R—SO_3H+NaCl \rightleftharpoons R—SO_3Na+HCl \quad (中性盐分解反应)$$

$$2R—SO_3Na+CaCl_2 \rightleftharpoons (R—SO_3)_2Ca+2NaCl \quad (复分解反应)$$

离子交换的基本原理：离子交换树脂的单元结构主要由三部分组成，即不溶性的三维空间网状骨架、连接在骨架上的功能基和功能基团所带的相反电荷的可交换离子。在水溶液中，连接在离子交换树脂固定不变的骨架上的功能基能离解出可交换离子，这些离子在较大范围内可以自由移动并能扩散到溶液中。同时，溶液中的同类型离子也能扩散到整个树脂多孔结构内部，这两种离子之间的浓度差推动它们互相交换，其浓度差越大，交换速度就越快；同时由于离子交换树脂上所带的一定的功能基对于各种离子的亲和力大小各不相同，所以在人为控制的条件下，功能基离解出来的可交换离子就可与溶液里的同类型离子发生交换。

阳离子交换过程可用下式表示：

$$R—A^{+}+B^{+} \rightleftharpoons R—B^{+}+A^{+}$$

阴离子交换过程可用下式表示：

$$R—C^{-}+D^{-} \rightleftharpoons R—D^{-}+C^{-}$$

式中，R 为树脂本体；A、C 为树脂上可被交换的离子；B、D 为溶液中的交换离子。

67. 用离子交换工艺处理水时，离子交换的阴柱和阳柱如何排序？

答：阳离子交换器一般设在阴离子交换器前面，原水如果先通过强碱阴离子交换器，则碳酸钙、氢氧化镁和氢氧化铁等沉淀附于树脂表面，很难洗脱；如将其设置在强酸阳离子交换器后，则进入阴离子交换器的阳离子基本上只有 H^{+}，溶液呈酸性，可减少反离子的作用，使反应较彻底地进行。但针对不同性质的水，阴柱和阳柱的位置不是固定不变的。

68. 在离子交换技术中，离子交换的顺序是如何确定的？

答：对于阳离子交换来说，此种顺序的规律比较明显，在稀溶液中，强酸性阳树脂对常见阳离子的选择性顺序如下：

$$Fe^{3+} > Al^{3+} > Ca^{2+} > Mg^{2+} > K^{+} > Na^{+} > H^{+}$$

这可以归纳为两个规律：离子所带电荷量越大，越易被吸取；当离子所带电荷量相同时，离子水合半径较小的易被吸取。

对于弱酸性阳树脂，H^{+}位置向前移动，例如羧酸型树脂对 H^{+}选择性在 Fe^{3+}之前。在浓溶液中，选择性顺序有一些不同，某些低价离子会居于高价离子之前，至于阴离子交换的选择性顺序，情况要比阳离子交换复杂，通过研究得知，在淡水的离子交换除盐处理系统中，即进水是稀酸溶液时，强碱性 OH 型阴树脂对阴离子的选择性顺序为：

$$SO_4^{2-} > Cl > HCO_3^{-} > HSiO_3^{-}$$

当 OH 型离子交换树脂失效后，用碱进行再生时，即对于进水是浓碱溶液，阴离子的选择性顺序为：

$$Cl^{-} > SO_4^{2-} > CO_3^{2-} > SiO_3^{2-}$$

弱碱性阴离子树脂对阴离子的吸附的一般顺序如下：

$$OH^{-} > 柠檬酸根 > SO_3^{2-} > 酒石酸根 > 草酸根 > PO_4^{3-} > NO_2^{-} > Cl^{-} > COO^{-} > HCO_3^{-}$$

二、吸附法

69. 什么是臭氧生物活性炭吸附？

答：臭氧与生物活性炭联用即臭氧生物活性炭法。臭氧氧化在水处理中有着广泛的应用，可以用来消毒、除藻、氧化水中污染物（使之更容易被微生物降解）、去除色和嗅以及助凝、助滤。臭氧氧化过程中的大量中间产物，都可被活性炭吸附，活性炭对溶解臭氧有催化分解作用，不会抑制微生物的生长；活性炭既去除了臭氧无法去除的三卤甲烷及其前驱物质，并且微生物的附着可以发挥生化和物化处理的协同作用，延长了活性炭的工作周期，保证了最后出水生物稳定性。

70. 生物吸附法去除废水中的重金属的机理是什么？怎样回收被微生物吸附的重金属？

答：所谓生物吸附法就是利用某些生物体本身的化学结构及成分特性来吸附溶于水中的金属离子，再通过固液两相分离来去除水溶液中金属离子的方法。但是微生物结构的复杂性以及同一微生物和不同金属间亲和力的差别决定了微生物吸附金属的机理非常复杂，至今尚未得到统一认识。根据被吸附重金属离子在微生物细胞中的分布，一般将微生物对金属离子的吸附分为胞外吸附、细胞表面吸附和胞内吸附。

胞外吸附是一些微生物可以分泌多聚糖、糖蛋白、脂多糖、可溶性氨基酸等胞外聚合物质（EPS）到细胞外，EPS具有络合或沉淀金属离子作用。细胞表面吸附是指金属离子通过与细胞表面，特别是细胞壁组分（蛋白质、多糖、脂类等）中的化学基团（如羧基、羟基、磷酰基、酰胺基、硫酸酯基、氨基、巯基等）的相互作用，吸附到细胞表面。金属离子被细胞表面吸附的机制包括离子交换、表面络合、物理吸附（如范德华力、静电作用）、氧化还原或无机微沉淀等。胞内吸附与转化是指一些金属离子能透过细胞膜，进入细胞内。金属离子进入细胞后，微生物可通过区域化作用将其分布于代谢不活跃的区域（如液泡），或将金属离子与热稳定蛋白结合，转变成为低毒的形式。

生物吸附重金属后，回收时可以通过先将污泥烘干，使其含水率下降，然后将其焚烧，有机物可以被分解氧化，最后从灰分中回收重金属。

71. 用于去除废水中重金属的生物吸附剂有哪些？生物吸附剂未来的发展方向如何？

答：目前，研究人员所用的生物吸附剂有的来自实验室规模的培养，有的来自一些发酵工业的废弃微生物，还有的取自于自然的水体环境中（如马尾藻等），也有少数人用活性污泥作为生物吸附剂进行研究。目前，根据生物吸附剂的来源可以分为五类：藻类生物吸附剂、真菌生物吸附剂、细菌生物吸附剂、农林废弃物生物吸附剂、复合型生物吸附剂。

生物吸附剂未来的发展方向如下：

① 提高生物吸附剂的吸附容量和选择性。利用各种物理或化学方法可以改善生物吸附剂表面的金属吸附活性位点，如接枝共聚方法将某些官能团引入到细胞表面。基因工程方法是另一种获得新型生物吸附剂的方法，基于对重金属生物吸附机制的了解，可以利用基因工程和蛋白质工程技术，包括细胞表面展示技术来改善和增强生物细胞的吸附容量和选择性。例如金属调节蛋白对Hg具有很高的亲和力和选择性。利用基因工程技术构造工程菌，可将金属调节蛋白展示在细胞表面，对Hg的吸附容量是野生型细胞的6倍，并且对Hg的选择性高，不受Cd^{2+}和Zn^{2+}的影响。

② 使用后生物吸附剂的去向。沉淀法以及电解方法可以用来回收浓缩金属废液中的重金属，但最终材料的处置问题仍然存在。焚烧和填埋也有各自的问题。

③ 目前多数研究都集中于单一的重金属离子溶液中，要扩大生物吸附剂的应用领域。

④ 加强对解析再生工艺的研究。采用适当的解吸方法和解吸剂将吸附过的生物吸附剂进行脱附，回收脱附物质，使吸附剂再循环使用。

72. 什么是吸附-电解氧化法？

答：吸附-电解氧化法主要是通过吸附剂将废水中难降解的有机污染物富集在吸附剂表面，然后通过电解氧化的方法将富集在吸附剂表面的难降解有毒有机污染物降解成小分子无毒有机物，再经过活性炭的二次吸附即可除去废水中难降解的有机污染物。吸附电解氧化法将吸附材料的吸附作用与电解氧化法的氧化、催化作用有效地结合起来，是两种处理方法的叠加，而且其处理效果能起到相互强化的作用，从而达到有效快速去除废水中的有机污染物和降低能耗的目的。

三、膜蒸馏技术

73. 膜蒸馏技术的原理是什么？为什么要用疏水性的膜？

答：膜蒸馏是膜技术与蒸馏过程相结合的分离过程。膜的一侧与热的待处理溶液直接接触（称为热侧），另一侧直接或间接地与冷的水溶液接触（称为冷侧），热侧溶液中易挥发的组分在膜面处汽化通过膜进入冷侧并被冷凝成液相，其他组分则被疏水膜阻挡在热侧，从而实现混合物分离或提纯的目的。

若使用亲水膜，水吸附在膜侧，会改变膜侧的气液平衡，导致系统运行不稳定。膜蒸馏的目的是使易挥发组分的气态分子穿过膜，为了防止液体进入膜，疏水性越好，液体进入膜所需要的压力越大，就越不容易进入膜中。

74. 膜蒸馏技术与其他膜分离过程（如超滤、微滤等）相比，区别有哪些？优点有哪些？

答：膜蒸馏过程必须具备以下特征以区别于其他膜过程：a. 所用的膜为微孔膜；b. 膜不能被所处理的液体润湿；c. 在膜孔内没有毛细管冷凝现象发生；d. 只有蒸汽能通过膜孔传质；e. 所用膜不能改变所处理液体中所有组分的气液平衡；f. 膜至少有一面与所处理的液体接触；g. 对于任何组分该膜过程的推动力是该组分在气相中的分压差。

同其他的分离过程相比，膜蒸馏具有以下优点：a. 截留率高（若膜不被润湿，可达100%）；b. 操作温度比传统的蒸馏操作低得多，可有效利用地热、工业废水余热等廉价能源，降低能耗；c. 操作压力较其他膜分离低，几乎可在常压下进行，设备简单；d. 能够处理反渗透等不能处理的高浓度废水；e. 在膜蒸馏过程中，因为只有水蒸气可透过膜孔，所以蒸馏液水质好，纯度高。

75. 膜蒸馏技术对处理的水质有要求吗？是否会造成膜污染？

答：目前膜蒸馏技术主要研究应用于海水淡化、苦咸水淡化、非挥发性溶质水溶液浓缩、废水处理等，它对水质还是有一定要求的。膜蒸馏的实际运行中，膜的性能会随时间发生变化，浓差极化、温差极化、吸附、膜表面凝胶层的形成等原因会对料液侧的传递过程形成新的阻力，从而影响膜的通量，造成通量衰减。其中，膜孔润湿是膜蒸馏过程中最严重的膜污染。将废水煮沸后进行超滤预处理，污染情况会得到缓解。而复杂的海水体系中钙镁结垢是产生膜污染的最主要因素，膜表面的钙镁结垢以及氯化钠结晶不仅会阻塞膜孔使膜通量降低，而且会导致膜孔的润湿和料液的渗漏，因此膜蒸馏过程中的防垢非常重要。当海水被浓缩至4.5倍以上时，膜污染仍然是导致膜通量下降的主要原因之一，微滤＋除硬＋pH值调节的海水预处理工艺能够有效地去除海水中的硬度离子和防止膜污染，保障膜蒸馏过程的顺利进行。

76. 膜蒸馏技术所用的膜材料有哪些?

答: 典型的膜材料包括高分子有机聚合物膜和无机膜。膜的疏水性和微孔性是膜蒸馏用膜的选择关键。通常认为孔隙率为60%～80%，平均孔径为0.1～0.5μm的膜最适合于膜蒸馏。目前，有机聚合物膜研究较多，主要有聚四氟乙烯（PTFE)、聚丙烯（PP）和聚偏氟乙烯（PVDF）等，然而这些膜基本是作为超滤、微滤、反渗透等膜过程的商业用膜，并不能够完全胜任膜蒸馏过程所需的疏水性、渗透率、抗污染能力等。无机膜中的无机陶瓷膜最具代表性。近年来，关于膜蒸馏过程用膜的开发研究越来越受到重视。许多学者都致力于膜的制备和改性研究方面，以期获得较好性能的膜材料。

77. 膜蒸馏技术中如何提高膜通量?

答: ① 减少浓差极化，改变料液的流动状态。如利用超声波技术、在料液的流道中放置隔离物等。

② 选择合适的操作条件。

③ 膜的外形及其组装形式会影响组件内流体的流动性能，适当优化可改善液体的分布状况，所以要优化膜组件结构设计，考虑到潜热的利用。

78. 膜蒸馏技术有哪些不足?

答: ① 膜成本高，蒸馏通量小，所以要研制分离性能好、价格低廉、耐腐蚀的膜蒸馏用膜。目前可利用的PTFE膜的成本很高且不易制成中空纤维膜；PVDF膜疏水性不是很好；PP膜易产生静电且易被污染。

② 由于温度极化和浓度极化的影响，运行状态不稳定。

③ 膜蒸馏是一个有相变的膜过程，热量主要通过热传导的形式传递，因而效率较低(一般只有30%左右)，所以在组件的设计上必须考虑到潜热的回收，以尽可能减少热能的损耗，与其他膜过程相比，膜蒸馏在有廉价能源可利用的情况下才更有实用意义。

④ 膜蒸馏采用疏水微孔膜，与亲水膜相比在膜材料和制备工艺的选择方面局限性较大。

⑤ 膜废料会对环境产生影响。

79. 什么是渗透汽化? 膜蒸馏与渗透汽化在用膜上有什么不同?

答: 渗透汽化是利用高分子膜的选择透过性，根据各组分物化性质的不同，料液中各组分以不同的速度扩散并透过膜，在膜的下游侧汽化，成为渗透物蒸汽而被收集。渗透汽化过程需要根据分离组分性质的不同来选择不同的膜。如有机溶剂脱水时选择亲水膜，脱除水中有机物时选择亲有机溶剂的膜等。膜蒸馏是溶液中溶剂以气态形式通过不被溶液润湿的微孔膜而实现分离的过程，膜的作用相当于溶剂蒸发时的液相阻隔介质，使用的是疏水性的膜。

第四节　生物法

80. 微生物燃料电池中金属去除率和产电量的关系如何？

答：重金属离子会影响 MFC 产电性能，产电量会影响重金属去除效果。

若重金属去除率较低，则重金属离子对硫酸盐还原菌（SRB）活性产生抑制作用导致电压和 COD 去除率显著下降，因此也会影响后续的重金属的去除，进一步降低重金属的去除率，造成恶性循环。但是，一定数量的重金属离子沉淀修饰了 MFC 阳极，提高了电子的传递性能，MFC 产电电压会升高。

两者的关系不是固定的，会随着重金属离子浓度的不同而有不同的关系。

81. 用微生物燃料电池处理重金属废水为什么仍处于实验阶段？

答：该项技术仍然处于实验室阶段，还未广泛地应用于实际工程。原因如下：

① 目前，微生物燃料电池中高效微生物菌种的筛选还没有完善的结论，这一方面仍然是我们需要去研究和发现的一个问题；

② 影响微生物传质的因素有很多，这一方面的机理还没有研究透彻；

③ 微生物燃料电池自身有许多优点，但要作为电源应用于实际还较难实现，主要原因是输出功率密度远远不能满足于实际要求。

82. 对微生物燃料电池中的菌种选择有什么特殊要求？

答：需要找到合适的产电菌（产电微生物是指能够在厌氧条件下完全氧化有机物生成 CO_2，然后把氧化过程中产生的电子通过胞外电子传递到阳极表面，并在其代谢过程中获得能量支持其生长的微生物，包括细菌，真菌和蓝藻等）。目前应用比较多的是金属还原菌，这类产电菌能够彻底氧化有机物获得较高的转化率，同时在氧化过程中获得能量维持成长。实际上，“合适”的微生物要满足两个条件：一是能够很好地利用原料；二是将代谢原料产生的电子传递到电池电极上。

83. 工业上应用微生物电池，电流稳定性是否有一定要求控制？

答：首先，微生物电池目前还未应用于工业生产中，正处于实验室研究阶段，突破工业应用的关键问题仍然是如何继续降低成本、提高电池性价比。

其次，微生物电池电流的产生决定于阳极材料和废水负荷。现在国外大部分都集中在单容器型的微生物燃料电池，重点都围绕着减少微生物电池的内阻，从而提高微生物燃料电池的产电性。其中，以石墨作为阳极材料的微生物电池产电性最好。

目前 MFC 的长期运行稳定性总体上比较差，许多研究发现 MFC 经过一段时间的运行后产电功率会逐渐下降。造成这一问题的原因很多，包括阳极生物膜电化学性能衰退、阴极性能下降、分隔材料生物降解等。目前空气阴极性能降低的主要原因有：催化剂失效，集电体腐蚀，扩散层析盐以及催化层表面微生物生长。其中一篇浙江大学的博士论文提到，可以通过加入恩诺沙星抑菌剂抑制阴极微生物的生长，从而提升稳定性，但这只是一个探索。环境科学学报的一篇文章中也提出牛粪 MFC 可以有较好的稳定性。

84. 利用微生物电池去除 Cu^{2+}，产生 Cu，使其附着在阴极，能否实现对 Cu 的回收？

答：电子通过胞外电子传递到达阳极，再由阳极经外电路到达阴极，与电势较高的电子受体结合，或从阳极室经质子交换膜迁移到阴极与质子结合，生成相应物质。阴极：金属离子；阳极：微生物和有机物。

利用 MFC 进行重金属废水的处理及金属回收在解决重金属污染、能源回收利用等方面具有很大的优势，目前正处于研究阶段。运用生物电化学技术，包括 MFCs 和 MECs（微生物电解池），实现金属离子回收利用具有广阔的前景。吴丹菁等就已经研究过利用 MFC-MEC 生物电化学耦合系统来回收钴。

85. 用硫酸盐还原菌（SRB）处理酸性矿山废水的原理是什么？

答：利用硫酸盐还原菌（SRB）在厌氧条件下，通过称之为异化的硫酸盐还原作用，以有机物或 H_2 作为电子供体，将硫酸盐还原为－2 价硫离子（包括 S^{2-}、HS^- 和 H_2S），产生的 S^{2-} 与废水中的重金属离子反应生成溶解度很低的金属硫化物沉淀而去除重金属离子。

$$SO_4^{2-} + CH_3COO^- \longrightarrow 2HCO_3^- + HS^-$$

$$S^{2-} + Me^{2+} \longrightarrow MeS\downarrow$$

式中，Me 代表金属元素。

主要通过以下 3 种方式改善废水质量：①产生的硫化氢与溶解的金属离子反应，生成不可溶的金属硫化物从溶液中除去；②硫酸盐还原一方面消耗水合氢离子，使得溶液 pH 值升高，金属离子以氢氧化物形式沉淀；另一方面，硫酸盐还原反应降低了溶液中硫酸根浓度；③硫酸盐还原反应以有机营养物氧化产生的重碳酸盐形式提高水的 pH 值，使水质得到改善。

86. 为什么硫酸盐还原菌处理矿山酸性废水仍然处于实验室研究阶段？

答：目前来讲，硫酸盐还原菌（SRB）处理废水还处于实验室研究阶段，主要原因是在技术上仍存在很多的问题，主要包括：①如何保持常温下 SRB 的生化活性；②在酸性环境中，如何达到较高的 SO_4^{2-} 还原率；③如何消除重金属离子和硫化氢对 SRB 的抑制；④如何在满足还原过程需要的条件下，尽量降低出水中的 COD；⑤污泥中有用物质的回收和无用物质的贮存等。解决上述问题，有利于提高硫酸盐还原菌在废水处理上的能力和效率，有利于 SRB 技术在实践中的推广和应用。

87. 硫酸盐还原菌能够将硫酸盐还原成硫化氢，那多余的硫化氢如果没有和重金属反应，剩下的部分如何处理？

答：硫酸盐还原菌（SRB）是一个严格厌氧菌，所以整个工艺是在密闭的条件下进行，多余的硫化氢气体一般就是直接排放，目前来看，对环境污染确实是一个问题，但是有的实验中会在 SRB 处理之后接一个碱性的石灰石的处理，一方面可以再次提升出水的 pH 值，另一方面也能吸收一部分的硫化氢气体。

88. 温度和 pH 值对硫酸盐还原菌生长的影响？

答：温度对硫酸盐还原菌（SRB）的生长影响比较大。温度过高或过低都不利于硫酸盐还原菌的生长代谢。至今分离得到的SRB大多数是中温性的，最适宜生长温度一般都在30℃左右，在28～38℃条件下生长最好，最高可以忍受45℃，当温度在38℃以上时其生长受到抑制。

pH值是影响SRB活性的主要因素。尽管硫酸盐还原菌对pH值的适应能力很强，适合SRB生长的pH值范围较广，一般在5.5～9.0之间，生长最适pH一般在中性范围。pH值为7.0～7.5时，硫酸盐还原效果最好；pH值范围为6.0～8.0时，硫酸盐还原反应也是可行的。有研究表明，SRB在pH＝4.0的强酸环境下还可生长。其可容忍的最大为pH＝9.5。近年来，有人发现在高酸性（pH＝2.5～4.5）环境中，SRB仍能进行异化硫酸盐还原反应。

89. 除了黄铁矿产生的矿山酸性废水，其他矿产生的酸性废水也可以用硫酸盐还原菌处理吗?

答：产生矿山酸性废水的根本原因是矿物中含有硫元素，因此矿山酸性废水中会含有大量的硫酸盐，因此只要有硫酸盐就可以用硫酸盐还原菌去处理。另外，大多数矿山废石中都含有黄铁矿。

90. 硫酸盐还原菌是异养菌，处理矿山酸性废水时，加入碳源的量如何确定?

答：硫酸盐还原菌（SRB）属于异养微生物，生长需要有碳源，因此在生长环境中必须要有一定浓度的COD，SRB在还原硫酸盐时需要有足够的COD含量。COD/SO_4^{2-}值是SRB新陈代谢的重要参数，也是影响SRB与产甲烷菌（MPB）关系的重要指标。研究表明，SRB每还原1g SO_4^{2-}理论上需要COD是0.67g，高于此值，SO_4^{2-}可以被完全还原；低于此值，认为SO_4^{2-}只能部分被还原。因为SO_4^{2-}的还原是在SRB体内进行的，COD和SO_4^{2-}要渗透到细菌体内才可以进行硫酸盐的还原，COD和SO_4^{2-}的渗透能力不同，使COD/SO_4^{2-}值在体内要比体外低，达不到理论值，所以随着COD/SO_4^{2-}值的增大，硫酸盐的去除率也相应增加。如果考虑到MPB与SRB对基质的竞争，1g SO_4^{2-}完全被还原所需要的COD大于理论值0.67g。也据此换算成需要加入碳源的量。

91. 硫酸盐还原菌处理矿山酸性废水与中和法处理矿山酸性废水，在处理成本上比较两种方法的优缺点。

答：中和法是通过向酸性废水中投加碱性中和剂，利用酸碱中和反应来提高废水的pH，同时，重金属离子与氢氧根反应，生成难溶的氢氧化物沉淀，从而将酸性矿山废水中的重金属离子去除来净化污水。中和法是目前国内外处理酸性废水应用最为广泛的方法。因为中和法已经应用于实践，而硫酸盐还原菌还大多数处于试验阶段，因此无法比较工程上的成本。但是培养SRB的营养物质可以来自其它有机废水，反应中所需的SO_4^{2-}存在于大多数酸性重金属废水中，因而可以废治废，降低处理费用。

92. 如何去控制硫酸盐还原菌让其消耗氢离子的速率大于金属与硫化氢反应生成氢离子的速率，从而提升废水的pH值?

答：一方面硫酸盐还原菌确实是可以提升废水的pH值，但是对于硫酸盐还原菌的代谢机理的研究还很不成熟，特别是关于合成代谢研究较少。让硫酸盐还原菌处于一个更适合于生长的环境可能会加快其消耗氢离子的速率。

93. 利用微生物治理水体富营养化，除磷环节所用到的聚磷菌厌氧释磷为何需要碳源?

答: 在厌氧条件下，兼性细菌将溶解性的BOD（即碳源）通过水解发酵作用转化为低分子易生物降解的挥发性有机酸（VFA），聚磷菌大量吸收这些有机酸并将其同化成细胞内碳源储存物聚β羟基丁酸（PHB），所需的能量来自细菌聚磷细胞的水解以及细胞内糖的降解，这一过程导致了磷酸盐释放。

由于聚磷菌的厌氧释磷是好氧超量吸磷的必要条件，因此提高生物除磷系统除磷效率的关键是提高厌氧释磷量，而提高厌氧释磷量的核心环节是刺激聚磷微生物合成更多的PHB。加入碳源，提高C/N值，有利于聚磷微生物在厌氧条件下释放出磷。加入碳源，聚磷微生物可将其转化为能量以满足后续除磷的需要。

当进水C/N值低于3.4时，由NSBR池（一种污水处理工艺）提供的硝酸盐过量，出水的硝酸盐含量上升，影响了生物除磷过程，这时需加入更多的COD进入A_2SBR的厌氧段以防止非聚磷的反硝化菌生长。

94. 利用水生植物治理水体富营养化，其作用机理是什么?

答: 综述近年来国内外利用水生植物修复富营养化水体的研究成果，将植物对富营养化水体的净化机理，归纳为三方面：植物能够提供碳源从而促进反硝化作用和植物与微生物的协同作用以及湿地酶的作用，植物本身的同化作用仅占全部作用的很小一部分，约为2%～5%。

反硝化作用是在厌氧条件下由反硝化细菌将硝酸盐氮反硝化为氮气，最终达到除氮的目的，反硝化作用除了跟氧条件有关以外，还与原水中碳氮质量浓度比有关，碳源是否充足是系统能否有效除氮的关键。植物的存在能够为反硝化作用提供充足的碳源，从而促进反硝化作用，但并不是水中植物将硝酸盐氮转化为氮气。从生理学角度来说，水中植物对氮的吸收主要是优先吸收氨氮，其次才是硝态氮等其它形式的氮素，水生植物对氮素主要是同化吸收，转化为N_2的部分还是比较小，但不排除氮在某种植物中有特殊的转化途径。

95. 水生植物的存在能否促进水体中的磷沉淀?

答: 有研究发现，水生植物系统对磷的去除机制中，微生物同化作用对总磷的去除率为50%～65%，植物摄取为1%～3%，其余为物理作用、化学吸附和沉淀作用。因此，水中的植物对磷的沉淀作用较少，除非植物体本身会分泌碱性物质，使其周围小区域pH值增大，可能一定程度上会促进磷的沉淀。

96. 废水生物脱氮的基本原理是什么?

答: 废水生物脱氮的基本原理就是在将有机氮转化为氨态氮的基础上，利用硝化菌和反硝化菌的作用，在好氧条件下将氨氮通过硝化作用转化为亚硝态氮、硝态氮，在缺氧条件下通过反硝化作用将硝氮转化为氮气，达到从废水中脱氮的目的。主要过程如下：氨化作用是有机氮在氨化菌的作用下转化为氨氮，硝化作用是在硝化菌的作用下进一步转化为硝酸盐氮，其中亚硝酸菌和硝酸菌为好氧自养菌，以无机碳化合物为碳源，从NH_4^+或NO_2^-的氧化反应中获取能量。反硝化作用是反硝化菌在缺氧的条件下，以硝酸盐氮为电子受体，以有机物为电子供体进行厌氧呼吸，将硝酸盐氮还原为 N_2 或 NO_2^-，同时降解有机物。其中亚硝化作用、硝化作用以及反硝化作用的反应方程式如下：

亚硝化作用：

$$NH_4^+ + \frac{3}{2}O_2 \xrightarrow{\text{亚硝酸菌}} NO_2^- + H_2O + 2H^+$$

硝化作用：

$$NO_2^- + \frac{1}{2}O_2 \xrightarrow{\text{硝酸菌}} NO_3^-$$

反硝化作用：

$$NO_2^- + 3H \longrightarrow \frac{1}{2}N_2 + H_2O + OH^-$$

$$NO_3^- + 5H \longrightarrow \frac{1}{2}N_2 + 2H_2O + OH^-$$

97. 生物脱氮时，反硝化过程中为什么有 NH_3 产生？

答：当环境中有分子态氧存在时，反硝化细菌氧化分解有机物提供能量，利用分子态氧作为最终电子受体。在无分子态氧存在下，反硝化细菌利用硝酸盐和亚硝酸盐作为电子受体，有机物则作为碳源及电子供体提供能量。当缺乏有机物时，无机物如氢、Na_2S 等可作为反硝化反应的电子供体，反硝化细菌通过消耗自身的原生质进行内源反硝化，结果导致细胞质的减少，同时生成 NH_3。

98. 生物脱氮时，什么是自养反硝化？自养反硝化的影响因素有哪些？

答：目前经济的脱氮技术是生物脱氮技术，分为异养反硝化技术和自养反硝化技术。前者是以投加有机物（甲醇、乙醇、醋酸等）作为反硝化基质；后者是以无机碳（如 CO_3^{2-} 和 HCO_3^-）为碳源，主要以无机物（如 H_2、S^{2-}、$S_2O_3^{2-}$、Fe、Fe^{2+}、NH_4^+ 等）作为硝酸盐还原的电子供体完成微生物的新陈代谢，将硝酸盐还原为氮气，分为氢自养反硝化和硫自养反硝化。自养反硝化与异养反硝化相比有两大优点：一是自养反硝化不需要投加有机物作为碳源，降低污水处理的成本；二是只产生极少量的污泥，可使污泥的处理量降低到最低。因此，自养反硝化细菌在污水脱氮中具有重要的意义。自养反硝化技术适用于进水中营养贫乏、低 C/N 值的同步脱氮除磷情况，也适用于被污染的地下水源的原位脱氮处理。

自养反硝化影响因素有：

1）电子供体（H_2、S 等） 对直接供氢法，供氢的利用率将影响整个反硝化速率，可通过优化进水方式来实现；对间接供氢法，电流是反硝化的主要控制因素，适当的电解电压和电流，将有利于微生物在电极表面的生长，并且保持较高的反硝化效率。

2）氧化还原电位（ORP）与溶解氧（DO）的变化 反硝化细菌在厌氧、好氧交替的兼性环境中生活为宜。当 DO 浓度在 0.5mg/L 以下时，不影响反硝化的正常进行。相应反硝化需要维持较低的 ORP。

3）pH 值与水力停留时间（HRT） 反硝化的最佳 pH 值为 6.5～7.5，当 pH 值高于 8 或低于 6 时，反硝化速率大大下降。硫反硝化用 $CaCO_3$ 来调节 pH 值，氢反硝化由

$NaHCO_3$ 或电解产生的 CO_2 来调节。当电子供体充足时，HRT 成为反硝化的控制因素，随着 HRT 的增加，NO_3^- 的去除率增加。

4）温度　反硝化最适宜的温度是 20～40℃，当温度低于 15℃时反硝化细菌的增殖、代谢、反硝化速度降低。温度影响的大小与反应器类型和负荷有关。

99. 废水生物脱氮处理中，具体怎样实现同步硝化反硝化？

答：由于硝化菌的好氧特性，有可能在曝气池中实现同步硝化反硝化（SND）。实际上，很早以前人们就发现了曝气池中氮的非同化损失（其损失量随控制条件的不同约为10%～20%），对 SND 的研究也主要围绕着氮的损失途径来进行，希望在不影响硝化效果的情况下提高曝气池的脱氮效率。具体方法如下：

① 利用某些微生物种群在好氧条件下具有反硝化的特性来实现 SND。如果将硝化菌和反硝化菌置于同一反应器（曝气池）内混合培养，则可达到单个反应器的同步硝化反硝化。尽管这些微生物的纯培养结果令人满意，但目前普遍认为离实际应用尚有距离，主要原因是实际污泥中这些菌群所占份额太小。因此可采用好氧颗粒污泥来实现同步硝化反硝化。

② 利用好氧活性污泥絮体中的缺氧区来实现 SND。通常曝气池中的溶解氧（DO）浓度维持在 1～2mg/L，活性污泥大小具有一定的尺度，由于扩散梯度的存在，在污泥颗粒的内部可能存在着一个缺氧区，从而形成有利于反硝化的微环境。以往对曝气池中氮的损失主要以此解释，并被广泛接受。大量研究结果表明，活性污泥的 SND 主要是由污泥絮体内部缺氧产生。要实现高效率的 SND，关键是如何在曝气条件下（不影响硝化效果）增大活性污泥颗粒内部的缺氧区以实现反硝化。要达到这一目的，有两种途径可供选择，即减小曝气池内混合液的 DO 浓度和提高活性污泥颗粒的尺度。

降低曝气池的 DO 浓度，即减小了 O_2 的扩散推动力，可在不改变污泥颗粒尺度的条件下在其内部形成较大的缺氧区。但在低 DO 浓度下硝化菌的活性将会降低，因此，提高 SND 活性污泥颗粒的尺度，在不影响硝化效率的前提下达到高效的 SND 可能是最佳选择。然而，由于曝气池中气泡的剧烈扰动作用，活性污泥颗粒在曝气条件下很难长大，因此限制了活性污泥法 SND 效率的提高。因此，实现活性污泥法的高效同步硝化反硝化，必须在曝气状态下满足以下两个条件：a. 入流中的碳源应尽可能少地被好氧氧化；b. 曝气池内应维持较大尺度的活性污泥。

100. 碱度对生物脱氮硝化过程有什么影响？

答：在硝化反应过程中会释放 H^+，使 pH 值下降，硝化菌对 pH 值的变化十分敏感，适宜的 pH 值为 8.0～8.4。为保持适宜的 pH 值，应当在污水中保持足够的碱度，以调节 pH 值的变化，1g 氨态氮（以 N 计）完全硝化，需碱度（以 $CaCO_3$ 计）7.14g。通常需要的碱度可以得到部分补偿，当检测到碱度不足时可以投加碳酸盐来保证 pH 值的稳定，但若是进水 pH 值不稳定造成的碱度低也可投加 NaOH 来中和。

101. 废水生物除磷的基本原理是什么？

答：磷在自然界以可溶态和颗粒态两种状态存在。所谓的除磷就是把水中溶解性磷转化为颗粒性磷，达到磷水分离的目的。当前，普遍认可的生物除磷原理是聚合磷酸盐累积微生物聚磷菌（PAO）的摄磷原理。PAO 在厌氧条件下，把细胞中的聚磷水解为正磷酸盐释放到细胞外，从中获取能量，摄取环境中的有机碳源，并使之在细胞内合成贮能物质PHB（聚羟基丁酸），PHB在细胞内的贮存是PAO过量摄磷的关键。在厌氧环境下完成释磷贮碳作用，转换到好氧环境后，PAO分解细胞内的PHB（以氧为电子受体）而产生能量，供其在好氧环境中过剩摄磷，合成高能物质ATP，其中一部分转化为聚磷，作为能量贮存细胞内。PAO以循环方式经历厌氧/好氧环境后，基质环境的磷在好氧环境下以聚磷形式“捆绑”在细胞内，从而使磷以细胞的（在活性污泥法中表现为剩余污泥）形式被去除。

102. 废水中加入铁盐会对水中的磷造成什么样的影响？阐述磷在水和沉积物之间迁移转化的过程。

答：废水中投入铁盐，主要发生以下反应：

主反应： $Fe^{3+}+PO_4^{3-} \longrightarrow FePO_4\downarrow$

$3Fe^{2+}+2PO_4^{3-} \longrightarrow Fe_3(PO_4)_2\downarrow$

副反应： $Fe^{3+}+3HCO_3^- \longrightarrow Fe(OH)_3\downarrow+3CO_2$

铁盐除磷反应过程如下：铁盐溶于水中后，Fe^{3+}一方面与磷酸根形成难溶性的盐，另一方面通过溶解和吸水发生强烈水解，并在水解的同时发生各个聚合反应，生成具有较长线形结构的多核羟基络合物，这些含铁的羟基络合物能有效地降低或消除水体中胶体的ξ电位，通过电中和、吸附架桥及絮体的卷扫作用使胶体凝聚，再通过沉淀分离将磷去除。磷在水和沉积物之间的迁移及转化过程主要分为沉淀反应、凝聚作用、絮凝作用和固液分离四个步骤。

103. 废水中磷的存在形态都有什么？生物除磷所能去除的磷的形态是什么？

答：废水中磷的存在形式有正磷酸盐（H_3PO_4、$H_2PO_4^-$、HPO_4^{2-}、PO_4^{3-}）、聚磷酸盐、有机磷等。

生物除磷是将活性污泥法与厌氧生物选择器相结合，通过生物选择器筛选出能在好氧条件下超量吸收磷的细菌——聚磷菌，普通细菌结构需要的磷为其质量的2.3%，而聚磷菌体内的磷含量可达8%以上。生物除磷的本质是通过聚磷菌（PAO）过量摄取废水中的溶解态正磷酸盐，以聚磷酸盐的形式积累于细胞内，然后作为剩余污泥排出。

104. 有哪些工艺可以进行生物同步脱氮除磷？

答：(1) A^2/O工艺

第一A池为厌氧池，释放磷和部分有机物厌氧分解；第二A池为缺氧池，生物脱氮；O池为好氧池，有机物降解、氨化、亚硝化、硝化、吸收磷；沉淀池用于污泥与水分离。工艺流程见图2-2。

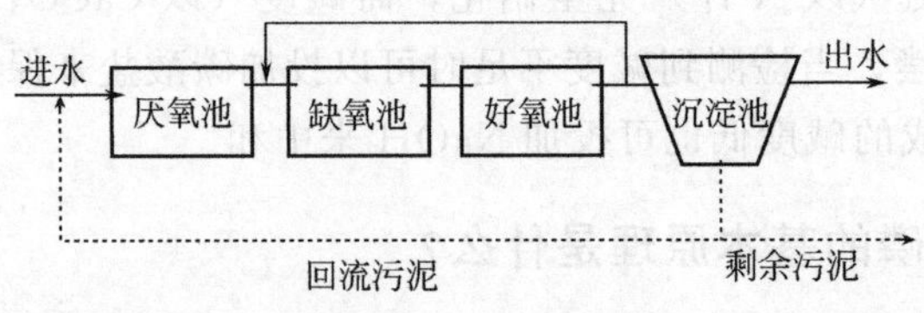

图2-2 A^2/O工艺流程

(2) 倒置A^2/O工艺

第一A池为缺氧池，生物脱氮，NO_3^-来自回流；第二A池为厌氧池，释放磷和部分有机物厌氧分解；O 池为好氧池。工艺流程见图 2-3。

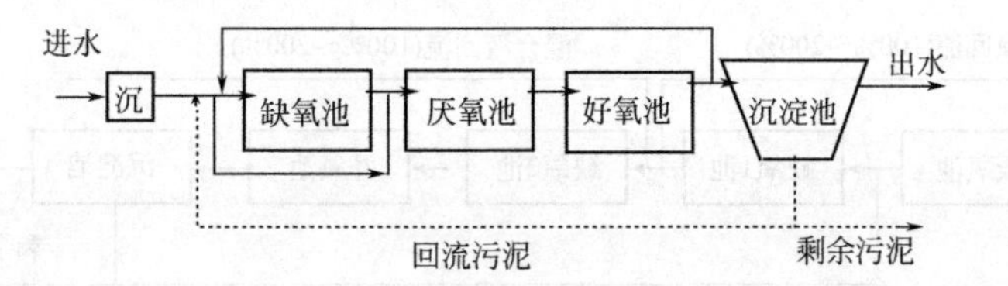

图 2-3 倒置 A^2/O 工艺流程

(3) 序批式活性污泥法（SBR）工艺

SBR 工艺可通过适当改变运行工序来实现脱氮除磷的效果。阶段Ⅰ：污水进入反应器并启动潜水搅拌设备，保持厌氧状态，聚磷菌释磷。阶段Ⅱ：曝气，进行有机物生物降解、氨氮硝化和聚磷菌好氧摄磷。阶段Ⅲ：停止曝气，开启潜水搅拌设备，使反应器处于缺氧状态，进行反硝化脱氮。阶段Ⅳ：沉淀排泥。阶段Ⅴ：排水待机。

(4) 氧化沟工艺

氧化沟属于活性污泥法的一种变形。氧化沟按运行方式分为连续工作式（如卡鲁赛尔氧化沟、奥贝尔氧化沟、帕斯维尔氧化沟），交替工作式（如三沟式氧化沟）和半交替工作式（如 DE 型氧化沟）等。近年来三沟式氧化沟和 DE 型氧化沟脱氮除磷工艺得到了广泛应用。

(5) 循环式活性污泥法（CAST）

CAST 实际上是一种循环 SBR 活性污泥法，反应器中活性污泥不断重复曝气和非曝气过程，生物反应和泥水分离在同一池内完成，与 SBR 同样使用滗水器（图 2-4）。污水首先进入选择器，污水中溶解性的有机物通过生物作用得到去除，回流污泥中硝酸盐也此时得到反硝化；然后进入厌氧区，此时为微生物释磷提供条件；第三区为主曝气区，主要进行 BOD 降解和同时硝化反硝化，CAST 选择器设置在池首防止了污泥膨胀。

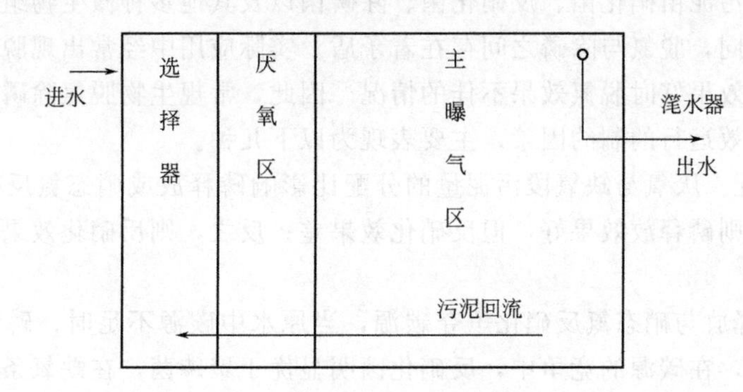

图 2-4 CAST 工艺流程

(6) 改良 UCT 工艺

改良 UCT 工艺为 A^2/O 工艺的改良工艺。改良的 UCT 脱氮除磷工艺由厌氧池、缺氧 1 池、缺氧 2 池、好氧池、沉淀池系统组成。缺氧 1 池只接受沉淀池的回流污泥，同时缺氧 1 池有混合液回流至厌氧池，以补充厌氧池中污泥的流失。回流污泥携带的硝态氮在缺氧 1 池中经反硝化被完全去除。在缺氧 2 池中接受来自好氧池的混合液回流，同时进行反硝化，缺氧 1 池出水中的 NO_3^--N 带进厌氧池使之保持较为严格的厌氧环境，从而提高系统的除磷效率。其工艺流程见图 2-5。

除了以上介绍的几种工艺外，还有其他新型工艺，如 UNITANK 工艺、OCO 工艺、短程硝化-厌氧氨氧化组合工艺等。

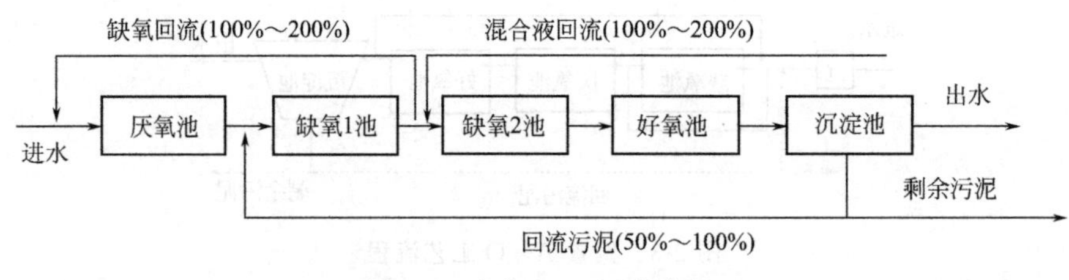

图 2-5　改良 UCT 工艺流程

105. 废水脱氮除磷的意义是什么？

答：随着废水排放总量的增加，化肥、合成洗涤剂及农药的广泛使用，水体中的营养物质浓度不断升高，而氮磷是引起水体富营养化的主要原因之一。水体富营养化的危害有：a. 降低了水的透明度，影响水生植物的光合作用；b. 某些浮游生物可产生生物毒素，伤害鱼类；c. 藻类过量繁殖，造成水中溶解氧降低，藻类及其他水生生物死亡后，其残体被好氧微生物降解而消耗水中的溶解氧，被厌氧微生物降解则可产生硫化氢等有害气体，这都会危及水生生物（主要是鱼类）的生存，破坏水生生态；d. 在富营养化的水体中，经过微生物的转化常常出现亚硝酸盐和硝酸盐，长期饮用这种水，人畜会中毒致病。为了保护生态环境和人类健康，我们要对废水进行脱氮除磷处理。

106. 废水生物脱氮与废水生物除磷之间的关系与矛盾？

答：常用的生物脱氮除磷工艺有：缺氧-好氧脱氮工艺、厌氧-好氧除磷工艺、厌氧-缺氧-好氧生物脱氮除磷工艺等。在常规的生物脱氮除磷工艺中，污泥在厌氧、缺氧和好氧段之间往复循环。该污泥由硝化菌、反硝化菌、除磷菌以及其他多种微生物组成，由于不同菌的最佳生长环境不同，脱氮与除磷之间存在着矛盾。实际应用中经常出现脱氮效果好时除磷效果较差，而除磷效果好时脱氮效果不佳的情况。因此，常规生物脱氮除磷工艺流程中，存在着影响该工艺有效运行的制约因素，主要表现为以下几种。

1）污泥量分配　厌氧与缺氧段污泥量的分配比影响磷释放或硝态氮反硝化的效果，厌氧段污泥量比例大则磷释放效果好，但反硝化效果差；反之，则反硝化效果好，而磷释放效果差。

2）碳源　磷释放与硝态氮反硝化争夺碳源，当原水中碳源不足时，磷释放或反硝化不完全。一般情况下，在碳源的竞争中，反硝化菌明显优于聚磷菌，在缺氧条件下一旦水中含有 NO_3^-（NO_2^-），反硝化过程很容易占有优势而会影响聚磷菌的释磷，即无法竞争到足够的碳源合成 PHB，最终无法在好氧阶段完成大量聚磷。

3）泥龄　硝化菌大多属于自养菌，世代周期较长，需要较长的泥龄，夏季至少在 5d 以上，在冬季甚至达到 30d，因而硝化过程需要较长时间；而聚磷菌属于异养菌，世代周期较短，一般在 3d 左右。在好氧池同时进行硝化和聚磷作用，因此不能同时达到好的硝化和聚磷效果。

4）硝酸盐　污泥回流不可避免地将一部分硝酸盐带入厌氧区，严重影响了聚磷菌的释磷效率。释磷效果差则会导致聚磷的效果也不好。

107. 废水处理工艺中，生物膜与活性污泥法结合工艺的优点是什么？

答：由于常规生物脱氮除磷工艺存在相互影响和制约的因素，因此脱氮和除磷效果难以同时达到最佳。生物膜与活性污泥结合新工艺的特点是缺氧段采用生物膜法，反硝化菌均匀分布在整个缺氧池内，反硝化反应充分；好氧和厌氧段采用悬浮污泥法便于对污泥龄的控制，有利于硝化菌和除磷菌的生长繁殖。生物膜与活性污泥结合工艺将常规工艺中相互影响和制约的因素分解，使不同的微生物生长在各自最佳环境条件下，因而在本工艺中脱氮和除磷效果可以同时达到最佳，而且工艺的可控性增强。工艺流程如图 2-6 所示。

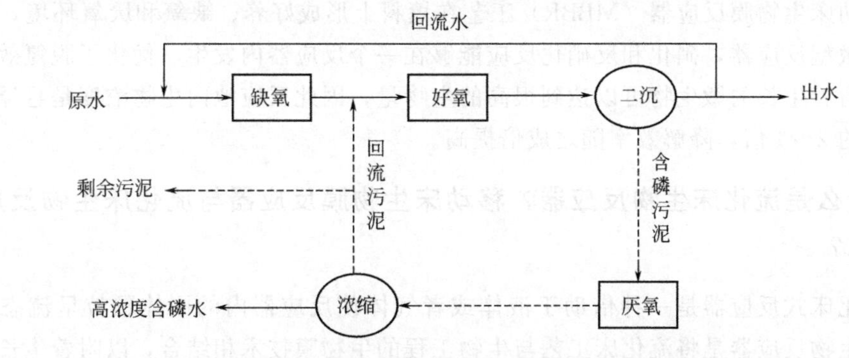

图 2-6 生物膜与活性污泥法结合新工艺流程

108. 什么是移动床生物膜反应器？其工作原理是怎样的？

答： 移动床生物膜反应器（MBBR）是一种革新型生物膜反应器，它能使微生物附着在载体上，漂浮的载体在反应器内随着混合液的回旋翻转作用而自由移动，从而达到处理污水的目的。MBBR 不仅克服了活性污泥法占地大、会发生污泥膨胀以及污泥流失等缺点，还解决了固定床生物膜法需定期反冲洗、清洗滤料和更换曝气器等复杂操作问题，克服了流化床使载体流化的动力消耗过大的缺点。

MBBR 工艺原理是通过向反应器中投加一定数量的悬浮载体，提高反应器中的生物量及生物种类，从而提高反应器的处理效率。由于填料密度接近于水，所以在曝气的时候，与水呈完全混合状态，微生物生长的环境为气、液、固三相。另外，每个载体内外均具有不同的生物种类，内部生长一些厌氧菌或兼氧菌，外部为好养菌，这样每个载体都为一个微型反应器，使硝化反应和反硝化反应同时存在，从而提高了处理效果。

109. 移动床生物膜反应器的工艺优势体现在哪几个方面？

答： ① 微生物量大，污泥浓度是普通活性污泥的 5～10 倍，净化功能显著提高；微生物相多样化，生物的食物链长。

② 载体密度低，流化过程能耗低，加大了传质速率，氧转移效率高；不需要反冲洗，水头损失小，不发生堵塞，无需污泥回流，剩余污泥量少。

③ 耐冲击负荷，对水质、水量变动有较强的适应性，并能处理高浓度污水。

④ 结构紧凑，占地少，能耗低，易于运行和管理，减少污泥膨胀问题，投资和运行费用低。

⑤ 生化池的设计弹性大，适于已建污水系统的扩建。

110. 移动床生物膜反应器中如何防止填料的流失？

答： 移动床生物膜反应器（MBBR）填料密度与水接近，在曝气和水流提升的作用下易达到流化状态，无需固定。为了防止填料流失，一般在出水口加栅板或格网，防止其随水流出，但容易造成堵塞。在实际工程中，可以设置活动栅板，定期进行人工清理，也可设置空气反吹装置以防止堵塞。

111. 移动床生物膜反应器为什么在生物脱氮上有优势？

答：移动床生物膜反应器（MBBR）工艺在填料上形成好养、缺氧和厌氧环境，每个载体都是一个微型反应器，硝化和反硝化反应能够在一个反应器内发生，优化了脱氮效果。同时，载体上附着生长的微生物可以达到很高的生物量，因此反应池内生物浓度是悬浮生长活性污泥工艺的 2～4 倍，降解效率随之成倍提高。

112. 什么是流化床生物反应器？移动床生物膜反应器与流化床生物反应器的区别是什么？

答：流化床式反应器是一种借助于液体或者气体使反应器内的固体颗粒呈流态化的设备。流化床生物反应器是将流化床工艺与生物工程的生物膜技术相结合，以附着生长在颗粒载体上的微生物降解污水中的污染物，载体则借助于向上流动的液体或者气体悬浮在流体之中，呈现出流态化状态，该技术拥有生物膜法和活性污泥法的优点。

移动床生物膜反应器可以认为是流化床的改进工艺，与流化床的区别主要在 2 个方面：

① 填料不同。MBBR 填料与水的密度相近，主要材质为聚乙烯、聚丙烯及改性材料，通常为球状或柱状；而传统流化床的流化介质采用砂粒、焦炭粒、无烟煤粒或活性炭粒等。

② 进水不同。MBBR 对进水方式没有特殊的要求；而流化床一般需要水力回流，一方面循环充氧，另一方面增大进水的强度，使填料达到流化状态。

113. 什么是膜生物反应器？其与移动床生物膜反应器的区别是什么？

答：膜生物反应器（MBR）是一种将传统的生物处理工艺与膜分离技术相结合的新型污水处理技术。污水首先通过活性污泥来去除水中可生物降解的有机污染物，然后采用膜将净化后的水和活性污泥进行固液分离，也就是传统活性污泥工艺中的二沉池被膜分离过程取代。

区别：a. 原理上 MBR 为活性污泥法＋膜分离，而 MBBR 为生物膜法；b. MBR 无需设沉淀池，MBBR 工艺后需要加沉淀池；c. MBBR 对 SS 没有去除效果，MBR 膜能够较好地去除 SS；d. 去除有机物 MBR 工艺依靠的是其较高的污泥负荷；MBBR 工艺依靠的是其填料上的生物膜；e. MBBR 工艺中的填料一次投加即可，后续运行中只需要加强填料上的生物膜管理即可，建设期投入较大，运营维护简单；MBR 工艺的膜组器使用寿命一般在 4～5 年，更换周期较短，日常运行管理时需对膜组器进行化学清洗、离线清洗等维护工作，运行管理难度较大，且每年在膜组器的维护及更换上花费较高。

114. 膜再生有哪些方法？

答：在实际工程中，常伴随着膜污染问题，膜污染包括溶质在膜表面及膜孔内的吸附、微粒在膜表面的物理沉积及膜孔内的堵塞等。从经济角度考虑，污染后的膜需进行清洗，即再生，包括物理清洗、化学清洗和生物清洗。物理清洗借助于机械力、声波、热力、光清除杂质，使膜的分离性得到恢复；生物清洗利用微生物溶解膜上的污染物，但是容易引起膜发生劣化；化学清洗借助于化学试剂的反应、溶解、乳化、分散、吸附作用清除膜污染问题。化学清洗是膜技术应用中常用的清洗过程，确定化学清洗时要考虑化学清洗剂、清洗条件和清洗效果评价等问题。

第五节　人工湿地技术

115. 人工湿地的类型有哪些?

答：根据污水在湿地床中流动的方式，可将人工湿地分为垂直流人工湿地、潜流式人工湿地和表面流人工湿地3种类型。

① 垂直流人工湿地主要用于处理氨氮含量高的污水，污水从湿地表面纵向流向填料床的底部。其对磷的去除效率差异很大，且体积负荷较小，对介质要求较高，水流容易堵塞，不利于推广使用，但与表面流、潜流式人工湿地相比，垂直流人工湿地具有较强的去除有机物和氮的能力，且有很高的稳定性及抗冲击负荷能力。

② 潜流式人工湿地由一个或多个填料床组成，污水从一端水平流过填料床到另一端。与表面流湿地相比，其对BOD_5、COD_{Cr}、SS和重金属的去除效果较好；同时，处理过程中减少了臭气的散发和臭味的产生，而且床体可以对污水保温。这种工艺在国际上有较多的研究和应用，用于处理生活污水、工业废水、医疗废水、暴雨径流、矿山废水等，但潜流式人工湿地容易发生堵塞现象。

③ 表面流人工湿地的水力路径以地表推流为主，在污水处理过程中，主要是通过植物茎叶的拦截、土壤的吸附过滤和污染物的自然沉降来达到去除污染物的目的。表面流人工湿地的去污能力高于天然湿地处理系统，但与垂直流、潜流式人工湿地相比，其去污效果相对较差。

116. 人工湿地适合处理什么样的水质，并阐述它的停留时间及处理能力?

答：人工湿地污水处理技术具有处理效果好、氮磷去除能力强、运转维护管理方便、工程基建和运转费用低以及对负荷变化适应能力强等主要特点，比较适合于技术管理水平不高、规模较小的城镇或乡村的污水处理。人工湿地处理工艺已经从早期主要用于处理城市生活污水或二级污水处理厂出水的处理系统，发展到城市污水处理湿地、矿业废水处理湿地、农业污水处理湿地、垃圾场渗滤液处理湿地、面源污染及暴雨径流处理湿地、富营养化净化湿地等多种形式。且各种湿地类型处理系统均表现出良好的污水净化效果。因此，人工湿地适合处理的水质已经非常广泛，不再是以前的只用于污水的三级处理过程中。人工湿地对BOD_5的去除率可达85%～95%，COD的去除率可达80%以上，处理出水中的BOD_5浓度小于10mg/L、SS浓度小于20mg/L，对TN和TP的去除率可达60%和90%。人工湿地的水力停留时间因为湿地类型的不同而出现差别，表面流人工湿地的水力停留时间一般为4～8d，水平潜流人工湿地和垂直潜流人工湿地的水力停留时间一般为1～3d。

117. 寒冷地区人工湿地的影响因素有哪些?

答：1）温度　污水处理起决定性作用的是生化作用，而温度过低会使生物体内的酶的活性降低，使生物的生存能力降低，有的种类甚至无法生存，使湿地的生物量降低，当温度低于一定的范围界限时会严重地影响处理效率。

2）溶解氧　对于高纬度的地区，当气温降低水面结冰后，将切断大气向水中的复氧过程。水中的微生物的好氧呼吸作用消耗大量的溶解氧，而气温降低所致水面结冰使空气的复氧能力低于微生物的耗氧量，将不利于微生物的生命活动。可以通过简单的机械曝气来增加人工湿地中的溶解氧含量。

118. 为了保暖，在冬季对人工湿地进行铺设薄膜，对于面积较大的湿地，这个方法可行吗？

答：人工湿地是20世纪70年代末开始研究的一种污水处理技术，与传统方法相比具有高效、廉价、易操作、运行成本低等特点，是一种很有应用前景的污水处理技术。但是冬季低温时，不仅影响人工湿地对污染物的处理效果，使得污染物去除效率大幅下降，而且会造成填料层冻结、床体缺氧、管道破裂等多种不利后果。因此一般会采取铺设薄膜的方式对其保暖。在一般的情况下来说，寒冷地区采用的是潜流型的人工湿地，湿地床长度通常应为20～50m，过长易造成湿地床中的死区，且使水位难于调节，不利于植物的栽培。此外，湿地的长宽比也不应过大，建议控制在3：1以下，常采用1：1，对于以土壤为主的系统，长宽比应小于1：1。所以在设计湿地时，对于水量大的情况，一般是多块湿地单元分担水量，单块湿地面积在一定的范围内，薄膜的成本低，铺设简单，在原则上是可行的。

119. 人工湿地水质净化的机理是什么？

答：人工湿地主要是由基质、水生植物、水体、微生物及中低等动物5部分组成，其中基质、水生植物以及微生物在水质净化中起着主导作用。基质一般由砾石、细砂、土壤、沸石等构成，是植物生长以及微生物依附的主要载体，可以起到吸附、过滤的作用；湿地水生植物是去除污染物过程中的核心部分，植物具有水体污染物的吸收作用、吸附作用与富集作用，通过植物根系可全面吸收污水中的营养物质，并且加以利用。包括挺水植物、沉水植物和浮水植物，常见的水生植物有芦苇、香蒲、浮萍、睡莲、苦草等，一般来说，植物的生长状况越好，污水净化能力越强；微生物是人工湿地去除污染物的过程中较为重要的组成部分，是净化废水的主要作用者，把有机质作为丰富的能源转化为营养物质和能量，在有机物质和氮的去除上发挥着重要的作用。

120. 火山岩的化学成分是什么？火山岩作为人工湿地的基质是否会引入新的污染？

答：火山浮石层土壤，即火山爆发后形成的火山岩，其化学成分实际上和岩浆的成分大体一致，虽然几乎包括了地壳中各种元素，但它们的含量相差极为悬殊，其中以O、Si、Al、Fe、Ca、Na、K、Mg、Ti等元素的含量最多，占组成火山岩元素总量的99%以上。若以氧化物计，则以SiO_2、Al_2O_3、FeO、Fe_2O_3、CaO、Na_2O、K_2O、MgO、H_2O、TiO_2等为主，同样也占总量的99%以上，对环境有害的重金属离子含量微乎其微。火山岩因为其多孔的结构使其拥有巨大的比表面积，有利于污染物质的沉淀、过滤和吸附的作用；此外由于富含铁、铝、钙和镁，这些物质可以与磷形成沉淀，起到了除磷的效果。所以，特定的火山岩作为人工湿地基质具有很好的潜力，而几乎不会引入新污染。

第六节　杀菌消毒技术

一、紫外线消毒

121. 污水处理过程中紫外线的消毒机理是什么？什么是光复活作用？

答：紫外线消毒的机理是利用适当波长的紫外线，破坏微生物机体细胞中的DNA（脱氧核糖核酸）或RNA（核糖核酸）的分子结构，造成生长性细胞死亡和（或）再生性细胞死亡。所谓的光复活作用，就是在可见光的照射下，微生物利用自身的光复活机制对紫外线损伤进行逆转，也就是微生物的"起死回生"。

122. 废水处理过程中，一般紫外消毒系统的布置方式是什么？

答：紫外线消毒系统主要由反应器（金属筒体或明渠）、紫外灯管、紫外灯的外加同心圆石英套管、紫外灯和石英套管的支撑结构、控制系统（镇流器）和电源以及附属设备等几部分组成。

紫外线消毒系统按水流边界的不同可分为敞开式和封闭式系统。

（1）敞开式系统

该系统中，水在重力作用下流经紫外消毒器，经紫外线辐射将其中的微生物杀灭，从而达到消毒的目的。敞开式系统又可分为浸没式和水面式两种。浸没式又称为水中照射法，外加同心圆石英套管的紫外灯被放置入水体中，消毒时水从石英套管周围流过。当灯管（组）需要更换时，可由提升设备将其抬高至工作面进行操作。该系统构造相对复杂，但能充分利用紫外辐射能、消毒效果好并且容易维修。水面式又称为水面照射法，采用该方式时，紫外灯置于水面上方，由平行电子管产生的平行紫外光对水体进行消毒。相对浸没式来说，该方式比较简单，但能量浪费较大，且灭菌效果差，实际工程应用较少。

（2）封闭式系统

在该系统中，用金属筒体和外加石英套管的紫外灯把被消毒的水封闭起来，属承压型系统，结构形式如图2-7所示。筒体制造材料常使用不锈钢或铝合金，内壁多作抛光处理，从而提高对紫外线的反射能力以提高消毒效果，同时系统中紫外灯的数量可以根据待处理水量

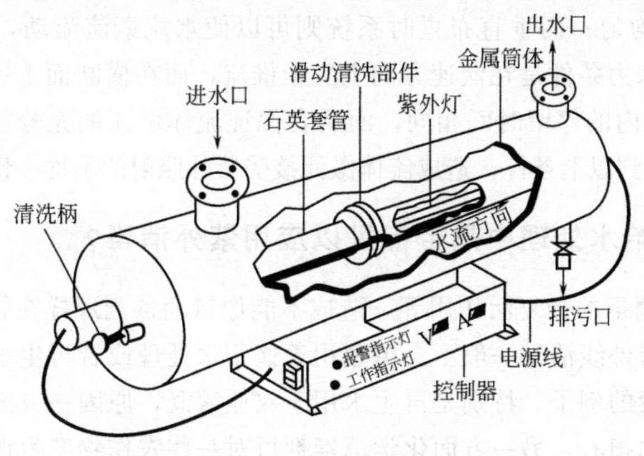

图2-7　封闭式紫外消毒系统构造

的大小进行相应调整。

紫外线消毒灯管类型可分成低压、中压、高压，常用的是低压和中压系统。低压汞灯内为负压，汞呈蒸气状；中压汞灯内为常压。低压灯按输出能量的不同分为高强度和低强度两类。低强度灯类似于普通的荧光灯，在内部镜头上没有磷涂层。镜头由特殊玻璃制成，因此可以保持较高的紫外线透过率，防止镜头被紫外线晒黑。低压高强度灯是近来用于污水处理中较多的产品。

123. 废水采用紫外消毒时，紫外线剂量一般为多少?

答：通常先取得需要消毒的水样，测出其水质，包括细菌数、种类、水样透射率等。其次可采用静态或动态的试验得到在设计杀灭率时的紫外线剂量。紫外线剂量可用下式表示：

紫外线剂量＝紫外线密度×照射时间

式中，紫外线剂量单位为 J/m^2，紫外线强度单位为 W/m^2，照射时间单位为 s。

从理论上分析，紫外线剂量越大，消毒效果越好，它等于紫外光强度与接触时间的乘积。但是在相同的剂量下，不同的光强和辐射时间的组合可能对紫外线消毒效果产生影响。据研究，在相同剂量下，光强高时对大肠杆菌的灭活效果好于光强低时，而当紫外线剂量较高时，紫外线光强对灭活效果的影响较小。

有学者认为，紫外线强度在 1～200mW/cm^2 范围内，紫外线剂量-灭活率响应曲线，遵循辐照强度与辐照时间可逆法则，即无论强度大小和辐照时间多少，固定的辐照剂量对应固定的灭活率。

另有学者通过回归分析，确定了紫外线剂量与总大肠菌群存活率的关系：

$$-\ln(N/N_0)=0.003D+5.1736$$

式中，N_0 为再生水中的总大肠菌群数；N 为经紫外照射后，水中总大肠菌群数；D 为照射剂量。

在城市污水消毒中，一般平均照射剂量在 300J/m^2 以上。低于此值，有可能出现光复活现象。对于回用水系统，美国环境保护署（EPA）建议的设计 UV 剂量为：用于颗粒介质过滤出水为 100mJ/cm^2；用于膜过滤出水为 80mJ/cm^2；用于反渗透出水为 50mJ/cm^2。

124. 水流方向、流速及水深是否会影响紫外消毒的效果?

答：根据紫外灯管的布置方式，可分为与水流方向垂直或平行布置，平行布置时系统水力损失小、水流形式均匀；而垂直布置时系统则可以使水流紊流流动，提高消毒效率。

消毒器内的理想水力条件是在流速方向上完全推流，而在横断面上完全混合。前者保证所有的流体微元在反应器内的停留时间相同，而后者保证流体微元的充分混合。实际反应器在流速、水深等方面很难达到以上条件，造成流体微元接受紫外照射的不均一性，影响了消毒效果。

125. 在排水及给水处理中是否都可以应用紫外消毒?

答：由于紫外线消毒的光复活作用等，造成不能像氯消毒剂那样在管网中提供持续的消毒作用，从安全角度讲紫外线消毒一般不会单独用于饮用水处理或者再生水处理，但是在再生水领域也有用紫外线消毒的例子，特别是再生水用于农业灌溉，原因一方面是出于对加氯消毒产生的“三致”副产物的担心，另一方面化学消毒剂可对一些农作物产生伤害或可能影响植物的生长。当排水处理回用于农业、工业或城市景观时，紫外线消毒一般可以满足再生水微生物指标，否则出厂之前还必须采取一些附加措施，如适量投加氯、氯胺或二氧化氯来提高处理效果和保障管网水中的生物稳定性，防止因为滋生细菌而引起二次污染，造成安全隐患。

126. 紫外消毒在国外水处理中的应用现状是怎样的?

答：1906～1909 年，第一个大规模的紫外光应用是在法国，200m^3/d 饮用水处理系统；1970 年美国环境保护署（EPA）完成了第一个污水紫外线消毒的示范工程。此后，在美国、加拿大等北美国家应用紫外线消毒法处理污水开始普及。2000 年，美国开始建设超大规模的紫外线消毒设施，并在华盛顿建成投产了世界上最大的日处理能力可达 1.8 亿加仑（约 $7\times10^7 m^3$）污水的紫外线消毒设备，而日处理能力可以达到 22 亿加仑（约 $8\times10^8 m^3$）的超大规模设备也在纽约环境保护局着手设计。根据美国 1998 年的一项不完全统计，表明其 12 个州 80 家城市污水处理厂采用了紫外线污水消毒技术处理再生水，总处理量约为 $2.6\times10^6 m^3/d$。直到 2001 年，新西兰曼努高污水处理厂日处理能力 $1.2\times10^6 m^3$ 紫外线污水消毒系统的成功安装，标志着紫外线消毒技术在大规模城市污水消毒方面的技术经济优势。目前在发达国家紫外线消毒也成为用水终端及小型给水系统中首选的消毒方法。

二、氯消毒

127. 活性氯指什么?

答：活性氯指在阳极生成的、具有氧化性、可以促使尿素分解含氯元素的离子，例如氯离子、次氯酸根离子、氯酸根离子，但不包括高氯酸根离子。

128. 新的《生活饮用水卫生标准》（GB 5749—2006）中，对生物学指标有哪些新的要求？工艺上如何改进?

答：在新的《生活饮用水卫生标准》（GB 5749—2006）中，增加了对耐热大肠菌群(粪性大肠菌群)、埃希大肠菌以及国际上关注的病原原虫，即贾第鞭毛虫和隐孢子虫的指标要求，而这“两虫”是抗氯的，由于溴酸盐的限制，臭氧在低剂量下对原生动物的灭活性是有限的。但是，紫外线可以非常有效地灭活“两虫”，所以，作为可以减少消毒产物生成量和灭活原生动物的安全消毒方法——紫外线消毒在新建和改扩建水厂中得到推广使用。另外，臭氧＋紫外线＋氯/氯胺工艺，不会产生氯消毒副产物，而且紫外线杀菌效率高，对“两虫”特别有效，无二次污染，费用低，此工艺在我国上海世博园临江水厂、深圳市南山水厂等已经应用，效果良好。此工艺在国外也有应用的实例。

129. 饮用水中传统氯消毒的消毒机理是什么?

答：氯消毒常用的消毒剂有氯气、漂白粉和次氯酸钠。氯消毒的作用机理，一般认为主要通过 HClO 起作用。

$$Cl_2 + H_2O \longrightarrow HClO + HCl$$

HClO 为很小的中性分子，只有它才能扩散到带负电的细菌表面，并通过细菌的细胞壁穿透到细菌内部。当 HClO 分子到达细菌内部时，能起氧化作用破坏细菌的酶系统而使细菌死亡。

漂白粉消毒与氯消毒的原理相同。漂白粉由氯气和石灰加工而成，分子式可简单表示为

$Ca(ClO)_2$，有效氯为30%。

$$Ca(ClO)_2 + 2H_2O \longrightarrow 2HClO + Ca(OH)_2$$

次氯酸钠也是强氧化剂和消毒剂，但消毒效果不如氯强。次氯酸钠消毒作用仍依靠HClO。

$$NaClO + H_2O \longrightarrow HClO + NaOH$$

130. 传统氯消毒有什么特点？现在热门的消毒剂及其存在的问题有哪些？

答：传统的消毒剂为氯气、次氯酸钠和次氯酸钙，它们在水中主要依靠HClO和ClO^-的消毒作用。用氯作消毒剂具有对细菌杀伤力强、使用成本低和在水中存在形式较稳定的特点。但由于它能够和水中的有机物生成消毒副产物，因此，研究和使用其他消毒剂是控制消毒副产物的方向之一。研究的较多的消毒剂有臭氧、二氧化氯、双氧水（H_2O_2）、紫外光以及它们的联用技术。但仍然存在一些问题，如二氧化氯消毒会产生ClO_2^-可导致溶血性贫血；应用O_3，需采用氯、氯胺、二氧化氯辅助消毒剂维持管网中的持续消毒能力，但含有溴离子的源水在臭氧化过程中可以形成溴酸盐副产物，溴酸盐有强致癌性，而且当源水含有较高浓度的有机物时，产生一些含氧化合物，如醛、羧酸、酮、酚等。目前一些联用技术，像臭氧＋氯/氯胺工艺、臭氧＋紫外线＋氯/氯胺工艺、氯气＋二氧化氯工艺、紫外线/过氧化氢工艺等。这些工艺，消毒效果好，产生消毒副产物少。

131. 饮用水中的消毒副产物主要有哪几类？消毒副产物形成的前驱物是什么？其形成机理是什么？

答：饮用水中消毒副产物主要存在形式为三卤甲烷类（THMs）、卤代乙酸（HAAs）、卤代乙腈（HANs）和致诱变化合物（MX）。

消毒副产物（DBPs）是在消毒过程中，加入水中的氯和水中存在的溴与有机物发生复杂的化学反应生成的。我们把水中能生成消毒副产物的有机物称为前驱物。THMs和HAAs的前驱物主要为腐殖酸及其他小分子有机物，如酚类、苯胺、苯醌、1,3-环已酮。河水中腐殖质一般占有机物总量的50%～80%，来源于排放的污水及土壤流出水。

饮用水加氯消毒，生成的Cl^-和Br^-既是氧化剂，也是亲电加成试剂。当醛、酮发生烯醇式互变异构后，与Cl^-和Br^-发生亲电加成反应最终被水解生成卤仿。在此过程中，酸碱均可催化互变异构，加速卤代烃的合成。苯环上含有两个间位羟基的化合物是形成DBPs最有效前驱物质。在有机溶剂中间，苯二酚的氯化和溴化可生成2,2,4,4,4-五氯（五溴）环己烯-1,3-二酮并可水解生成酮羧酸。间苯三酚含有3个活性空位碳原子。当HClO加入水后水解、开环、脱羧形成甲基酮的结构。由于氯和溴的吸电子效应，使得$ClCH_2^-$或Cl_2CH^-上的α氢更进一步卤化而完全形成三卤甲基酮的结构。由于碱对酮的加成结果，使得C—C键断裂，3个氯的吸电子效应使分离出去的碳负离子相对稳定，最终生成DBP。

132. 饮用水中的各种消毒副产物的浓度限值是多少？

答：经过多年的研究，少数消毒副产物（DBPs）在饮用水中的定量信息已被揭晓。已得到较广泛监测的DBPs包括三卤甲烷、卤乙酸、卤代乙腈、卤代酮、三氯硝基甲烷、三氯乙醛、氯化氰、亚氯酸盐、氯酸盐、溴酸盐、乙二醛、甲基乙二醛以及其他乙醛类。很多消毒副产物都有致癌、致畸的危害。表2-2是世界卫生组织（WHO）和中国制定的饮用水中

DBPs的限量标准。

表 2-2　中国《生活饮用水卫生标准》及世界卫生组织（WHO）对饮用水中 DBPs 浓度的限值

中国《生活饮用水卫生标准》		世界卫生组织(WHO)	
DBP	限值/(mg/L)	DBP	限值/(mg/L)
三氯甲烷	0.06	三氯甲烷	0.3
二氯一溴甲烷	0.06	二氯一溴甲烷	0.06
一氯二溴甲烷	0.1	一氯二溴甲烷	0.1
三溴甲烷	0.1	三溴甲烷	0.1
二氯甲烷	0.02	二氯乙酸	0.05
四氯化碳	0.002	三氯乙酸	0.2
1,2-二氯乙烷	0.03	溴酸盐	0.01
二氯乙酸	0.05	亚氯酸盐	0.7
三氯乙酸	0.1	三氯乙醛	0.01
溴酸盐	0.01	二氯乙腈	0.02
		二溴乙腈	0.07
		氯化氰	0.07
		2,4,6-三氯苯酚	0.2
		甲醛	0.9

133. 在饮用水消毒副产物研究领域中有哪些研究热点?

答: 目前尚未确定的消毒副产物（DBPs）多达60%，对于DBPs的分析鉴定，毒理性、形成机理需要进一步研究；如何控制余氯量以减少消毒副产物的形成；温度对形成和消除消毒副产物的影响及作用；协同工艺的研究，低成本、高效率、不产生或产生很少DBPs的工艺需要进一步研究开发。

134. 高氯酸盐的组成、性质以及危害是什么?

答: ClO_4^- 是由4个O原子包围1个Cl原子组成的四面体，有强氧化性和高稳定性，纯天然的高氯酸盐主要存在于土壤中，大部分的高氯酸盐都是人工合成的，高氯酸盐被广泛用于制备烟火、固体火箭燃料的氧化剂以及农业上的植物落叶剂等。高氯酸盐对人体的影响主要表现为对甲状腺吸收碘的抑制，这就造成对发育系统特别是对大脑发育的影响。而进入环境的高氯酸盐主要存在于河流、湖泊等地表水和地下水体中，并随水的流动而快速扩散，从而直接或间接地影响人类健康。

135. 为什么高氯酸盐同时具有强氧化性和高稳定性?

答: 从热力学上讲，高氯酸盐是一种强氧化剂，但它的动力学势垒很高，使得高氯酸盐反应活性低，因此能持久且稳定地存在于环境中，不易通过化学或生物还原被去除。另一方面，高氯酸盐离子体积大，电荷密度低，使得它对阳离子的亲和力很弱，难以形成稳定的化合物。因此，高氯酸盐既具有强氧化性又具有高稳定性。

136. 自来水厂所采用的臭氧消毒工艺，是否会影响饮用水中高氯酸盐的浓度水平?

答: 臭氧消毒过程中，臭氧氧化水中的有机物而产生消毒副产物，而最主要的消毒副产物一般不包括高氯酸盐。一般情况下，自来水厂采用的臭氧消毒工艺不会对饮用水中高氯酸盐的浓度水平造成很大的影响。这是因为水溶液中 O_3 容易分解，进而使 O_3 有效分子减少。另一方面已被氧化形成的其他氯氧中间产物分散到水溶液后，反应速率和效率进一步降低。因此，水溶液会抑制含氯前体物质被臭氧氧化形成高氯酸盐。但也有研究表明，溶液状态的 ClO_2 在臭氧暴露下会快速分解生成 ClO_3^- 和 ClO_4^-，且没有其他含氯副产物检出。所以，在消毒工艺前如果水中含有一定量的 ClO_2，不建议使用臭氧消毒工艺进行处理。

第七节 地下水修复技术

137. 什么是地下水的生物修复技术？有何优点？

答：生物修复技术是指采用工程化方法，利用天然存在的或特别培养的生物（植物、微生物和原生动物）削减、净化环境中的污染物，减少污染物的浓度或使其无害化，从而使污染了的环境能够部分或完全地恢复到原始状态的过程。地下水修复中主要利用微生物，将土壤、地下水和海洋中的有毒有害物质就地降解成二氧化碳和水，或转化成无害物质的方法。一般包括天然生物修复与强化生物修复两种。

天然生物修复是指在不加营养物的情况下，土著微生物利用周围环境中的营养物质和电子受体，对地下水中的污染物进行降解的作用，其降解速度受到营养物质种类、数量及电子受体接受电子能力大小和其他物理条件的限制。

强化生物修复是利用自然环境中生息的微生物或投加的特定微生物，通过提供适宜的营养物质、电子受体及改善其他限制生物修复速度的因素，分解污染物，修复受污染的环境。

与传统的物理、化学修复技术相比，生物修复具有以下优点：a. 生物修复可以现场进行，这样减少了运输费用和人类直接接触污染物的机会；b. 生物修复经常以原位方式进行，这样可使对污染位点的干扰或破坏达到最小；c. 生物修复使有机物分解为二氧化碳和水，可以永久地消除污染物和长期的隐患，无二次污染，不会使污染转移；d. 生物修复可与其他处理技术结合使用，处理复合污染；e. 降解过程迅速，费用低，仅为传统物理、化学修复的 30%～50%。

138. 什么是渗透性反应墙？地下水水流速度是否会影响渗透性反应墙对污染物的去除效果？

答：渗透性反应墙（PRB）是一个填充有活性反应材料的被动反应区，当污染地下水通过时，污染物能被降解或固定其中。污染物靠自然水力传输，通过预先设计好的介质时，溶解的有机物、金属、核素等污染物质被降解、吸附、沉淀或去除。反应墙中含有还原剂、固定金属的络（螯）合剂、微生物生长繁殖所需要的营养物或其他试剂。在地表以下，地层岩性变化很大，地下水流动极其缓慢。一般情况下，地下水中的污染羽状物流经反应墙需要一周左右的时间，因此反应介质会与污染物进行充分的反应，故地下水水流速度不会对 PRB 的污染物去除效果产生太大影响。

139. 渗透性反应墙的反应填料会不会达到饱和？此工程的经济性如何？

答：渗透性反应墙中的反应介质的容量是有限的，因此会达到饱和，一旦反应介质容量达到饱和，污染物就会穿透反应墙，故应及时更换反应介质。因此要对反应墙上下游水质进行监测，以及对反应介质的活性进行检测。

渗透性反应墙具有相对的持续性和经济上的实用性，可称作是一次性投资，安装好以后一般不需要追加投资，尽管渗透性反应墙还存在许多问题需进一步研究，但总体来说，它避免了传统的抽出处理法中效率低、造价高、处理能力有限、耗能大等缺点，对于处理各种各样的地下水污染物具有很好的效果，投资在几十万美元左右，与传统的地下水处理技术相比较，在经济上的节省潜能是十分显著的，一般节省 30%以上。

第八节　除藻技术

140. 常用的除藻、控藻技术有哪些？

答：目前最常用除藻技术一般可分为化学技术、物理技术和生物技术。

1）化学除藻技术　通过向水体投放化学药物（如硫酸铜和硫酸亚铁、二氧化溴、一些广谱意义上的除草剂等）来控制藻类的生长繁殖。这种方法虽简便易行、省时省力，但该方法并不能从根本上改善水质；相反，随着投加量的越来越多，药剂品种的不断更换，对环境的二次污染也在不断增加。

2）物理除藻技术　目前在许多供饮用水水域（如水库）应用得比较多，主要包括黏土絮凝除藻、微滤膜和活性炭除藻、机械法和挖泥法除藻等。

3）生物除藻技术　是利用培育的生物或培养、接种的生物的生命活动，对水中污染物进行转化、降解及转移作用，从而使水体环境健康得到恢复的一种方法。包括水生植物抑藻、滤食性鱼类抑藻和微生物抑藻等。目前很多供饮水水库大多采用生物除藻技术。

141. 超声波除藻技术的原理是什么？

答：超声波是指频率高于 20kHz 的声波，是一种具有聚属、定向、反射及透射等特性的物理能量形式。超声波除藻技术是利用特殊频率的超声波所产生的振荡波，作用于水藻外壁并使之破裂、死亡，以达到消灭水藻、平衡水环境生态的目的。

超声波主要从以下 4 个方面破坏藻细胞。

① 超声波在传播中产生的机械效应、热效应，可使藻类细胞破裂、物质分子中的化学键断裂。

② 空化效应。超声波在水中传播时会产生正负压强交替的周期性变化，在此变化中会产生空化泡，在空化泡崩溃的瞬间，可在局部产生约 5000K、5.0×10^{9}Pa 的高温、高压，同时产生强烈的冲击波和速度超过 100m/s 的微射流。空化泡从产生到崩溃的过程称为超声空化效应。利用空化作用产生的高温、高压、冲击波、射流和剪切力等破坏藻细胞（机械损伤），从而控制藻类生长。

③ 气囊破裂。藻类细胞具有一个占细胞体积 50%的气囊，该气囊控制着藻类细胞的升

降运动。超声波引起的冲击波、射流、辐射压等会破坏气囊。在适当的频率下，气囊成为空化泡而破裂，使藻细胞失去上浮能力，降低藻细胞的光合作用。

④ 自由基效应。超声空化作用会产生·H和·OH自由基，自由基能够影响细胞结构，使生物组分发生物理化学变化，影响细胞活性。

142. 什么是生物除藻？

答：生物除藻是指在较短的时间内去除大量的藻细胞或控制藻类的暴发，通过改变生物群落结构，增加对藻量的控制能力。目前，生物除藻方法并没有广泛应用，但其抑藻控藻效果明显，鉴于现在的生态环保理念，生物除藻终将可能成为除藻的理想方法。生物除藻主要有水生动物除藻、水生植物控藻以及微生物除藻。

水生动物除藻主要是利用水中的浮游生物和鱼类以大多数藻类为食，即通过水生生态系统食物链关系直接捕除藻类，达到控制藻类的目的。水生植物控藻则是利用水体中的水生植物与微藻存在拮抗作用，竞争有限的养分、光照或者分泌出化学物质来抑制微藻的生长。微生物作为除藻剂的主要原理是利用其和藻类争夺水体中的营养，吸收、分解、转化水体中的营养物质，使水中的藻类由于得不到足够的营养而无法继续生长繁殖，以致死亡。

143. 利用絮凝剂除藻时，聚合氯化铝铁与其他絮凝剂相比效果更好的具体机理是什么？

答：聚合氯化铝铁（PAFC）是铝铁的复合产物，是一种新型复合絮凝剂，它兼有铝盐类絮凝剂和铁盐类絮凝剂的特性，具有优良的净水性能和广泛的应用范围。由于PAFC相对于聚合氯化铝（PAC）又络合了聚合态铁，加大了分子结构，提高了电中和、架桥吸附和沉降性能，因此PAFC既具有铝盐絮凝剂矾花大、水处理面宽、除浊效果好、对设备管路腐蚀性小等优点，还具有铁盐絮凝剂絮凝沉降快、易于分离、低温水处理性能好、水处理pH值范围大等特点，因此絮凝效果更佳。

第九节　重金属去除技术

144. 重金属是如何在水中实现迁移转化的？

答：有以下三种方式：

（1）机械迁移

重金属离子以溶解态或颗粒态的形式被水流机械搬运，迁移过程服从水力学原理。

（2）物理化学迁移

重金属以简单离子、配离子或可溶性分子在水环境中通过一系列物理化学作用所实行的迁移和转化过程。

1）重金属化合物的沉淀-溶解作用　重金属化合物在水中迁移能力直观地可以用溶解度来衡量。溶解度小者，迁移能力小，溶解度大者，迁移能力大。溶解度大小决定于溶质与溶剂之间的关系，相似相溶。同时也与离子半径和电价数目有关，离子半径大，溶解度大；电价数目小，溶解度大；相互结合的离子半径差大，溶解度大。

2）水中配位体对重金属的配合作用 配合作用是指由具有电子给体性质的配体与具有接受电子的空位的离子或原子形成配合物的过程。

3）重金属离子的水解作用 重金属离子大多数都有较高的离子电位，所以它可以在较低的pH值下水解，金属离子水解的趋势随着pH值的增高而增强。在水解过程中，H^+离开水合重金属离子的配位水分子。有以下通式：

$$M(H_2O)_n^{2+}+H_2O \rightleftharpoons M(H_2O)_{n-1}OH^+ + H_3O^+$$

4）胶体对重金属离子的吸附作用 胶体由于其具有巨大的比表面积、表面能和电荷，可以强烈地吸附各种分子和离子。

（3）生物迁移

生物迁移是指重金属通过生物体的新陈代谢、生长、死亡等过程实现迁移。

145. 汞的熔点和沸点分别是多少？甲基汞的挥发性是否大于乙基汞？

答：汞是在常温、常压下唯一以液态存在的银白色液体金属。熔点是－38.87℃，沸点是356.6℃，密度为13.59g/cm³。汞的内聚力很强，在空气中稳定，常温下即可蒸发，但其蒸气有剧毒。汞能溶解许多金属，自身可溶于硝酸和热浓硫酸，但与稀硫酸、盐酸、碱都不起作用。汞具有强烈的亲硫性和亲铜性，即在常态下，很容易与硫和铜的单质化合并生成稳定化合物，因此在实验室通常会用硫单质去处理撒漏的水银。汞的化合价有＋1价和＋2价。

一般有机汞的挥发性大于无机汞，有机汞中以甲基汞和苯基汞挥发性最大，因此可以说甲基汞的挥发性大于乙基汞的挥发性。甲基汞的物理性质为，无色液体，无味，具挥发性和腐蚀性，受热分解产生有毒汞熏烟。

146. 什么是汞的甲基化反应？

答：水体中Hg^{2+}，在某些微生物的作用下，转化为甲基汞和二甲基汞的反应称为汞的甲基化反应。淡水水体底泥中厌氧细菌能使无机汞甲基化，使其形成甲基汞和二甲基汞。在微生物的作用下，甲基汞氨素中的甲基能以CH_3^-的形式转移给Hg^{2+}，反应式为：

$$CH_3^- + Hg^{2+} \longrightarrow CH_3Hg^+$$

$$2CH_3^- + Hg^{2+} \longrightarrow CH_3-Hg-CH_3$$

以上反应无论在好氧条件还是在厌氧条件下，只要有甲基汞氨素存在，在微生物的作用下反应就能实现，所以甲基汞氨素是微生物产生汞的甲基化的必要条件。

147. 什么是硫柳汞？被其污染的废水来源和性质如何？

答：硫柳汞又名乙基汞硫代水杨酸钠，是一种含汞有机化合物，以重量计含汞49.6%。硫柳汞为广谱抑菌剂，对革兰阳性菌、革兰阴性菌及真菌均有较强的抑制能力。其作用机理为汞离子与菌体中酶蛋白的巯基结合，从而使酶失去活性，此外，它对疫苗中的抗原具有稳定作用，自20世纪30年代以来，一直被广泛用作生物制品和药品的防腐剂。多种灭活疫苗、类毒素和血液制品，均采用硫柳汞作为防腐剂，特别是多剂量疫苗。

因硫柳汞广泛用作生物制品及药物制剂包括许多疫苗的防腐剂，故含有硫柳汞的废水主要来源于医疗制药的废水，它是一种有机汞，因此其废水的性质也同其他含有有机汞的废水性质大致相同，若是不小心饮用，主要是对人体及动物的神经系统造成危害。

148. 含汞废水的治理工艺有哪些？

答：以下为几种传统处理方法。

（1）化学絮凝沉淀法

向含汞废水中加入硫化钠，由于汞离子和硫离子有强烈的亲和力，能够生成溶度积极小的硫化汞而从溶液中除去。反应方程式如下：

$$Hg_2^{2+} + S^{2-} \longrightarrow Hg_2S \quad K_{sp} = 1.8\times10^{-45}$$

$$Hg^{2+} + S^{2-} \longrightarrow HgS \quad K_{sp} = 1.6\times10^{-54}$$

为了更好地沉淀去除废水中的汞，可以采用硫氢化钠、明矾两步处理，其原理是：

$$NaHS + H_2O \longrightarrow H_2S + NaOH$$

$$Hg^{2+} + S^{2-} \longrightarrow HgS$$

$$2KAl(SO_4)_2 \longrightarrow Al_2(SO_4)_3 + K_2SO_4$$

$$Al^{3+} + 3H_2O \longrightarrow Al(OH)_3 + 3H^+$$

（2）离子交换法

用带有—SH基团的聚巯基苯乙烯树脂处理含汞废水，树脂上的巯基有很强的吸附能力，吸附在树脂上的汞可用浓盐酸洗脱，定量回收。

（3）金属还原法

以铁粉还原法为例，其基本原理是：

$$Fe + Hg^{2+} \longrightarrow Fe^{2+} + Hg\downarrow$$

$$Fe + 2H^+ \longrightarrow Fe^{2+} + H_2$$

$$H_2 + Hg^{2+} \longrightarrow 2H^+ + Hg\downarrow$$

（4）电解法

电解法是利用金属的化学性质，在直流电作用下，汞化合物在阳极电解成汞离子，在阴极还原成金属汞，从而去除废水中的汞。该方法是处理含有高浓度无机汞废水的一种有效方法。

（5）吸附法

活性炭吸附法是在工业生产中最为成熟的废水除汞方法，能有效吸附废水中的汞，在发达国家和地区应用较多，在我国也有，但价格昂贵，只适用于处理低浓度的含汞废水。除活性炭外还有其他吸附剂，如沸石分子筛、改性膨润土、玉米芯粉等。

（6）微生物法

可利用微生物吸附汞，也可利用微生物强化处理效果。

149. 含重金属的污泥是否有良好的处理办法？

答：1）固定化　在污泥中加入钝化剂，提高污泥的pH值，使重金属转化为沉淀状态，将重金属分离后进行再利用。

2）吸附法　利用有特殊结构或化学成分的物质分离去除重金属。

3）化学淋滤法　采用硫酸、盐酸或硝酸等将污泥的酸度降低，通过溶解作用，使之转化为可溶解的重金属离子，之后通过螯合作用等将其中的重金属分离出来，将重金属分离后进行再利用。

4）电动修复法　酸化后的污泥，采用加电场的方法将重金属离子富集后去除，将重金属分离后进行再利用。

5）干化、焚烧 焚烧后的飞灰交于危废中心处理。

150. 处理含铬废水的新技术有哪些？

答：（1）生物磁分离新技术处理含铬废水

生物吸附法是工业废水中铬离子去除和回收方法中备受青睐的一种，即利用生物细胞作为吸附剂，通过物理、化学作用吸附金属离子。活性或非活性的微生物细胞以及来自微生物的产物均能高效地聚集可溶的和颗粒形状的金属，尤其是低浓度的金属溶液，效率高，耗能少，且无二次污染。然而，吸附后的菌体不易从溶液中分离是该方法的一大难题。据报道有一种趋磁细菌（MTB），细胞内含有尺寸为30～100nm的铁磁性颗粒即磁小体，在微弱的地球磁场作用下呈链状排布，使细胞具有永磁偶极矩和磁定向性，在外加磁场作用下MTB能定向运动。而且，MTB对金属离子具有很好的吸附作用，这样吸附了金属离子的MTB通过磁分离器可以有效地从溶液中得到分离。趋磁细菌、磁分离相结合来处理含铬废水，具有高效、便捷和无污染等优点，是一种很有经济价值及发展前途的废水净化手段。

（2）植物修复法

植物修复法是指植物通过吸收、沉淀和富集等作用降低被污染土壤或地表水的重金属含量，以达到治理污染、修复环境的目的。利用植物处理重金属，主要由三部分组成，一是从废水中吸取、沉淀或富集有毒金属；二是降低有毒金属活性，从而可减少重金属被淋滤到地下水或通过空气载体扩散；三是将土壤中或水中的重金属萃取出来，富集并输送到植物根部可收割部分和植物地上枝条部分，通过收获或移去已积累和富集了重金属植物的枝条，降低土壤或水体中的重金属浓度。在植物修复技术中能利用的植物有藻类、草本植物和木本植物等。

（3）超滤膜处理含铬废水

膜分离法是一种新型隔膜分离技术，利用一种特殊的半透膜使溶液中的某些组分隔开，某些溶质和溶剂渗透而达到分离、纯化、浓缩的目的。用超滤技术去除实验室废液中Cr(Ⅵ)，处理后的废液中Cr(Ⅵ)浓度符合国家一级污染物排放标准。采用超滤膜在含铬废水处理运行的过程中经常会遭遇颗粒、胶体污染，为解决这一难题，以往膜处理工艺需添加大量的絮凝剂，从而保证进膜设备的废液浓度低于50mg/L来减少膜的污染。

（4）光催化法

利用半导体作催化剂处理废水，固体半导体在太阳光的照射下吸收能量激发产生电子-空穴对，利用电子的还原性和空穴的氧化性来有效降解水体中的污染物。但目前由于光催化机理研究得还不够透彻，光照控制起来困难，还未在工业上普遍使用。

第十节 有机污染物去除技术

151. 什么是高浓度有机废水及其处理方法？

答：高浓度有机废水一般是指由造纸、皮革及食品等行业排出的，COD浓度在2000mg/L以上的废水。

处理方法主要有物理化学处理法和生物处理法两大类。

(1) 物理化学处理法

物理化学处理法主要以光化学混凝法、氧化-吸附法、焚烧法等为代表。该法主要应用于难生物降解的和有害的高浓度有机废水的处理，及一些可生物降解但废水中含有有害物质的废水的预处理。这种方法只是将有机物从废水中转移，还需要考虑后续处理，不能达到标本兼治的效果。

(2) 生物处理法

按参与作用的微生物种类和供氧情况，可分为好氧法、厌氧法及介于两者之间的水解酸化法三大类。好氧生物法由于其操作简单，出水效果好等特点一般用于处理低浓度有机废水，近年来也有人研制出一些高效的好氧生物处理工艺，可用于处理高浓度有机废水，如深井曝气和好氧流化床等。厌氧生物处理法是利用兼性厌氧菌和专性厌氧菌来降解水体中有机物的一种生物处理法。大分子的有机物首先被水解成低分子化合物，然后被转化成 CH_4 和 CO_2 等。水解酸化法是一种介于好氧和厌氧之间的方法，该方法已广泛地应用于有机废水的预处理。

152. 采用加热法是否能将水中的苯去除？

答：苯在常温下是一种无色、有甜味的透明液体，具有芳香气味。苯可燃，难溶于水，易溶于有机溶剂。苯具有挥发性，加热后水中苯易挥发。苯能与水生成恒沸物，而恒沸物是不可能通过常规的蒸馏或分馏手段加以分离的。但是苯和水的共沸比例约为 9∶1，因此敞口煮沸的情况下，蒸发 1 份的水可以蒸发 9 份的苯，因此加热法被认为能将水中的苯去除。

153. 用颗粒活性炭吸附水中的苯时，为什么活性炭量增加吸附效果反而下降？

答：活性炭的吸附能力是和表面积有关的，比表面积越大，吸附能力越强，当增加用量时，表面积被压缩，空气或溶液被阻挡，导致吸附效果下降。

154. 被苯胺污染的水如何处理？

答：被苯胺污染的水有刺鼻的气味。将生产产生的含硝基苯、苯胺污染物的废水先用硫酸调节 pH 值为 3～4，将其加入填充有铁、铜、锌组分的 CHA-2 型催化剂和焦炭的还原反应器内进行还原处理，同时吹入适量空气进行搅拌，还原处理后的废水再用硫酸调节 pH 值为 3～4 后，再将废水送入填充有含铁、铜、锌组分的 CHA-1 型催化剂和焦炭的催化氧化反应器内进行催化氧化处理，同时加入一定浓度和定量的 H_2O_2，吹入空气进行搅拌，经催化氧化处理后的废水用氢氧化钙和絮凝剂进行中和絮凝，沉淀后固液分离，清液检测后排放、污泥经脱水后外运处置。

155. 什么是偶氮染料？偶氮染料废水的危害是什么？

答：偶氮染料是指偶氮基（—N ═N—）两端连接芳基的一类有机化合物，是纺织品、服装在印染工艺中应用最广泛的一类合成染料，用于多种天然和合成纤维的染色和印花，也用于涂料、塑料、橡胶等的着色。在特殊条件下，它能分解产生 20 多种致癌芳香胺，经过活化作用改变人体的 DNA 结构引起病变和诱发癌症。

偶氮染料废水色度高、成分复杂、可生化性差，所含有机物大多为致癌、致畸物质；偶氮染料废水未经处理排放不仅会使水体富营养化，危害水生动植物的生长，还会破坏水体自净能力，危害人类健康。

156. 微生物对偶氮染料脱色的机制是什么？

答：生物法处理偶氮染料的本质是利用微生物酶系实现有机污染物的降解，在处理含偶氮染料废水方面具有经济高效、环境友好、产泥量少、末端产物无毒害和耗水量小的优势，是国内外处理印染废水的主要方法。微生物对偶氮染料脱色的机制主要有以下 3 种。

1）吸附脱色　目前用于偶氮染料吸附脱色的微生物主要有藻类、酵母菌、丝状真菌以及细菌等。微生物的吸附性能主要取决于菌体表面所含的蛋白质、脂质、糖类等大分子物质，以及分子上所含的多种功能基团，如氨基、羧基、羟基、磷酸盐及其他带电荷基团，这些基团通过极性作用、氢键、静电作用以及成键作用将偶氮染料吸附于细胞壁上。

2）有氧条件下偶氮的降解　好氧条件下发生偶氮还原，基本认为是由特异性酶催化完成的，这些酶是非黄素依赖的偶氮还原酶。

3）厌氧条件下偶氮的降解　厌氧条件下偶氮染料的降解是一种非特异性的还原过程，其中包括直接酶催化和依赖氧化还原中间体的偶氮还原过程。直接酶催化是指微生物体内存在非特异性的偶氮还原酶可以直接催化偶氮染料接受电子被还原。目前主要的氧化还原中间体有醌、2-萘醌硫磺酸酯等，其可以接受来自偶氮还原酶的电子而被还原，然后又将电子转移给偶氮染料，使偶氮键断裂产生芳香胺类物质，从而使偶氮染料脱色。

第三章 土壤环境化学

第一节 土壤的性质

1. 为什么 pH 值小于 6.5 时磷肥的有效性较低，而在 pH 值为 6.5～7.0 时有效性较高?

答: 土壤的 pH 值决定着土壤中铁、铝、钙等金属离子的活性，从而影响水溶性磷转化为各种形态磷的比例。磷肥中的磷酸根阴离子（$H_2PO_4^-$、HPO_4^{2-}、PO_4^{3-}）与土壤中的阳离子（Fe^{3+}、Al^{3+}等）反应生成难溶性沉淀。在酸性条件下，随着氢离子浓度的增加，土壤中原生矿物水解加速，溶液中产生较多的高价阳离子，并随着氢离子的增加而增加。在 pH 值为 4.0～6.7 范围内，土壤溶液的磷酸阴离子主要是可溶性速效的磷酸二氢根，它和铁、铝等高价阳离子容易结合成溶解度极小的盐类而沉淀。

因此，磷的固定程度与土壤的 pH 值密切相关，当土壤 pH 值过高或过低时，磷的有效性最低；当土壤 pH 值为 7.2～8.5 时，磷被固定化为不溶性的磷酸钙；当土壤 pH 值低于 6.0 时，磷被固定为不溶性的磷酸铁和磷酸铝。因此磷的有效性最高是土壤 pH 值为 6.5～7.0。

2. 土壤中总有机碳（TOC）和微生物量碳的区别?

答: TOC 是总有机碳，是土壤中所有有机碳的总和，包括植物。

微生物量碳是土壤有机库中的活性部分，易受土壤中易降解的有机物如微生物体和残余物分解、土壤湿度和温度季节变化以及土壤管理措施的影响。但其不包含植物中的有机碳。

3. 无机微沉淀的概念是什么?

答: 1）形成固溶体的共沉淀　当微量组分形成的化合物与常量组分的相应化合物属于同晶化合物，常量组分又呈粗大晶粒析出时即形成同晶共沉淀。

2）吸附共沉淀　当沉淀表面相当发达时会吸附相当量的杂质而造成共沉淀现象。这时沉淀首先吸附过量的同离子，形成双电层结构，内层为电位形成离子，外层为扩散层离子。

3）形成化合物的共沉淀 微量组分被共沉淀后与常量组分形成新的化合物是相当普遍的现象。

4）吸留共沉淀 指的是在沉淀成长过程中吸留沉淀内部的外来离子的现象。

4. 氯仿熏蒸浸提法和重铬酸钾测量微生物量碳的不同?

答：实际上重铬酸钾测量微生物量碳只是氯仿熏蒸浸提法中的一个步骤，氯仿只是起到熏蒸作用，把细胞杀死，发生矿化作用，再用硫酸钾浸提，然后用重铬酸钾进一步测量。

5. 氯仿为什么可以提取微生物量碳?

答：土壤经氯仿熏蒸处理，微生物失活，在细胞破裂后，细胞内容物释放到土壤中，使得土壤中的可提取碳大幅度增加。通过测定浸提液中全碳的含量可以计算土壤微生物量碳。

第二节 土壤污染

一、土壤有机物污染

6. 采取什么措施可以防止或降低石油烃中不易被土壤吸附的部分渗入地下造成的污染?

答：具体的措施有：

① 提高石油运送的严密性，以免发生运输过程中的泄漏；

② 加强检修力度，保证检修质量；

③ 可在石油开采、运输以及可能发生石油泄漏的地区，种植可降解石油的植物，最大限度降低石油对土壤的污染。

7. 石油污染土壤对紫花苜蓿有何影响?

答：紫花苜蓿生长指标（出芽时间、发芽率）与原油浓度、有机质含量和土壤 pH 值呈显著负相关。5000mg/kg 的浓度被看作是土壤原油污染的分界线，小于此值的原油浓度会对植物生长产生一定的促进作用。当原油浓度<5000mg/kg 时，紫花苜蓿种子的发芽率高于无污染的对照，可能是低浓度的原油增加了土壤中可利用的碳元素。当原油浓度在 10000～40000mg/kg 时，对种子的发芽率表现为抑制。石油浓度过高时，种子内储存蛋白所需水解酶的活性被抑制，阻碍了储存蛋白的分解及营养物质的有效供应。紫花苜蓿生长虽受到原油污染的影响，但耐受力极强，其生长极限出现在原油浓度为 40000mg/kg 时，作为石油污染土壤修复植物有很好的应用前景。

8. 全氟化合物有剧毒，应该如何合理利用?

答：全氟化合物近 10 年引起了世界上前所未有、更加广泛的关注，不少国家和地区认为带有全氟辛烷磺酰基化合物（PFOS）和全氟辛酸（PFOA）的物质一旦进入自然环境和人体内会持久存在，并对生物体和人体健康构成长期威胁，应当严格限制其生产和使用，全球限用 PFOS、PFOA 及其衍生物与系列产品的呼声越来越高，声势越来越大，各国和有关组织颁布了不少限制全氟和多氟烷基化合物的新法规、新标准和新限制物质清单等。全氟化合物因其优异的理化性质在工业应用广泛，前些年在应用中没有充分考虑其环境影响，排放大量的全氟化合物造成了严重的环境污染，目前在国内一些毒性较强的持久性的全氟化合物已经被禁止生产和使用。

9. 全氟化合物（PFCs）是如何进入土壤的？

答：从 PFCs 的空间分布格局可以看出，距离城市较近的土壤中 PFCs 含量偏高。由于城市工业较发达，而且人口较多，不论是点源还是面源污染都比农村区域严重。各土壤样品中 PFCs 的种类不同，由此可见其来源途径不同。土壤中 PFCs 主要由大气中前驱体转化而来，如氟化调聚物、全氟磺胺类物质。与此同时，存在于房屋及街道中的 PFCs 也是土壤中 PFCs 的来源之一。

二、土壤重金属及放射性元素污染

10. 自然界中重金属存在的主要形态有哪些？

答：1）可交换态　该形态重金属通过离子交换和吸附而结合在颗粒表面，其浓度受控于重金属在介质中的浓度和介质-颗粒表面的分配常数，可交换态重金属对环境变化敏感，易迁移转化，能被植物吸收。

2）碳酸盐结合态　碳酸盐结合态重金属受土壤条件影响，对 pH 值敏感，pH 值升高会使游离态重金属形成碳酸盐共沉淀，不易被植物所吸收；相反地，当 pH 值下降时易重新释放出来而进入环境中，易被植物所吸收。

3）铁锰氧化物结合态　学者认为，铁锰氧化物具有较大的比表面，对于金属离子有很强的吸附能力，水环境一旦形成某种适于其絮凝沉淀的条件，其中的铁锰氧化物便载带金属离子一同沉淀下来，由于属于较强的离子键结合的化学形态，因此不易释放。

4）有机、硫化物结合态　有机结合态是以重金属离子为中心离子，以有机质活性基团为配位体的结合或是硫离子与重金属生成难溶于水的物质。这类重金属在氧化条件下，部分有机物分子会发生降解作用，导致部分金属元素溶出，有益于植物对重金属离子的吸收。

5）残渣态　残渣态重金属一般存在于硅酸盐、原生和次生矿物等土壤晶格中，它们来源于土壤矿物，性质稳定，在自然界正常条件下不易释放，能长期稳定在土壤中，不易被植物吸收。

11. 土壤中的重金属有哪些测定方法？

答：目前，土壤中重金属含量的测定主要是基于野外采样，基于室内化学实验对不同重金属含量的测定。传统的重金属元素测定方法成本高、效率低，不同的元素需要不同的化学处理，不能满足大面积土壤重金属污染监测的需要。光谱技术具有信息量丰富、省时、无损样品结构等优点，在重金属含量预测中得到了广泛的应用。近红外光谱学在广泛的应用领域中的实施取得了迅速的进展。采用偏最小二乘回归近红外光谱法结合化学计量学方法进行测定，通过比较不同光谱范围和光谱预处理方法，可以建立优化模型。

反射光谱法为估算大规模区域重金属的空间分布提供了一种经济有效的方法。许多研究人员发现，土壤中某些金属的浓度与可见光和近红外反射率相关。反射红外光谱法以高精度预测重金属的含量；采用电感耦合等离子体发射光谱法（ICP-MS，Agilent7700）测定重金属元素的含量，包括铬（Cr）、锰（Mn）、镍（Ni）、铜（Cu）、锌（Zn）、砷（As）、镉（Cd）、汞（Hg）、铅（Pb）。

各元素之间的相关系数越大，它们之间的共生关系越强。其中研究表明，铬、锰、镍、铜、铅、汞呈共生关系，与砷、镉无显著相关性。

12. 汞污染对植物、土壤的影响及危害有哪些？

答：土壤中汞的含量不同，植物对汞的吸收、积累情况不一样。另外，不同种类植物及同一种植物的不同器官、生长阶段对汞的吸收、积累也不相同。因此，汞对植物的危害因作物的种类和生育期而异。不同植物对汞吸收能力是：针叶植物＞落叶植物，叶菜类＞根菜类＞果菜类，植物根系和叶子可以吸收汞，比较容易吸收的汞有金属汞、汞离子、乙基汞和甲基汞。

汞作为植物的有害元素，影响种子发芽和植物形态的建成。汞含量较低时，对植物的生长发育影响甚微。但超过一定浓度，植物的生长就会被完全抑制。土培实验表明，汞浓度为0.074mg/kg时，水稻根系受害，秕谷率增加，水稻产量下降。汞对作物生长发育的影响主要有抑制光合作用、根系生长和养分吸收、酶的活性、根瘤菌的固氮作用等。

在正常的土壤 E_h 和 pH 范围内，汞能以零价单质汞形态存在于土壤中。这是由于汞具有很高的电离势，转化为离子的倾向小于其他金属。Hg^{2+} 在含有 H_2S 的还原条件下，将生成难溶性的 HgS，所以有人把 HgS 看作土壤汞化物的最终产物，当土壤溶液中氯离子浓度较高时，由于形成 $HgCl_2$、$HgCl_3$ 络离子而使黏土矿物对汞离子的吸附减弱，使得土壤中汞浓度增大。另外，土壤中含有机配位体也能使汞浓度增大，如腐殖质的羟基和羧基对汞有很强的螯合能力，加上腐殖质对汞离子有很强的吸附交换能力，致使土壤腐殖质部分的含汞量远高于矿物质部分的含汞量。在还原性条件及微生物作用下，可将无机汞转化为甲基汞和二甲基汞。只要存在甲基络合体，在非生物作用下汞也可被甲基化。汞的甲基化不但大大加强了汞的毒性，而且加强了汞的迁移能力。由于汞是农作物生产的非必需元素，但易被农作物吸收，土壤中汞的含量稍有增加，就会大大影响农作物的生长和发育，从而影响到农作物的产量和质量。其次通过食物链危害人类的健康，重金属汞及其化合物的污染物之所以对人体健康威胁较大，是由于它不仅不能被土壤微生物所降解，还可以通过食物链不断地在生物体内富集，甚至可将其转化为毒害性更大的甲基化合物，最终在人体内蓄积而危害健康。再者汞化合物具有高度挥发性，可以通过植物的蒸腾作用而被释放到大气中去。

13. 将六价铬还原为三价铬，降低其危害性的原因是什么？

答：土壤中铬主要以 Cr(Ⅲ）和 Cr(Ⅵ）两种价态存在。Cr(Ⅵ）的毒性比 Cr(Ⅲ）大100倍。Cr(Ⅲ）是铬最稳定的价态，在胃肠道不易吸收，在皮肤表层与蛋白质结合为稳定络合物，毒性不大。吸入含 Cr(Ⅵ）化合物的粉尘或烟雾，对呼吸道、消化道均有刺激，可引起急性呼吸道刺激，产生过敏性哮喘。其对呼吸道造成损伤还表现为鼻中隔溃疡、穿孔及呼吸系统癌症。Cr(Ⅵ)有腐蚀性，可对人体皮肤造成损伤，形成铬性皮肤溃疡，俗称铬疮，其发病率较高，易发生于手、臂及足部。Cr(Ⅵ)还有全身毒性作用，可引起血功能障碍、骨功能衰竭，人口服Cr(Ⅵ)化合物致死剂量约为1.5～1.6g，口服时可刺激或腐蚀消化道，有频繁呕吐、血便、脱水等症状出现。Cr(Ⅵ)还具有诱变作用，被碳酸盐、硫酸盐或磷酸盐载体转运入细胞，破坏细胞结构，使血红蛋白变性，影响人体中氧的运输，产生严重后果。还会影响核酸碱基的配对，对生物体产生致突变和致癌的作用。

土壤中的六价铬主要以CrO_4^{2-}和$HCrO_4^-$存在。在中性和偏碱性土壤中，六价铬以CrO_4^{2-}为主；在偏酸性土壤中（pH＜6），以$HCrO_4^-$为主。而三价铬在强酸性土壤中（pH＜4），主要为$Cr(H_2O)_6^{3+}$；而当pH＜5.5时，主要是$CrOH^{2+}$；在中性至碱性（pH＝6.8～11.3）土壤中，趋向于形成$Cr(OH)_3$沉淀；当pH值大于11.3时，则以$Cr(OH)_4^-$形式存在。

同时，土壤黏土矿物对Cr(Ⅲ)的吸附能力约为Cr(Ⅵ)的30～300倍，所以游离的Cr(Ⅲ)很少。以北京土壤为试验背景的研究结果表明，Cr(Ⅲ)化合物进入土壤后，被迅速吸附，吸附率高达95.6%以上。

14. 为什么铬的有机结合态较残渣态危害大？

答：残渣态重金属一般存在于硅酸盐、原生和次生矿物等土壤晶格，是自然地质风化过程的结果，在自然正常条件下不易释放，能长期稳定在沉积物中，不易被植物所吸收，其通过别的方式迁移到水中、大气中的可能性也非常小，所以危害较小；而有机结合态重金属是土壤中各种有机物如动植物残体、腐殖质及矿物颗粒的包裹层等与土壤中重金属螯合而成，其在氧化条件下易分解释放，有一定的生物有效性，所以其危害较大。

15. 锌（Zn）如何抑制铬（Cr）的吸收？

答：实验证明，某些植物对重金属吸收能力的降低是通过根际分泌螯合剂抑制重金属的跨膜吸收。如Zn可以诱导细胞外膜产生分子量为60000～93000的蛋白质，并与之键合形成络合物，使重金属停留在细胞膜外。还可以通过形成跨根际的氧化还原电位梯度和pH值梯度等来抑制对重金属的吸收。

16. 土壤中镉（Cd）的存在形态有哪些？

答：土壤中镉的存在形态很多，大致可分为水溶性镉和非水溶性镉两大类。镉进入土壤后，通过溶解、沉淀、凝聚、络合吸附等各种反应，形成不同的化学形态，从而表现出不同的活性。络合态和离子态的水溶性镉能为作物所吸收，对生物危害大，而非水溶性镉不易迁移和难以被植物吸收，但随条件的改变，二者可互相转化。在旱地中，镉多以难溶性碳酸镉（$CdCO_3$）、磷酸镉［$Cd_3(PO_4)_2$］和氢氧化镉［$Cd(OH)_2$］的形态存在，而在水田中，则多以硫化镉（CdS）的形态存在。

土壤中镉的存在形态还可分为可交换态、碳酸盐结合态、铁锰氧化态、有机态和残渣态5种。不同母质的土壤，其镉的化学形态不同，大多数石灰性土壤中的镉形态以碳酸盐结合态占主导地位，且碳酸盐结合态＞残渣态＞有机态＞可交换态＞铁锰氧化态，而红壤、棕壤中占绝对优势的是可交换态，铁锰氧化态和有机态含量很少，碳酸盐结合态和残渣态含量居中。一般随着土壤总镉含量的增加，其残渣态镉含量减少，可交换态镉含量上升，从而相对地增加了其毒性。另外，土壤 pH 值、E_h、CEC、质地、可溶性有机质和腐殖质等都会影响镉在土壤中的溶解度和移动性，本质是影响镉在土壤中的化学形态，即镉在土壤中的缔合方式。譬如，土壤偏酸性时，镉溶解度增高，在土壤中易迁移；土壤处于氧化条件下（稻田排水期及旱田），镉则易转变成可交换态而被植物吸收。

17. 重金属镉（Cd）的毒性作用机理是什么？

答： 金属镉毒性很小，但镉的化合物毒性较大，尤其是镉的氧化物。镉的毒性作用除干扰生物体/细胞对镉、钴和锌的代谢外，还直接抑制某些酶系统，特别是需要锌等微量元素来激发的酶系统。由于镉与巯基、羧基、羟基等结合的亲和力比锌大，因此体内一些含锌酶中的锌被镉取代就会丧失其固有功能。镉进入生物体后，一般不以离子形式存在，而是与生物体内大分子结合为金属络合物或金属螯合物。镉可以与蛋白质、肽类、脂肪酸中的羧基、氨基、巯基结合。镉与酶分子上的巯基结合，可降低酶的活性；与 DNA 上碱基结合，可降低双螺旋稳定性；与 RNA 分子中磷酸基结合，可破坏磷酸二酯键，引起 RNA 解聚。

18. 镉与纳米羟基磷灰石（*n*HAP）和富里酸（FA）是否有团聚作用？

答： Cd 与 *n*HAP 和 FA 无团聚作用。实验中 Cd 的去除依赖于 *n*HAP 对 Cd 的吸附作用。实验中 *n*HAP 在溶液中容易产生团聚作用，从而影响对 Cd 的吸附。而 FA 涂覆在 *n*HAP 表面，就是为了使 *n*HAP 在溶液中不发生团聚。

19. 为什么 FA 可以促进 *n*HAP 的迁移？

答： *n*HAP 在土壤中的滞留是沉积、重力沉降和截留综合作用的结果。FTIR 测量证实 *n*HAP 纳米颗粒吸附了大量的 FA 官能团。这些官能团可以提高纳米颗粒表面电负性，并且由于空间相互作用和静电斥力而减少其在土壤中的聚集和沉积，从而提高了 *n*HAP 的迁移。

20. 什么是 FA 稳定的 *n*HAP 悬浮液？稳定机理是什么？

答： 将 *n*HAP 悬浮液与 FA 原液混合，振荡后进行超声处理。超声处理使 FA 均匀涂覆在 *n*HAP 纳米颗粒表面使 *n*HAP 纳米颗粒稳定化。稳定机理如下：*n*HAP 在溶液中容易产生团聚作用，从而影响对 Cd 的吸附。而 FA 涂覆在 *n*HAP 表面，可使 *n*HAP 在溶液中不发生团聚。液相反应阶段产生团聚的主要原因是颗粒间的范德华力。要减轻团聚，就要降低颗粒之间的范德华力，增加颗粒之间的排斥力。

21. 砷的存在形态与污染类型有哪些？

答： 中国也是受砷污染最为严重的国家之一，新疆、内蒙古、陕西、湖南、云南、贵州、广西、广东、台湾等省区的砷污染均比较严重。目前，因砷污染引起的砷中毒事件也已成为世界关注的焦点，地方性慢性砷中毒成为大多数国家社会公共卫生面临的严峻挑战。

砷在地壳中含量占第 20 位，是普遍存在的一种非金属元素，但是由于其具有与金属元素相近的性质，所以常被看作金属元素的一种，是我国标明的五种有毒重金属污染物中的一种。砷有四种价态（−3、0、+3、+5）。五价砷的存在更稳定，但是三价砷更容易通过氧化反应形成五价砷。三价砷的毒性要比五价砷更强，无机砷的毒性要比有机砷的毒性更强。

砷的来源主要有：煤的燃烧，后经过砷的循环进入土壤中；砷化物的开采与冶炼，尤其是土法炼砷，使大量的砷进入环境；来自农药、落叶剂的施用和砷产品的使用。

土壤中砷化合物为砷酸盐、二甲基胂、亚砷酸盐、甲基胂及少量的甜菜碱胂和三甲基胂。主要毒性为亚砷酸盐＞砷酸盐＞甲基胂＞二甲基胂＞三甲基胂＞甜菜碱胂。

砷在土壤中主要以无机态的形式存在，根据砷的连续提取分离方法，可以将土壤砷的存在形态分为：水溶和可交换型、铝结合态、铁结合态、钙结合态以及残留砷 5 种。在土壤中砷多以亚砷酸根（AsO_3^{3-}）和砷酸根（AsO_4^{3-}）等含氧阴离子形式存在，表现出不同的环境行为。在氧化性和酸性较强时，AsO_4^{3-} 的存在占上风；在还原性和碱性较强时，AsO_3^{3-} 占上风。土壤中的无机砷主要以 As(Ⅴ) 为主，然而，随着土壤有机质的增加，As(Ⅴ) 转化为 As(Ⅲ)，导致 As(Ⅲ) 的增加，成为土壤中无机砷的普遍存在形式。砷在土壤中也有游离态，这是因为土壤中的各种反应（微生物、元素、pH 值）会影响砷的迁移。

22. 为什么提到土壤重金属污染时也会把砷算在里面?

答：重金属原义是指密度大于 5g/cm³ 的金属，包括金、银、铜、铁、铅、镉、铬等。砷在化学分类的时候属于非金属，在元素周期表中介于金属元素和非金属元素之间，同类的还有硼、硅、锗、锑、碲和钋，它们都属于类金属。类金属在部分物理性质（如光泽）和化学性质上都和金属很类似，但是在另一些物理性质上（如导电性）却和金属不一样。砷虽然不是金属，但是毒性和重金属相近，因此在说重金属中毒的时候通常都会把砷也算进去。

砷是一种致癌致畸致突变的化学元素，被不耐砷的植物吸收之后，与蛋白质和酶中的巯基反应抑制细胞功能，致使细胞死亡；且砷是磷酸盐的相似物，故与磷酸盐竞争 ATP 位置，形成不稳定的 ATP-As，逐渐削弱细胞的产能。

砷污染进入人体主要通过两条途径：一条途径是人们对于含砷水的饮用、对于含砷食物的食用，这主要针对的是无机形态的砷；另一条途径是通过皮肤的暴露（图 3-1）。长期对砷的过量暴露容易引起诸多健康问题，如心血管疾病、皮肤癌以及神经病变。

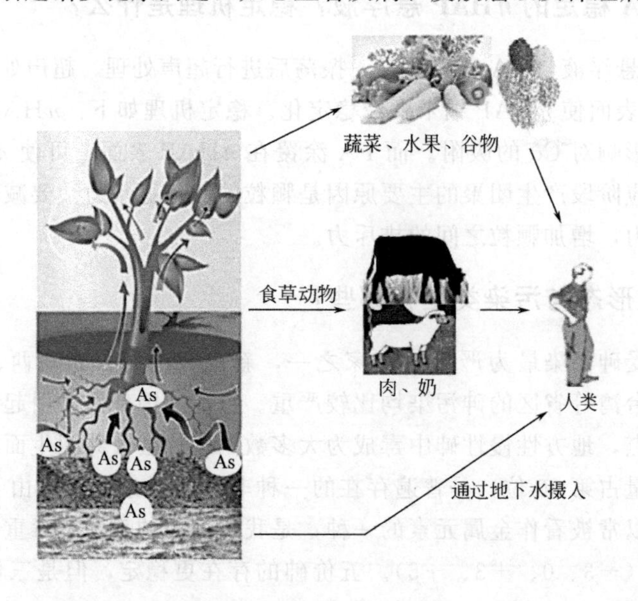

图 3-1 人体对砷的暴露途径

23. 潮土比红壤溶出的铜（Cu）含量高的原因是什么？

答：红壤对应处理的 pH 值都低于潮土，仅就 pH 值而言，理论上应该是红壤淋洗液中 Cu 含量高于潮土的，可实验结果却不如此，这说明两种土壤中 Cu 溶出量的差异并不是由 pH 值导致的。在低 pH 值下，红壤中 DOM 容易被质子化，且红壤中 Fe、Al 的氧化物对 DOM 吸附作用较强，减弱了其对 Cu 活化的 DOM 量；而潮土 pH 值较高，一方面对 DOM 的吸附作用较红壤弱，另一方面高 pH 值条件下 DOM 脱质子作用强，表面的负电荷增多，能够提供更多的 Cu。

24. 锌离子浓度对抗生素抗性基因（*ARGs*）传播的影响有哪些？

答：利用实时荧光定量 PCR 技术对土壤中包括氨基糖苷类抗性基因、可移动遗传因子转座子和Ⅰ类整合子的 21 个基因在内的丰度进行相对定量，发现氨基糖苷类抗性基因 *aacA/aphD*、*aac(6')-Iy*、*aac(6')-II*、*spcN*，转座酶基因 *tnpA* 和整合酶基因 *int* Ⅰ*1* 均在重金属锌浓度为 800mg/kg 和 1000mg/kg 时基因丰度明显上升，整合酶基因 *int* Ⅰ*1* 丰度最高可达对照的 1851 倍。结果表明，环境中高浓度的重金属锌促使氨基糖苷类抗性基因与可移动遗传因子转座子和整合子的基因丰度升高，有利于可移动遗传因子介导的氨基糖苷类抗性基因的水平转移。

铜、锌等重金属长期存在于土壤中，对土壤抗生素抗性基因有长期选择性作用，从而导致抗生素抗性基因的增殖。有研究表明，Ⅰ类整合酶基因（*int* Ⅰ*1*）与铜的浓度有显著正相关性，其增大了抗生素抗性基因水平基因转移的风险。但不得不提的是 Zn^{2+} 与抗生素之间的相互作用不是一成不变的，协同抗性或是协同杀菌作用不仅与 Zn^{2+} 本身的浓度有关，而且与抗生素和细菌种类也有关系，具体的影响机理尚需进一步研究。

25. 氢氧化铁在碱性条件下怎样去除 As？

答：氢氧化铁［$Fe(OH)_3$］在土壤液中发生质子化和去质子化作用使其表面同时具有带正电、中性及负电的吸附点位。因此，$Fe(OH)_3$ 胶体表面可专性（静电吸引）或非专性（离子交换或配位络合）吸附土壤中的阴离子和阳离子。土壤液 pH 值越低则越容易形成带正电的吸附点位 $Fe\text{-}OH_2^+$；反之，土壤液 pH 值越高则越容易形成带负电的吸附点位 $Fe\text{-}O^-$。As 在土壤中主要以络阴离子的形式存在。所以在酸性条件下稳定效果好。但这并不意味着在碱性条件下不会形成 $Fe\text{-}OH_2^+$。$Fe(OH)_3$ 在土壤液中形成 $Fe\text{-}OH_2^+$ 和 $Fe\text{-}O^-$ 的反应是同时存在的。所以，在碱性条件下，少量的 $Fe\text{-}OH_2^+$ 对 As 也有稳定效果，只是稳定效果不如酸性条件下好。

26. 溶解性有机物（DOM）对重金属的迁移有何影响？

答：① 溶解与沉淀：土壤中 DOM 的出现，可改变土壤的 pH 值和 E_h，破坏原有的沉淀-溶解平衡，改变土壤溶液中重金属浓度。pH 值改变，首先影响重金属碳酸盐结合态，其次是铁锰水合氧化物结合态。pH 值升高时，该两种形态则趋于稳定，迁移性下降；pH 值下降，则情况相反。

② 络合作用：天然的或外来的 DOM 都可与金属络合，形成易溶或不易溶的络合物，改变金属离子质量浓度即改变其迁移性。重金属迁移性取决于络合物的溶解度。研究表明，

络合物的水溶性取决于重金属与腐殖酸的比率。因此，可通过对有机质中的腐殖酸进行分子分级组成的研究，使络合物转化为可溶态，增加其迁移性。络合作用对重金属迁移性的影响受控于许多因素的联合作用，如重金属、DOM 的物质组成与质量浓度、土壤物质组成、络合物的稳定性等。

③ 在土壤中，水溶性有机物（DOM）一方面与液相金属离子竞争吸附点位或优先吸附在固体表面上，减少重金属的吸附点位，从而降低金属离子的吸附，增加溶液中重金属的质量浓度，提高其迁移能力；另一方面，也可以与重金属形成络合物，起到了土壤与重金属之间的吸附桥梁作用，减小重金属的迁移能力。

27. 重金属与抗生素存在拮抗作用吗？

答：有些实验当中，在低浓度 Zn^{2+} 作用下，抗生素抗性基因的相对丰度先上升；随着 Zn^{2+} 浓度的加大，抗性基因的相对丰度出现下降；Zn^{2+} 浓度继续加大，抗性基因的相对丰度又开始回升。研究者把它归因为“100mg/kg 的重金属锌激发了某些土壤细菌的氨基糖苷类抗性，从而使 *aac* 的基因丰度明显上升；当锌离子浓度增至 200mg/kg 时，超出了一些细菌的耐受范围，使其生长繁殖受阻，进而基因丰度也随之降低；随着锌离子浓度的继续增加，有锌抗性的优势菌群在种间竞争中获得优势地位，大量繁殖，从而使基因丰度逐渐上升”。所以长期使用重金属会促进抗生素抗性基因的产生。

重金属浓度与抗生素抗性之间有着复杂的关系。《重金属胁迫对 *Pseudomonas alcaligenes* LH7 抗生素抗性的影响》一文中总结到：重金属和抗生素的交叉作用主要表现为协同抗性和抗性杀菌，浓度对交叉抗性组合的影响主要分为 3 种类型：a. 在低浓度表现为协同抗性，高浓度表现为协同杀菌的抗性组合；b. 在低浓度表现协同杀菌，高浓度表现为协同抗性；c. 菌体的抗生素抗性变化只与重金属种类相关的抗性。

但也有研究发现某些重金属与抗生素是存在拮抗作用的。例如有研究报道了抗生素和重金属联合毒性作用下对发光细菌的影响，发现金霉素与 Cu(Ⅱ) 存在拮抗作用，金霉素的抑制作用随 Cu(Ⅱ) 浓度的增加而减小。也有研究发现 Zn^{2+} 浓度在 0～50mg/L 范围内时，对氨苄青霉素、头孢霉素、庆大霉素和新霉素的影响不大，始终表现为耐药。当 Zn^{2+} 浓度增至 75mg/L 时，青霉素钠、链霉素及磺胺噻唑周围的细菌已不再生长，说明该浓度的 Zn^{2+} 对菌株 STZ-2 的青霉素钠、链霉素及磺胺噻唑抗性有抑制作用，即 Zn^{2+} 与青霉素钠、链霉素及磺胺噻唑之间表现为协同杀菌；仅有氨苄青霉素、头孢霉素、庆大霉素和新霉素抗生素试纸周围表现为长菌圈。这说明该浓度的 Zn^{2+} 对菌株 STZ-2 已基本完全抑制，而氨苄青霉素、头孢霉素、庆大霉素和新霉素抗生素却减轻了 75mg/L 的 Zn^{2+} 浓度的毒性。推测是 Zn^{2+} 与抗生素产生拮抗作用，影响了抗生素的抑菌作用，也可能是菌种在外界压力的作用下，发生抗性基因分子水平上的变化，导致抗性增强，具体机理需要更深层次的研究。

28. 稀土矿渣有哪些来源？产生哪些危害？

答：稀土矿渣的来源：稀土矿物中或多或少均含有放射性物质，如钍（Th）、镭（Ra）、铀（U）等，有的矿物还含有氟（F）。稀土在冶炼过程中常使用各种酸类和碱类物质，各种有害物质（Th、U、Ra、F、H_2SO_4、NaOH 等）以不同的形态转入废渣、废水和废气中，由于稀土矿物中含有放射性物质的钍（Th）、铀（U）和镭（Ra），而大部分放射性物质都进入废渣中，因此大部分废渣的放射强度超过国家卫生标准 7.4×10^4Bq/kg，属于放射性废渣。

稀土矿渣产生的危害：a. 大部分稀土厂家采用建坝堆放废渣的方法，日积月累放射性废渣量不断增多和渗漏，对周边环境产生危害；b. 高温焙烧产生的放射性废渣虽然含有较高含量的钍和稀土，但几乎不溶解于酸碱，很难回收提取利用，只能集中堆放于专门的渣库中，污染的面积及严重程度越来越不容忽视，已使附近山地变成了不毛之地，人畜的健康已受到了很大程度危害；c. 处理稀土精矿1万吨，需上缴的超标排污费和储渣费约160万元，企业负担大，影响了经济效益。

目前针对废渣的回收利用研究主要有回收提取废渣中的稀土，利用废渣生产陶瓷、建筑材料和用于污水治理几个方面。

三、土壤农药污染

29. 残留农药对人体会产生怎样的影响？

答： 食品安全国家标准《食品中农药最大残留限量》（GB 2763—2014）中有对各农药在不同品种中的浓度限值，超过限值即超标。

农药的使用会随着病虫的抗性的加强，毒性也会越来越强，但对人体的危害不会越来越大。毒性越来越大只是对病虫来说的，而不是对人，当然也会对人有一定的影响。同时农药技术的发展越来越快，对于病虫的伤害也越来越大，更能针对性地将病虫杀死。只有农药残留量到一定程度或者长时间的接触时才会对人造成伤害，所以对人体的危害不是越来越大。

30. 残留农药的浓度到什么程度可使人中毒？

答： 农药残留超标对人体有一定的危害，不同农药有不同的剂量，而且人因农药中毒也有可能与农药的接触时间有关系，即使是低剂量的农药长时间接触也会影响人的身体健康，同时成人和儿童对于残留农药的承受能力也是不同的，成人较儿童身体素质更好，承受能力更强。农药主要由三条途径进入人体内：一是偶然大量接触，如误食；二是长期接触一定量的农药，如农药厂的工人、周围居民和使用农药的农民；三是日常生活接触环境和食品、化妆品中的残留农药。后者是大量人群遭受农药污染的主要原因。环境中大量的残留农药可通过食物链经生物富集作用，最终进入人体。农药对人体的危害主要表现为三种形式：急性中毒、慢性危害和“三致”危害。

农药经口、呼吸道或接触而大量进入人体内，在短时间内表现出的急性病理反应为急性中毒。急性中毒往往导致神经麻痹乃至死亡。农药中毒轻者表现为头痛、头昏、恶心、倦怠、腹痛等，重者出现痉挛、呼吸困难、昏迷、大小便失禁，甚至死亡。人体摄入的硝酸盐有81.2%来自受污染的蔬菜，而硝酸盐是国内外公认的三大致癌物亚硝胺的前体物；城市垃圾、污水和化学磷肥中的汞、砷、铅、镉等重金属元素是神经系统、呼吸系统、排泄系统重要的致癌因子；有机氯农药在人体脂肪中蓄积，诱导肝酶偏高，是肝硬化肿大原因之一；习惯性头痛、头晕、乏力、多汗、抑郁、记忆力减退、脱发、体弱等均是有毒蔬菜的隐性作用，是引发各种癌症等疾病的预兆。长期食用受污染蔬菜，是导致癌症、动脉硬化、心血管病、胎儿畸形、死胎、早夭、早衰等疾病的重要原因。绝大多数人食用有害蔬菜后并不马上表现出症状，毒物在人体中富集，时间长了便会酿成严重后果。一个值得注意的倾向——近年来癌症的发病率越来越高且日趋年轻化，这很大程度上与食用受污染蔬菜有关。

长期接触或食用含有农药残留的食品，可使农药在体内不断蓄积，对人体健康构成潜在威胁，即慢性中毒，可影响神经系统，破坏肝脏功能，造成生理障碍，影响生殖系统，产生畸形怪胎，导致癌症。三类主要农药的潜在危害：a. 有机磷类农药，作为神经毒物，会引起神经功能紊乱、震颤、精神错乱、语言失常等表现；b. 拟除虫菊脂类农药，一般毒性较大，有蓄集性，中毒表现症状为神经系统症状和皮肤刺激症状；c. 六六六、DDT 等有机氯农药，随食物进入人体后，主要蓄积于脂肪中，其次为肝、肾、脾、脑中。通过人乳传给胎儿引发下一代病变。农药在人体内不断积累，短时间内虽不会使人体出现明显急性中毒症状，但可产生慢性危害，如有机磷和氨基甲酸酯类农药可抑制胆碱酯酶活性，破坏神经系统的正常功能。

31. 怎么衡量农药的毒性？

答：农药是防治农林花卉作物病、虫、鼠、草和其他有害生物的化学制剂，使用极为广泛。所有农药对人、畜、禽、鱼和其他养殖动物都是有毒害的。使用不当，常常引起中毒甚至死亡。不同的农药，由于分子结构组成的不同，因而其毒性大小、药性强弱和残效期也就各不相同。

农药对人畜的毒性可分为急性毒性和慢性毒性。所谓急性毒性，是指一次口服、皮肤接触或通过呼吸道吸入等途径，接受了一定剂量的农药，在短时间内能引起急性病理反应的毒性，如有机磷剧毒农药 1605、甲胺磷等均可引起急性中毒。慢性毒性是指低于急性中毒剂量的农药，被长时间连续使用、接触或吸入而进入人畜体内，引起慢性病理反应，如化学性质稳定的有机氯高残留农药六六六、DDT 等。

衡量农药毒性的大小，通常是以致死量或致死浓度作为指标的。致死量是指人畜吸入农药后中毒死亡时的数量，一般是以每千克体重所吸收农药的毫克数，用 mg/kg 或 mg/L 表示。急性程度的指标是以致死中量或致死中浓度来表示的。致死中量也称半数致死量，符号是 LD_{50}，一般以小白鼠或大白鼠做试验来测定农药的致死中量，其计量单位是每千克体重毫克。“mg” 表示使用农药的剂量单位，“kg 体重” 指被试验的动物体重，体重越大中毒死亡所需的药量就越大，其含义是每 1kg 体重动物中毒致死的药量。中毒死亡所需农药剂量越小，其毒性越大；反之所需农药剂量越大，其毒性越小。如 1605 LD_{50} 为 6mg/kg 体重，甲基 1605 LD_{50} 为 15mg/kg 体重，这就表示 1605 的毒性比甲基 1605 要大。甲胺磷 LD_{50} 为 18.9～21mg/kg 体重，敌杀死 LD_{50} 为 128.5～138.7mg/kg 体重，说明甲胺磷毒性比敌杀死大。

根据农药致死中量（LD_{50}）的多少可将农药的毒性分为以下五级：

1）剧毒农药　致死中量为 1～50mg/kg 体重，如久效磷、磷胺、甲胺磷、苏化 203、3911 等。

2）高毒农药　致死中量为 51～100mg/kg 体重，如呋喃丹、氟乙酰胺、氰化物、401、磷化锌、磷化铝、砒霜等。

3）中毒农药　致死中量为 101～500mg/kg 体重，如乐果、叶蝉散、速灭威、敌克松、402、菊酯类农药等。

4）低毒农药　致死中量为 501～5000mg/kg 体重，如敌百虫、杀虫双、马拉硫磷、辛硫磷、乙酰甲胺磷、二甲四氯、丁草胺、草甘膦、托布津、氟乐灵、苯达松、阿特拉津等。

5）微毒农药　致死中量为大于 5000mg/kg 体重，如多菌灵、百菌清、乙磷铝、代森锌、灭菌丹、西玛津等。

第三节　土壤生物修复技术

一、植物修复技术

32. 植物修复的原理是什么？

答：植物修复是利用植物与环境之间的相互作用，对环境污染物进行吸附、吸收、转移、降解、固定、挥发等，最终使土壤环境得到恢复。

一株植物常常被喻为一个太阳能生物泵，它通过植物根系吸收水分，根系累积及吸收的污染物最终会被降解或转移。根据植物在修复过程中表现出来的功能和特点，可将植物修复分为以下几种基本类型：植物挥发，部分挥发性有机物（如三氯乙烷等）被摄入植物体内，并通过蒸腾作用释放到环境中；植物降解，植物从土壤中吸取有机污染物到体内后，然后通过木质化作用将其储存在新的植物组织中，或者将其转化为无毒的中间产物储存在植物组织中；植物固定，植物通过调节 pH 值、土壤通气性以及土壤的氧化-还原条件固定有机污染物，以减少其毒害作用；植物过滤，疏水性有机化合物被摄入植物体内或被植物根系吸附，可以降低污染物的生物可利用性；根际降解，利用植物根际菌根真菌、细菌等微生物来降解有机污染物，降低其生物毒性，从而达到有机污染土壤修复的目的。图 3-2 是根据以上机理做出的植物修复有机污染物的方式图。

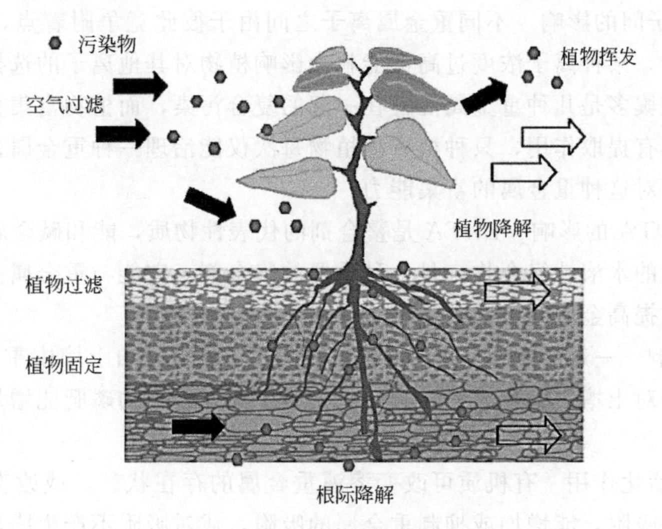

图 3-2　植物修复有机污染物的方式

33. 植物修复土壤重金属污染的主要机理是什么？

答：植物修复一般是指利用绿色植物的生命代谢活动来转移、转换或固定土壤环境中的重金属元素，使其有效态含量减少或生物毒性降低，从而达到污染环境净化或部分恢复的过程。

植物修复技术主要机理为：

① 植物固定。利用植物根系中发生的一系列反应例如氧化还原、重金属螯合等，将有毒有害的重金属固定在植物根部，达到降低重金属在土壤中迁移性的目的。

② 植物提取。利用超富集植物的根系富集土壤中的重金属物质并将其转移到地上部分，再对地上部分进行收割和后续处理，达到减少或者去除土壤中重金属的目的。

③ 植物挥发。利用植物根系分泌物将土壤中的重金属吸收进植物体内，再将重金属以气态的形式挥发到大气中，达到减少土壤中重金属含量的目的。此方法会对空气造成二次污染，对修复植物有限制，且空气中的金属气态物质可能会再回到土壤当中。因此该方法的应用具有一定的局限性和风险性，效率不高。

34. 植物富集重金属的影响因素主要有哪些？

答：1）pH 值的影响　酸碱度对植物的生长及其对重金属元素的吸附均有很大的影响。一般情况下，pH 值降低，土壤溶液电导值增大，离子强度增强，植物从土壤中吸收重金属的能力就会增强。此特性同样适用于水体中。

2）温度的影响　温度是主要的生态因子，它直接影响植物对重金属的富集能力。根据有关研究，几种常见的富集等温线表明，植物对重金属的富集量总是随着温度的升高而呈上升趋势，直到达到一定的温度后其不随温度的变化而变化。温度升高，增大了分子的移动速率以及植物自身酶的活性，加快了体系中分子离子的扩散。同时，适宜的光照和温度也会影响藻细胞的活性，增加植物对重金属的富集量。

3）光照的影响　光照不仅影响植物的光合作用，它对植物自身代谢、酶的活性、金属离子的运动等都有不同程度的影响。

4）重金属离子间的影响　不同重金属离子之间由于彼此竞争附着点，影响了植物对金属离子的富集能力，某种离子浓度过高可能就会影响植物对其他离子的选择性吸收。一般而言，重金属污染土壤多是几种重金属混合在一起的复合污染，而植物富集重金属时往往只对其中一种重金属具有提取作用，只种植一种植物每次仅能治理一种重金属，同时其他金属的含量也会影响植物对这种重金属的富集能力。

5）络合剂 EDTA 的影响　EDTA 是螯合剂的代表性物质，能和碱金属、稀土元素和过渡金属等形成稳定的水溶性络合物，是一种重要的络合剂。它能与重金属盐反应，生成可溶性的金属络合物，提高金属离子在土壤中的迁移速率。

6）氮磷的影响　一般情况下，增加含氮有机物的量能增加土壤中重金属的植物活性，有利于超富集植物对土壤中重金属的吸收；在土壤中施加合理的磷肥能增加超富集植物对土壤中重金属的富集。

7）有机质的活化作用　有机质可改变溶液重金属的存在状态，或改变吸附体的表面性质而影响重金属的吸附，能增加或抑制重金属的吸附，或对吸附不产生明显作用。

8）根际环境　根际是土壤或沉积物中受植物根系及其生长环境影响的微域环境。根际环境由于根分泌物作用的存在，致使其养分状况、微生物等有异于土体，因而重金属在根际环境中有其特殊的化学行为，重金属在根际和非根际中的含量和分布也出现差异。一般认为，根际活动能活化根际中的重金属，促进其生物有效性。

35. 超富集植物在土壤重金属修复中的优势是什么？

答：超累积植物对消除土壤污染有十分重要的实用价值，具有很大的潜力。目前虽然重金属污染土壤的植物修复技术还处于试验与示范阶段，但已显露出常规方法所不及甚至没有的技术和经济上的双重优势。具体表现在：a. 超累积植物的生态修复在工程中可以原位实施，从而减少了对土壤性质的破坏和对周围生态环境的影响，可谓是真正意义上的“绿色修复技术”；b. 该技术是一种成本较低的技术，据估算，生态修复比其它传统方法可减少50％～80％的费用；c. 该技术无需专门的设备和专业操作人员，因而工程上易于推广和实施；d. 超累积植物的生态修复符合人类可持续发展的目标，既不向系统中加入化学物质，也不会导致二次污染，并将以其潜在的巨大优势得到社会的广泛关注和期待。

36. 植物修复多氯联苯（PCBs）的机理是什么？

答：植物修复有机污染物的机理主要是利用植物对有机污染物的吸收及根际圈较强的降解、固化作用，而植物修复 PCBs 的机理相对来说比较复杂，它是多种机制协同作用的结果，但一般来讲，植物修复 PCBs 有 3 种机制：直接吸收 PCBs，并将其转化为非植物毒性的代谢物累积于植物组织中；释放促进 PCBs 降解的生物化学反应的酶；植物与根际微生物的联合作用。

（1）PCBs 的直接吸收、转化和代谢

绿色植物对有机污染物的直接吸收、转化和代谢是通过植物自身的新陈代谢活动来实现的。植物代谢有毒有机污染物的方式与微生物不同，通常是化合物首先被激活，然后共轭，最后被储存于植物组织中，由于 PCBs 存在多种同系物，使得植物代谢 PCBs 的情形变得更为复杂。PCBs 被植物吸收后，植物细胞代谢 PCBs 至少可以通过以下 5 种可能的途径：a. 可以矿化为 CO_2 和 H_2O；b. 部分被代谢，代谢物能作为植物细胞的组成成分；c. 不完全的代谢产物可以形成其它的产物被植物利用；d. 糖基化合物被储存在液泡中；e. 被植物细胞色素酶（P-450）羟基化后，产物被排到细胞外空间。

（2）酶的作用

植物中的常规酶系能增加污染物的可溶解性，从而提高它们的生物可利用性。植物释放到环境中的酶具有显著的催化作用，可直接降解有机污染物。植物对 PCBs 的转化是通过植物体内的各种过氧化物酶、羟化酶以及糖化酶来进行的。例如有研究表明，从植物中分离出的过氧化物酶能代谢 PCBs，代谢产物有氯代羟基联苯、羟基联苯、氯代三联苯、氯苯和苯甲酸等。

（3）植物与根际微生物的联合作用

根际是受植物根系影响的根-土界面的一个区域，是植物-土壤-微生物与其环境条件相互作用的场所。这个区域与无根系土体的区别在于根系的影响，由于植物根系的代谢活动，提供了适宜于环境微生物的微生态环境。一方面，植物根系巨大的表面积为微生物提供了寄宿之处，使植物根际微生物的数量明显多于周围土壤；另一方面，植物向根系输送氧气和释放根系分泌物（一般包括糖类、氨基酸、有机酸、脂肪酸、甾醇、生长素、核苷酸、黄烷酮及其他化合物），其中有些分泌物（如酚类、有机酸、醇、氮）可以为那些能降解有机污染物的微生物的生长和长期存活提供充足的碳源和氮源，因而能促进微生物的生长、繁殖和代谢活动。植物根系分泌物中的某些化合物，如类黄酮、酚类和萜烯等能以联苯一样的方式，作为微生物的生长基质，促进微生物对 PCBs 的降解。

37. 植物修复与微生物修复的原理是什么？各自的优缺点是什么？

答：生物修复包括植物修复和微生物修复。是指利用特定的生物吸收、转化、清除或降解环境污染物，实现环境净化、生态效应恢复的生物措施。生物修复技术与其他治理重金属污染的技术相比，具有成本低、操作简单易行、无二次污染、处理效果好且能大面积推广应用等优点，具有良好的社会、生态综合效益，具有广阔的应用前景。

（1）植物修复在技术和经济上都优于传统的物理或化学方法，是解决重金属污染的具广阔应用前景的方法。植物修复不仅能回收金属所具有的潜在经济价值又能使土壤保持结构和微生物的活性，因此是一种廉价有效又具吸引力的原位绿色技术。但是目前所发现的超富集植物一般生长缓慢、生物量低、植株矮小，生长时间长，不利于机械化作业，因此需要一些强化植物修复技术来增强植物修复效果。

（2）微生物修复技术主要用于被有机污染物、重金属、金属复合试剂、放射性物质等污染的土壤治理。微生物修复是通过转化和固定技术改变重金属在土壤中的存在形态，降低其毒性、移动性以及生物可利用性。但是微生物修复易受各种环境因素的影响，温度、氧气、水分、pH 值等均可影响微生物活性从而影响修复效果。每种微生物菌株对影响生长和代谢的生物因子都有一定的耐受范围。微生物修复在具体实践中也有一定的局限性：a. 如某些微生物只能降解特定类型污染物；b. 有些情况下不能将污染物全部去除；c. 微生物/酶制剂可能带来次生污染问题并对自然生态过程产生一定影响；d. 加入修复现场环境中的微生物可能由于竞争或难以适应环境而导致作用结果与实验结果有较大出入。微生物修复土壤的能力有限，它只能修复小范围的污染土壤。

正是由于植物修复及微生物修复各有优缺点，因此未来的研究方向主要集中于植物-微生物联合修复技术。

38. 各个物种对重金属的摄入量应该有一个度，为什么有的植物会对某种重金属产生耐性？

答：植物体内可以提取出一种重金属络合肽，这是一种性质不同于动物体内的金属硫蛋白的物质，将其命名为植物螯合肽 PC。重金属-PC 螯合物的生成过程为：重金属离子经细胞壁和细胞膜，进入细胞质并激活 PC 合成酶，酶以谷胱甘肽为底物酶促合成 PC 并与重金属螯合；最后，重金属-PC 螯合物在 ATP 的作用下通过液泡膜转运至液泡中。液泡中重金属离子在酸性条件下，与有机酸结合并开始积累，使植物对某种金属表现出耐性。植物对重金属产生抗性与它能把细胞质中的金属离子有效运送到液泡中去有关。

39. 植物挥发修复技术会不会造成空气污染？

答：植物挥发修复技术只限于挥发性重金属的修复，主要就是研究汞和硒，而硒在修复过程中由化合态硒转化为基本无毒的二甲基硒挥发掉，对大气几乎没有什么影响；而汞单质排入大气是否产生环境风险还有待进一步研究。

40. 三种土壤重金属修复机理的优缺点及针对性？

答：① 植物提取技术是研究最为广泛的一种技术，它对几乎所有的重金属都可以修复，应用范围广，且修复效果较好，能够彻底去除土壤中的重金属；

② 植物挥发技术只对挥发性重金属（汞和硒）的吸收有很大作用，但其挥发性是否对大气产生污染仍在研究当中；

③ 植物稳定技术只是降低了重金属的生物利用性或活性，使其暂时被固定，而并未将其从土壤中彻底去除，这是一项正在发展中的技术，在矿区大量使用，最有应用前景的是铅和铬污染。

41. 植物生长周期与最大吸收量的关系？

答： 不同的植物生长周期不同，对重金属富集的周期也不同。而植物处于生长最旺盛的时期是对重金属吸收量最大的时候。植物在最旺盛的时期，根系最发达、枝叶最繁茂，因此可以充分利用根系对重金属的吸收作用，进而运输到可收割的枝叶部分，达到富集重金属最大量。枝叶越繁茂富集的重金属量越大。当植物成熟后，应该立即收割植物，防止落叶中的重金属造成二次污染。

42. 植物修复有一些限制，有没有更好的方法吸附重金属？

答： 植物修复法以其潜在的高效、廉价和环境友好性获得了广泛性应用，而鉴于单纯使用植物修复的局限性，近些年研究将分子生物学、基因工程技术以及螯合技术等来强化植物修复，培养出高效、超富集的植物，使植物修复技术得到广泛应用，未来的研究方向是将传统的修复方法及微生物修复技术与植物修复技术有机结合，更好地对重金属进行修复和去除。

43. 诱导植物对其他土著植物的生存有没有影响？

答： 除了一般植物间的生存竞争之外，诱导植物在对 N 和 P 的吸收上会对其他的植物产生轻微的干扰，且普通的植物对重金属的吸收量很低。超富集植物对土壤中的重金属进行了修复，反而使得其他不耐毒的植物免受重金属的毒害作用，有一定的促进作用。另外利用诱导超富集植物处理重金属主要是将这些植物大规模种植在受重金属污染的地区，螯合诱导这些植物增强对重金属的富集。

44. 如何判定某植物是超富集植物？

答： 一般把植物叶片或地上部（干重）中含 Cd 达到 100mg/kg，含 Co、Cu、Ni、Pb 达到 1000mg/kg，Mn、Zn 达到 10000mg/kg 以上的植物称之为超富集植物。判定某植物是否为超富集植物还要满足以下 3 个条件：a. 植物地上部富集重金属的量要达到一定临界标准，在较低污染水平下也有较高的吸收速率；b. $S/R>1$（S 和 R 分别代表植物地上部分与地下部分重金属的含量），而一般的植物 $S/R<0.1$；c. 与一般植物相比，超富集植物能够忍耐较高浓度重金属毒害，一般植物则会发生毒害甚至死亡。

45. 介绍一下超富集植物修复砷的方法。

答： 近年来，植物修复通常被认为是一种有效且低消耗的清洁土壤的方法。与传统治理土壤重金属污染的方法相比，植物修复技术具有环境友好、成本低、不破坏土壤生态环境等优点。

查阅文献发现，砷虽然不是植物生长的必需元素，但是适当的砷含量可以促进植物的生长。尤其是针对土壤中的无机砷，现如今已经发现具有砷高富集作用的植物或已经开始进行砷污染地区植物修复的主要物种有：蜈蚣草、粉叶蕨、大叶井口边草等；而有些植物基本上不受砷污染的影响，表现在体内砷含量不高，生物量也没有明显的下降，比如芦竹、斑茅和粽叶芦等。超富集植物对于砷的净化机理大概可以做以下说明：As首先在根部转变成As(Ⅴ)，接着在细胞质中还原成As(Ⅲ)，As(Ⅲ)再与植物体内的络合剂螯合以避免As(Ⅲ)的细胞毒性，络合物最终进入液泡储存起来。现如今常用来做生物修复砷污染土壤的植株是蜈蚣草（或称蜈蚣蕨），它对于As有很强的耐性和富集能力，并且适应于各种条件。蜈蚣草将土壤中的砷吸收和贮存到多细胞结构毛状体中，达到对砷的区隔化，使其不再对母体植株产生毒害作用。另外，土壤中其他营养物质的存在会对蜈蚣草的富集产生影响，这一点讨论较多的是P的存在。查阅参考文献得知，富含磷肥的土壤可能会帮助蜈蚣草吸收As。这是因为砷可能会与磷酸根离子发生离子交换吸附，使土壤中的砷释放出来供植物吸收；另一方面，磷是蜈蚣草的营养物质，可以促进蜈蚣草的生长。但是目前有研究表明蜈蚣草对于砷的去除大多是改变了砷的形态变化，如将无机态的砷转化为有机态的砷，这样有可能产生新的生态风险；P对于As的富集也不是越多越好，过多反而会出现磷酸盐与砷酸盐在植物根部的竞争吸附，而且会阻碍砷在植物体内的运输，这对于大量施用磷肥去除As是一个值得三思的问题。

我国现如今植物修复技术的一个重点是如何处理已富集重金属的植物。对于已经富集过砷的植物而言，其本身是一种不能回归食物链的废弃物，应当按照对于固体废弃物的处置方法处理。常用的手段是焚烧、堆肥、压缩填埋、高温分解等。焚烧后，植物体中有机物质分解，主要以飞灰形式放出砷，或者是和炉渣结合在一起，对于这部分砷如何处置仍然是一个问题。堆肥法不能从根本上去除其中的重金属，如果将堆肥处理过的肥料再次施用于农田，则会发生砷的再次循环。压缩填埋法要考虑到渗滤液很有可能会出现砷的浸出；高温分解的方法利用高温使植物瞬间解体，虽然在密闭的条件下不会释放有害气体但是砷会和炉渣焦炭混合在一起，产生新的危险废物。综上几种处置方法，都是极力满足废物的“减量化”，但是最后也没有摆脱砷危险废物的本质，所以将植物中已被高度富集的砷回收是需要被考虑的资源化方法。现已有研究利用酸浸提植物的方法提取回收砷，其富集的砷可制成医药（砒霜用于防腐剂或治疗白血病）。

对于近年来土壤修复和植物修复一直是个热点，对于砷污染土地的修复研究已经有许多进展，利用微生物/低等生物（蚯蚓）与蜈蚣草/高富集菌株协同作用或优化菌株对于砷富集过程的营养条件（研究其它元素对于砷富集的影响）等不胜枚举，但是归根结底利用植物修复还是一个长期的缓慢的过程，必要的时候可以借助物理和化学的方法。但是从源头控制避免砷对于土壤的污染是最重要的，最应该铭记于心。

植物修复未来的发展方向会是利用基因工程的手段培育高产高效且可富集多种重金属的植株，可以克服天然砷超富集植物生长慢、生物量低和适应环境能力差等不足；另外，研究可以有效回收富集植物中重金属的技术也是发展的方向。

46. 超富集植物大多数是野生的，那么在大规模的应用时有没有限制？

答：大部分超积累植物是野生的，植株矮小，生物量低，且对生物气候条件的要求也比较严格，因此在实际应用上受到一定的限制。通过传统技术如物理化学法或新兴技术如基因工程技术与超积累植物修复的联合作用来提高植物修复的实用性，这样使植物修复技术可以大规模应用，而且国内外也有了一定的工程应用。

47. 怎样保证实验所用的植物在实验开始前体内没有重金属的积累?

答：实验均采用植物幼苗，植物幼苗是在实验室里经过处理的土壤培育出的，若要求更严格，则选择人工培植营养液进行水培。选取长势基本相同的幼苗进行实验，这样来保证实验前的植物体内几乎不含重金属，不影响实验的效果。

48. 完成修复土壤任务的超累积植物如何处理?

答：利用超累积植物提炼和回收利用重金属时，吸收量有限，从经济学角度考虑目前不太合算。所以，修复植物每年被割掉的地上部分和几年后完成修复土壤任务的整株植物，处理的方法都一样，就是焚烧，再作为危险废弃物集中填埋。焚烧后，重金属的比例在允许的范围内。填埋后，它释放的那部分重金属的含量通过再释放已经在环境背景值的水平以下，而在背景值水平以下的重金属，一般不会显示出它的毒性。就像一般的农业土壤，均存在重金属元素，它们之所以不产生危害是因为处于背景值水平。

49. 有哪些植物对重金属具有强的吸附性?

答：据研究发现，凤尾蕨类植物对砷具有很强的富集能力，芥菜对硒的吸附能力强，遏蓝菜、芥蓝、甘蓝菜、杨梅中铅的含量较高，燕麦和大麦对 Cu、Zn、Cd 的吸收能力强。

50. 根际是怎样强化微生物对有机物的矿化作用的?

答：根际是受植物根系活动影响的根-土界面的一个微区，也是植物-土壤-微生物与其环境条件相互作用的场所。根际中微生物-植物的相互作用往往是互惠的：植物根表皮细胞的脱落、植物渗出物等为根际微生物提供了丰富的营养来源；植物根系巨大的表面积也是微生物的寄宿之处，也会促进植物生长和根系分泌物释放。Walton 等认为当化学胁迫作用于土壤中，植物的反应可能会调整根际中微生物群落的组成或活性，增加微生物群落对有毒化合物的降解转化率。

51. 有哪些处理土壤重金属的螯合剂? 作用机理是什么?

答：螯合剂是指分子骨架上带有螯合功能基团——含有多个配位原子的功能基团的高分子化合物，对多种重金属离子具有选择性螯合能力，能与某种单一金属离子形成杂环复合物。常用于重金属污染土壤植物修复的螯合剂主要有天然低分子量有机酸（NLMWOAs）和多羧基氨基酸类螯合剂（APCAs）两大类。

NLMWOAs，如柠檬酸、草酸、酒石酸、苹果酸、丙二酸等，能促进金属离子的解析吸附作用，通过与金属离子形成可溶性的络合物来增加金属离子的活性和移动性。APCAs 因为活化能力强被广泛应用，它是含有 N 和 O 原子的有机化合物，几乎能和所有的金属离子形成稳定的配合物，主要分为天然多羧基氨基酸和人工合成多羧基氨基酸。天然的多羧基氨基酸类螯合剂主要有 *S*,*S*-乙二胺二琥珀酸（*S*,*S*-EDDS）和二乙基三乙酸（NTA）等，人工合成的主要有乙二胺四乙酸（EDTA）、二乙基三胺五乙酸（DTPA）、乙二胺二乙酸（EDDHA）、环乙烷二胺四乙酸（CDTA）、乙二醇双四乙酸（EGTA）等，其中数 EDTA 最为广泛。

不同金属在土壤中的生物有效性存在很大差异：Cd、Ni、Zn、As、Se 和 Cu 的生物有

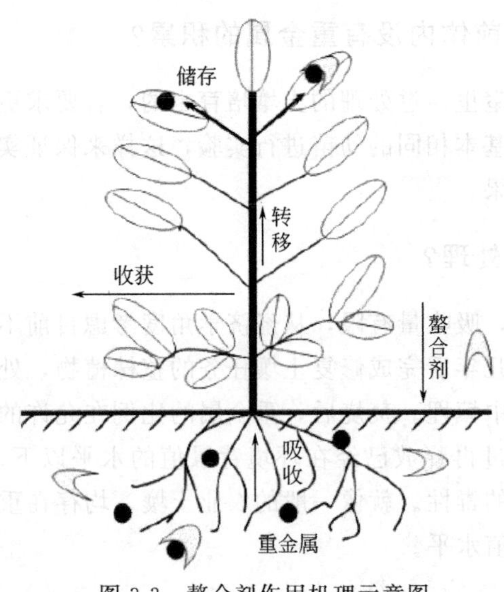

图 3-3 螯合剂作用机理示意图

效性相对较高，较易被植物吸收；Co、Mn 和 Fe 的生物有效性次之；Pb、Cr 和 U 的生物有效性极低，其很难被植物所吸收，目前也鲜有发现该类重金属的超富集植物。同一金属的生物有效性还与其在土壤中的赋存形态有关。

当螯合剂投加到土壤中后，其和土壤中的重金属发生螯合作用，能够形成水溶性的金属-螯合剂络合物，改变重金属在土壤中的赋存形态，提高重金属的活性，进而可以强化植物对目标金属的吸收。螯合剂的作用机理如图 3-3 所示，包括土壤和植物两方面的相互作用：土壤作用过程是指螯合剂进入土壤后，将重金属从土壤颗粒上解吸到土壤溶液中，而土壤溶液是土壤中矿质离子、重金属离子以及植物根系直接作用的介质，因而大大增加了植物对重金属吸收的可能性；植物作用过程包括了植物根系对土壤溶液中重金属的吸收以及重金属在植物体内的转移和储存。

52. 螯合剂有哪些使用方式？

答：对于一种螯合，不同的使用方法会导致不同的植物提取效率。在使技术最优化方面，螯合剂的使用是一种有效的探索性研究。研究表明，将螯合剂放置在植物根部深度的区域，而不是混合在整个土壤中，会使植物对痕量金属的积累量发生明显的提高。不同螯合剂的组合使用，同样可以很大程度地提高植物提取对金属的吸收效率。实际操作中常有如下几种方式。

1）金属和不同螯合剂的相互反应　在这个过程中，一种金属和一种螯合剂反应，它的溶解度由于另一种螯合剂的加入而提高。这样可以降低另一种金属在土壤中的溶解度与该金属的竞争力。有研究发现组合使用 EDTA 和 *S*,*S*-EDDS，会使植物提取铜（Cu）、铅（Pb）、锌（Zn）、镉（Cd）的效率与单独使用任一种螯合剂时相比达到一个更高的水平。

2）螯合剂-化学药品联用　加入某种化学药品，破坏植物根系的结构，从而推动金属和螯合剂复合物的直接吸收和运输。在个别的实验中发现，使用草甘膦破坏植物的新陈代谢，增强了痕量金属从根部向地上部分的运输，增加了铅在实验作物中的积累量。

3）螯合剂-菌根联合　施用螯合剂可以有效活化土壤中的重金属，但是如果土壤中重金属的浓度过高，则可能会抑制植物的生长，而已有研究表明丛枝菌根可以促进植物的生长，在一定程度上提高植物对重金属的耐性。螯合剂和丛枝菌根联合使用，可以结合两者的优势，在保证植物生长不受抑制的前提下，强化植物对重金属污染土壤的修复。菌根能一定程度上缓解螯合剂本身对植物生长的负面影响，促进植物对土壤重金属的吸收。

53. 使用螯合剂时，重金属转化为流动态用于降水量大的地区会不会通过渗流导致地下水污染？

答：螯合剂虽然可以增加金属离子在土壤溶液中的溶解度，提高重金属根际扩散能力使其更好地被植物根茎叶吸收，但是螯合剂的施用有可能通过地下渗流等途径给地下水带来污染，为了避免和降低由于施用螯合剂对环境的影响，也要适当地限制螯合剂的施用以及螯合剂种类的选择，同时还要注意其螯合时间。至于对于降水量大的地区利用螯合剂去除重金属过程造成的二次污染，有些是不可避免的。

54. 人工合成螯合剂和天然螯合剂有哪些特点?

答：① 人工合成多羧基氨基酸类螯合剂中EDTA应用最为广泛。EDTA能够与大部分主族及过渡金属离子螯合，形成4～6个杂环的复合物，但EDTA在土壤中吸附在土壤颗粒上，很难生物降解，存在的时间很长。EDTA对土壤重金属的作用效能具有普适性，除Pb、Cd之外，EDTA对Zn、Cu、Co、Ni等重金属也有较好的活化效果。研究表明EDTA对Pb的螯合提取效果最好，有研究者通过水培试验发现，经Pb和EDTA处理的印度芥菜，其地上部分能同时积累EDTA和Pb，且以Pb-EDTA的形式向上运输，植物体内EDTA和Pb的比例关系为1∶0.67。

虽然EDTA可以有效地促进植物提取修复，但是它带来的负面影响也越来越多。在促进植物吸收土壤中重金属的同时，因其不易被降解，容易导致场所重金属的淋洗，向周围和地下水转移，产生安全隐患。而且投加模式的不当会增大对植物及土壤微生物的毒害，影响它们的生存。

② 在螯合诱导强化重金属污染土壤植物修复效果的同时，必须考虑尽量减少螯合剂本身对土壤及地下水等的环境风险。因此，可生物降解螯合剂逐渐受到有关学者的重视，近年来研究较多的天然多羧基氨基酸类螯合剂主要有EDDS和NTA等。

NTA是另一种可生物降解的天然多羧基氨基酸类螯合剂，它的降解速率很快，在土壤中的半衰期为3～7d，能在厌氧和低温条件下快速降解。在过去的半个世纪，NTA主要被作为除垢剂使用，尽管NTA的螯合能力比EDTA要差，但与柠檬酸或草酸等低分子有机酸相比，仍然是一种较强的螯合剂，有关研究表明，NTA能够有效强化植物修复重金属污染土壤的效果。

EDDS是目前发现的第一个生物源APCAs类螯合剂，其是EDTA的结构异构体，最早是从东方拟无枝酸菌（*Amycolatopsis orientalis*）的培养液中分离出来的，其在土壤中的半衰期为3.8～7.5d。EDDS与NTA最大的区别在于其同时具有生物毒性小、可生物降解性高和金属络合能力高的特点，因此被认为是EDTA的最佳替代品。EDDS能够同过渡金属、放射性核素等螯合形成稳定的螯合体，具有极强的螯合能力。

二、微生物修复技术

55. 微生物成为植物修复土壤的影响因素的原因是什么?

答：植物修复包括植物提取、植物降解和植物稳定化三种形式。其中，植物提取是利用植物吸收积累污染物，待收获后可进行热处理、微生物处理和化学处理；植物降解是利用植物及相关微生物将污染物转化为无毒物质。以上两种植物修复形式都涉及了微生物的作用，所以微生物是植物修复的主要影响因素之一。

56. 微生物处理方法具有低成本、高效率及二次污染易控等特点，其中“二次污染易控”如何理解?

答：微生物可以通过氧化还原作用将多价的金属离子氧化，降低重金属离子水溶性、毒性；还可以通过溶剂和沉淀作用将土壤中的重金属离子与微生物新陈代新中可分泌的多种物质反应生成沉淀而固定。这些过程减少了重金属的流动性和毒性，并且相对安全可控。

57. 石油污染土壤的生物修复有没有具体的工程实例？

答：因为生物修复是一项比较新型的技术，到目前为止，虽然我国还仅限于理论研究和小型实验阶段，实用规模的处理工程尚未见报道，但在美国和欧洲，污染土壤生物修复技术已走出实验室，并在一些受有毒有害有机污染物污染的土壤修复计划中得到应用。

美国环保局1989年在阿拉斯加威廉王子海湾滩原油污染生物清洁项目中采用土地耕作法，并取得了一定的成效；美国东南部一家木材厂使用生物反应器法处理杂酚油污染土壤；美国空军基地采用生物通风法处理航空机油污染的土壤等。

58. 哪些微生物能处理砷？

答：1）铁氧化菌　研究发现对铁有氧化作用的铁氧化菌可以氧化水中或淹水土壤中的二价铁，生成铁氢氧化物，有效地吸附土壤/水中的砷。另外，铁氧化菌氧化二价铁生成三价铁离子，间接地促进了As(Ⅲ) 向 As(Ⅴ) 的转化。这其实是利用微生物对砷的氧化作用。

2）与砷有关的菌　无机砷化物在微生物的作用下（也可能是共代谢作用下），可以被转化为毒性较低的一甲基胂酸（盐）、二甲基胂酸和三甲基胂酸以及无毒的芳香族化合物胂胆碱（AsC）和胂甜菜碱（AsB），而甲基胂酸可以在某些微生物的作用下将甲基取代 $AsO(OH)_3$ 中的羟基而形成砷化氢的甲基化衍生物 MMA、DMA 和 TMA。甲基砷的沸点较低，很容易挥发进入大气中。所以为防止大气的有毒有害物质对人体造成更大伤害，常采用覆膜的方法回收甲基胂。

3）与硫有关的菌　硫酸盐还原菌可以还原硫酸根离子形成硫化物，与砷生成硫化砷沉淀，大大降低了砷的毒性，这一过程也叫作生物成矿。

59. 微生物是如何加入土壤当中的？

答：植物-微生物联合修复属于原位修复。若微生物是土著菌，适宜条件就地培养，直接向污染土壤投放 N、P 等营养物质和供氧，促进土壤中土著微生物或特异功能微生物的代谢活性，降解污染物。包括以下几种方式：

1）生物增强法　直接向遭受污染的土壤接入外源的污染物降解菌，同时提供这些微生物生长所需的营养（常量和微量元素），通过微生物对污染物的降解和代谢达到去除污染物的目的。

2）生物培养法　定期向被污染的土壤中加入营养和氧或作为微生物氧化的电子受体，以满足污染环境中已经存在的降解菌的需要，提高土著微生物的代谢活性，将污染物彻底转化为 CO_2 和 H_2O。

3）生物通气法　生物通气法是一种强迫氧化的生物降解方法，已成功地应用在各种土壤的生物修复中，是基于改变生物降解的环境条件而设计的。在受污染的土壤中至少打2口井，安装鼓风机和真空泵，将新鲜空气强行排入土壤中，然后再抽出，土壤中的挥发性毒物也随之除去。在通入的空气中，有时加入一定量的 NH_3，以便为土壤中的降解菌提供氮素营养；有时也可将营养物质与水经通道分批供给土壤，从而达到降解污染物的作用。

4）生物注射法　亦称空气注射法，即将空气加压后注射到污染地下水的下部，气流可加速地下水和土壤中有机物的挥发和降解。这种方法扩大了生物降解的面积，使饱和带和不饱和带的土著菌发挥作用。

5）生物冲淋法　亦称液体供给系统，将含氧和营养物的水补充到亚表层，促进土壤和地下水中污染物的生物降解。生物冲淋法大多在各种石油烃类污染的治理中使用，改进后也能用于处理氯代脂肪烃降解，如加入甲烷和氧可促进以甲烷为营养的菌降解三氯乙烯和少量的氯乙烯。

6）土壤耕作法　是对污染土壤进行耕犁处理，在处理过程中结合施肥、灌溉等措施，尽可能为微生物提供一个良好的生存环境，使其有充分的营养、适宜的水分和 pH 值，从而使微生物的代谢活性增强，保证污染物的降解在土壤的各个层次都能发生。土壤耕作法适用于不饱和层土壤的处理，费用较低，处理时间从 2 个月至 6 个月不等，夏季的处理效率很高，而秋、冬两季因为土壤温度下降，处理效率较低。

7）生物堆放　生物堆放是土地耕作法的一种改进形式。生物堆通常包括一个打了孔的暗渠用来收集沥出物和回收生物堆中的空气。一个真空泵和暗渠连接在一起给生物堆充气，促进微生物生长。生物堆也包括一个喷灌和滴灌系统来最优化土壤湿度和处理效率。和土地耕作法不同的是生物堆释放的易挥发气体更少，因为周围的空气传送到生物堆中，回收的气体已被处理。

8）土壤堆肥法　土壤堆肥法是一种和土地耕作法相似的生物修复过程。该法加入土壤调理剂以提供微生物生长和用来生物降解所需的能量。这个过程对去除含高浓度不稳定固体的有机复合物是最有效的。加入的物质或调理剂可以是干草、树叶、麦秸、锯屑或肥料。加入土壤调理剂是为了提高土壤的渗透性，增加氧的传输，改善土壤质地以及为快速建立一个大的微生物种群提供能源。微生物既消耗土壤调理剂又消耗 PAHs。和土地耕作法或生物堆放技术相比，土壤堆肥法可以缩短承载 PAHs 的生物修复处理时间。

以上都是关于土著微生物的，对于外来菌和基因工程菌，报道较少，一般可以加入菌液或者微生物菌粉，投加到土壤中，深度一般不超过 30cm，与土壤混合均匀。

60. 土壤调理剂有什么作用?

答：土壤调理剂通常是粪肥、营养物质、微生物和稻草等。土壤调理剂在生物堆肥法中应用比较多。加入土壤调理剂的目的主要是提高土壤的通透性、增加氧的传输、改善土壤质量以及为快速建立一个大的微生物种群提供能源。

61. 比较石油污染土壤微生物修复各种技术的优缺点。

答：目前国外采用的微生物修复技术主要有原位修复技术和异位修复技术两种类型。

原位修复技术是指污染土壤不经搅动，直接向污染区投放营养物质或供氧，促进土壤中以石油作为碳源的微生物生长繁殖，或接种经驯化培养的高效微生物（如特异工程菌等）措施提高其降解率，利用其代谢作用消耗石油烃而进行的处理过程。原位修复技术主要包括投菌法、生物培养法及生物通风处理法等。

异位修复技术又称地上处理技术，要求把石油污染的土壤挖出，集中进行生物降解。一方面，可以在土壤受污染之初限制污染物的扩散和迁移，减少污染范围；另一方面可以通过设计和安装各种过程控制器或生物反应器，来生产有利于生物降解的条件。异位修复技术主要有土耕法、生物堆制法、土壤堆肥法、生物泥浆法和预制床法等。

原位生物修复技术适用于遭受大面积污染的土壤，成本较低。只有被严重污染的土壤才采用异位生物修复技术，但其费用昂贵。

62. 修复被污染土壤的菌种来源有哪些？

答： 由于土著微生物对污染环境的适应性，使得土著菌成为高效菌株的重要来源。通过对土著菌的分离、驯化和筛选，获取具有降解特性的菌株。提高土著微生物的石油降解速度和能力，筛选和驯化出具有更强降解能力的土著菌制成加强型菌剂。

63. 目前关于处理多环芳烃（PAHs）的土壤微生物的三种菌，哪种效果比较好？

答： 这三种菌分别是土著降解菌、外来菌、基因工程菌。

① 土著降解菌是从污染土壤中分离出的PAHs降解菌，经扩大培养再回接到土壤中，效果较好，但是其效果一般不如外来引入菌和基因工程菌。

② 外来菌的特点是代谢能力强，降解效率高，缺点是会受到土著菌的竞争，只有大量接种才能形成优势。

③ 基因工程菌是利用基因工程技术将多种降解基因转入同一种微生物中，使其具有广谱降解能力，效果好，但是存在安全问题，可能会对环境造成威胁。

64. 影响土壤中PAHs微生物降解的因素有哪些？

答： 内部因素有PAHs的化学结构、土壤浓度与分布；外部因素有土壤的类型与结构、pH值、温度、氧环境、营养及水分等。

有研究表明，温度24～30℃，湿度30%～90%，pH值为7.0～7.8，氧含量10%～40%，C∶N∶P＝100∶10∶1时，最有利于PAHs的微生物降解。土壤中的重金属会阻碍PAHs的降解。

65. PAHs高效降解菌的筛选方法是什么？

答： 菌种的富集分离以某一种PAHs为唯一的碳源和能源，在无机盐培养基内进行暗室培养，避免PAHs被光解。用高效液相色谱法测定降解效率。菌种鉴定是在普通染色法基础上用16S DNA分类法完成。从石油污染的土壤中可分离得到菌株，120h单一菌株降解率为69.24%，混合菌系对菲的降解率达到95.28%，加入适量葡萄糖后降解率继续提高。

66. 可以对多环芳烃进行微生物修复的菌属有哪些？

答： 微生物修复是研究得最早、最深入，应用也最为广泛的一种生物修复方法，是土壤中PAHs降解的主要途径。多环芳烃的微生物修复主要包括细菌与真菌修复，也有少量的藻类能降解PAHs，但效率很低。研究发现，对多环芳烃有降解能力的细菌主要有红球菌属、假单胞菌属、分枝杆菌、芽孢杆菌属、黄杆菌属、拜叶林克氏菌属、棒状杆菌属、蓝细菌、微球菌属、诺卡氏菌属和弧菌属等。真菌也有降解PAHs的能力，主要有白腐真菌。它们普遍具有降解多环芳烃的功能，能产生多种酶类如木素过氧化物酶、锰过氧化物酶、漆酶等，以共氧化形式参与复杂芳香化合物的降解过程。

67. 生物反应器处理污染土壤的原理是什么？

答：生物反应器处理污染土壤是将受污染的土壤挖掘起来与水混合后，在接种了微生物的反应器内进行处理，这是一种异位修复方法，其工艺类似于污水生物处理方法。处理后的土壤与水分离后，经脱水处理再运回原地。反应装置不仅包括各种可拖动的小型反应器，也有类似稳定塘和污水处理厂的大型设施。反应器可以使土壤、沉积物和地下水与微生物及其添加物如营养盐、表面活性剂等彻底混合，能很好地控制降解条件，如通气、控制温度、控制湿度及提供微生物生长所需要的各种营养物质，因而处理速度快，效果好。

68. 微生物共代谢主要指的是什么？

答：微生物共代谢的定义是只有在初级能源物质存在时才能进行的有机化合物的生物降解过程。共代谢不仅包括微生物在正常生长代谢过程中对非生长基质的共同氧化，而且也描述了休止细胞对不可利用基质的转化。

69. 生物耕种和生物预制床技术的原理是什么？

答：1）地耕处理　是一种利用微生物修复的原位修复技术。地耕处理就是对污染土壤进行耕耙，在处理过程中施加肥料进行灌溉，施加石灰从而尽可能为微生物代谢污染物提供一个良好环境，使其有充足的营养、水分和适宜的 pH 值，保证生物降解在土壤的各个层面上都能发生。这种方法的优点是简易经济，但污染物有可能从处理地转移，一般污染土壤的渗滤性较差、土层较浅、污染物又较易降解的情况可以采用这种方法。

2）预制床法　是一种用微生物修复的异位修复技术。是在不外泄的平台上铺以石子、沙子，将受污染土壤以 15～30cm 的厚度平铺其上，加入营养液和水分，必要时加入表面活性剂，定期翻动充氧以满足微生物生长之需。处理过程中流出的渗滤液回灌土层以彻底清除污染物。预制床的底面为渗透性低的物质，如高密度的聚乙烯或黏土。与同一区域的其他处理技术相比，预制床处理对三环和三环以上的多环芳烃的降解率明显提高。

70. 真空抽提（SVE）的具体原理是什么？

答：真空抽提（SVE）亦被称为土壤通风，是一种土壤原位修复技术，因其对挥发性/半挥发性有机物污染的土壤及地下水治理的有效性、经济性和环境友好性，被美国环保局列为革命性技术，大力倡导应用。

土壤蒸汽抽提技术基于多孔介质孔隙气体与大气的交换，采用空气注射或抽提为驱动力，加速孔隙气体与大气的交换速率，进而促进多孔介质中挥发性/半挥发性有机物从固相和液相到气相的转变，从微孔向大孔隙扩散，为增加压力梯度和空气流速，很多情况下同时向污染土壤/沉积物中注入空气和从该区域抽出孔隙气体。具体过程见图 3-4。

71. 应用较多的土壤修复技术及其优缺点有哪些？

答：我国土壤类型多样，区域发展不均衡，现阶段土壤修复技术主要以原位生物修复为主。其优点是：a. 可现场进行，节省很多治理费用；b. 环境影响小，是自然过程的强化，最终产物不会形成二次污染；c. 可最大限度降低污染物的浓度；d. 以原位方式进行，对污染位点的干扰及破坏最小；e. 可同时处理土壤与地下水。缺点是：a. 耗时长；b. 条件苛

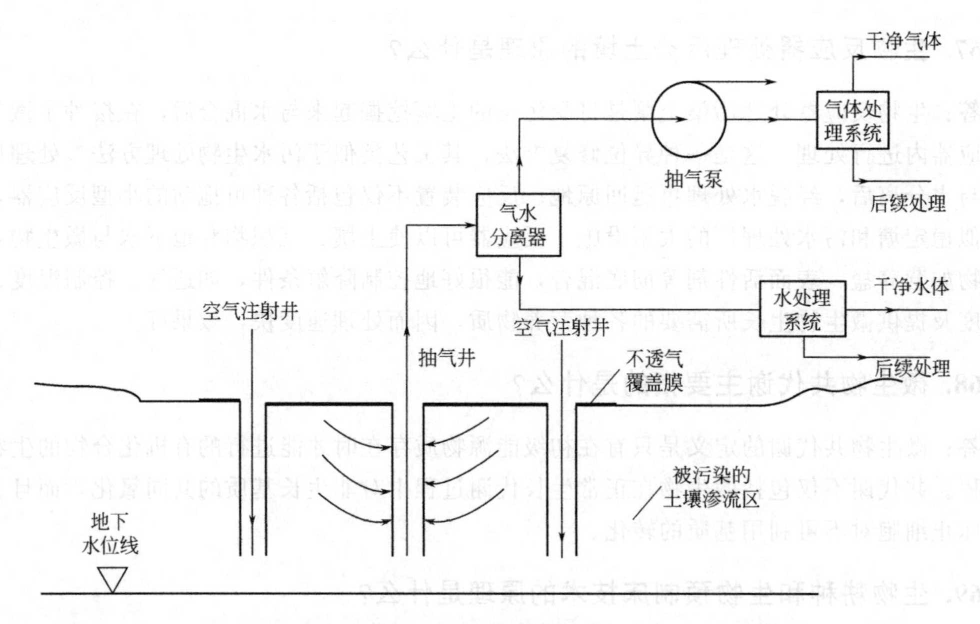

图 3-4 SVE 过程示意

刻；c. 并非所有的进入环境的污染物都能被生物利用；d. 特定的生物一般只能吸收、利用、降解、转化特定类型的化学物质。

72. 吸附重金属的微生物死亡后会重新释放出重金属吗？

答： 目前微生物修复重金属的机理主要是将重金属进行转化，即将高毒的重金属转化为低毒的重金属，而重金属依然留在土壤里无法被彻底去除。土壤中本来就含有重金属，微生物只是将其价态或形态转化。

73. 植物修复只能利用一小部分酸溶态，那剩余的其他态可不可以利用微生物与植物的共生关系转化成植物可吸收的形态？

答： 可以，微生物是污染土壤的最先接触者，具有适应这种土壤环境的机制。一些细菌具有胁迫耐性基因，一些具有金属氧化酶和还原酶，这使它们能够忍耐重金属的胁迫。根际土壤中的一些微生物能螯合重金属实现无害化，而有些微生物可将复杂金属化合物降解形成植物能够忍受的简单化合物。可以通过给根际土壤中添加一些能够提高植物修复能力的生物降解菌、促植物生长菌和其他对重金属污染有较强抗性的菌株来提高植物的修复效率。而从污染地中筛选具有较强抗性或能增加重金属溶解能力等的特殊微生物是提高植物修复能力的最有效途径。有些细菌菌株已经应用于镉污染土壤的修复研究。如果这些微生物在降低土壤重金属的同时能促进植物的生长，那么植物修复将会更有效。在镉污染的土壤中，菠菜-微生物的相互作用可使菠菜的生长和镉的吸收得到提高。油菜和遏蓝菜分别用于 Cd、Zn 污染土壤的修复中。由于植物长期生活在土壤中，其在进化的过程中和一些土壤微生物形成了良好的共生关系。在植物对重金属污染土壤修复过程中，植物和共生微生物可以互相发挥各自优势，弥补不足，提高植物对重金属污染土壤的修复效率，目前研究较多的是植物和菌根及豆科植物和根瘤菌的联合修复。接种 AM 真菌不仅能显著提高黑麦草对土壤中铅和镉的吸收和累积，而且可使这两种重金属在黑麦草地上部分的累积能力大幅提高。蒿柳接种菌根后植株富集Cu、Cd、Zn的能力都有显著提高。AM真菌在翅荚木对重金属污染土壤修复中具有重要的作用，但菌种和植物的组合及重金属的种类对修复结果都有重要的影响。从陕西太白尾矿生长的天蓝苜蓿的根瘤中分离出一株抗铜能力很强的菌株，盆栽试验表明，其可以促进天蓝苜蓿的生长和对铜的吸收。共生微生物之所以能提高植物的修复效果，可能是因为其可通过自身积累吸收降低土壤中金属的浓度，从而减轻了对植物的伤害，或者是通过调节根际土壤中金属的形态最终影响金属的生物有效性。

74. 协同作用、共生作用和共代谢的异同有哪些？

答：协同作用：两种或多种物质协同起作用，其效果比每种物质单独起作用的效果之和大得多，达到了"1+1>2"的效果。

共生作用：互利共生，是两种生物彼此互利地生存在一起，缺此失彼都不能生存的一类种间关系，若互相分离，两者都不能生存。

共代谢：某些物质需添加一些有机物作为初级能源后才能降解，这一现象称为共代谢。

其中，共代谢是微生物对有机物的降解中提到的，与协同作用和共生作用有本质的区别。

植物与菌根真菌的联合修复中，菌根真菌能与高等植物的营养根系形成高度平衡的联合共生体——菌根，此与互利共生也有一定的区别。菌根生物修复与其他生物修复技术相比具有很多独特的优点：菌根表面延伸的菌丝体可大大增加根系的吸收面积，大部分菌根真菌具有很强的酸溶和酶解能力，可为植物吸收传递营养物质，并能合成植物激素，促进植物生长。菌根真菌的活动还可改善根际微生态环境，增强植物抗病能力，极大地提高植物在逆境（如干旱、有毒物质污染等）条件下的生存能力。以上的优点实际上就是它们两者的协同作用的表现。

75. 土著微生物修复铬污染土壤的弊端有哪些？

答：利用土著微生物将土壤中毒性很强的六价铬还原为三价铬，三价铬在碱性环境中形成沉淀，从而降低其危害程度。但是铬仍然存在于土壤中，并没有从土壤中去除，当外界条件改变为利于三价铬转变为六价铬时，会重新产生毒性很强的六价铬，危害环境。

76. 什么是生物表面活性剂？其去除土壤中重金属的作用机理是什么？

答：生物表面活性剂是指将植物、动物或微生物新陈代谢过程中产生的集亲水基团与憎水基团于一体的具有表面活性的一类物质。其亲水基团包括单糖、聚糖、多肽链和氨基酸等；憎水基团则由不同长度碳链的饱和或不饱和脂肪酸和脂肪醇构成。现阶段国内外常用的土壤淋洗剂主要有无机盐、螯合剂和表面活性剂，其中生物表面活性剂因其可生物降解、无毒或低毒、价格低廉、能在极限条件下起作用等优点日益受到研究者的关注。在土壤重金属淋洗修复技术中应用较多的是低分子量的生物表面活性剂。

生物表面活性剂解吸土壤中重金属主要通过以下两种方式：一是络合土壤液相中的游离金属离子；二是通过降低土壤颗粒液相和固相间的界面张力使重金属离子与表面活性剂直接接触。

77. 生物表面活性剂的作用是什么？具体都有哪些表面活性剂？

答：土壤的吸附性限制微生物和石油烃的迁移和有效接触，强化土壤中微生物与石油污染物的接触就成为强化生物修复技术的关键，通过添加生物表面活性剂或辅以产生生物表面活性剂的微生物菌群，提高石油烃与具有降解功能微生物的有效接触，增强修复效果。

生物表面活性剂是微生物或植物在一定条件下培养时，在其代谢过程中分泌出的具有一定表面活性的代谢产物，如糖脂、多糖脂、脂肽或中性类脂衍生物等。

常见的生物表面活性剂有鼠李糖脂、皂素、烷基多苷。生物表面活性剂由于其良好的增溶、乳化、降低表面活性以及环境友好等性能，在环境修复中得到了广泛的应用。

78. 生物表面活性剂与化学表面合成剂相比其优点是什么？

答：a. 可生物降解，不会造成二次污染；b. 无毒或低毒；c. 一般对生物的刺激性较低，可消化；d. 可以利用工业废物作为原料生产，生产成本低；e. 具有更好的环境相容性、更高的起泡性；f. 在极端温度、pH 值、盐浓度下具有更好的选择性和专一性；g. 结构多样，可适用于特殊的领域。

79. 生物表面活性剂在修复石油污染土壤中的作用机理？

答：1）促进烃类扩散　生物表面活性剂的作用是促使烃被动扩散进入细胞内部。通过两种途径提高有机物的生物可利用率：一种途径是在较低浓度下，明显降低界面张力，使烷烃得以有效扩散，增大油/水界面面积，从而便于细胞与较大油滴之间的直接接触；另一种途径是利用表面活性剂的增溶作用，即当活性剂浓度大于临界胶束浓度（CMC）时，自由单体浓度不再增加，而是形成胶团，将有机物分子加溶在胶团中，然后被细胞吸收并降解。

2）调节细胞表面与烃类的亲和力　烷烃的生物降解不仅取决于生物表面活性剂的性质与用量，而且与细胞的性质和浓度密切相关。油滴与细胞的直接接触常常是烃吸收机制，而细胞表面的疏水性是决定细胞与烃类液滴接触的关键性质。烷烃的快速降解具有较高的细胞疏水性，对烃类具有更高的亲和性，可以更加有效地利用烃类。生物表面活性剂分子可以利用它们的亲水基或疏水基固定于微生物细胞表面，将另一端暴露在外面，形成控制细胞表面疏水性或亲水性的调节膜，可以提高慢速降解的细胞疏水性，直接影响生物降解速率。微生物也可以分泌生物表面活性剂于外部介质中，通过改变吸附界面的特性来调节细胞与界面之间的亲和力。

80. 生物表面活性剂在强化植物修复和淋洗技术中的具体应用实例？

答：1）强化植物修复　生物表面活性剂在水中有较高的单体溶解度。其两亲性使之能与膜中的亲水和亲脂基团成分相互作用，从而改变膜的结构和透性，促使植物对重金属的吸收。研究发现鼠李糖脂和螯合剂 EDDS 的加入大幅增加了土壤溶液中 Cu、Zn、Pb 和 Cd 的浓度，并且显著增加了黑麦草地上部分植株中 Cu、Zn、Pb 和 Cd 的含量。

关于高浓度鼠李糖脂与土壤重金属复合作用对黑麦草的毒害，有研究指出表面活性剂可以破坏大麦细胞膜透性，导致植物组织内重金属含量显著增加，对植物产生毒害。

2）淋洗技术　以生物表面活性剂与液相中的重金属络合的机理为例。皂角苷洗脱污灌土壤中重金属的研究表明，皂角苷对重金属的解吸并非是离子交换解吸和表面胶束作用起主导作用所致，而可能是皂角苷与重金属络合形成了稳定的可溶性络合物，使其脱离土壤表面。皂角苷在溶液中可以与Cd^{2+}、Pb^{2+}形成化合物。这些络合物是由皂角苷的羧基基团与重金属形成的。

三、动物修复技术

81. 蚯蚓的大量繁殖对植物有无副作用？

答：蚯蚓对植物有很多益处：

① 蚯蚓营穴居生活，吞食土壤和腐烂的有机物，它们在土壤中钻动，能使土壤疏松、增强土壤通气性和透水性，同时有利于土壤微生物的繁殖，把腐殖质转变为无机盐，供作物根部吸收；

② 蚯蚓粪里含有未消化吸收的有机物，能增加土壤肥力，把酸性或碱性土壤变为适于农作物生长的接近中性的土壤，并增加磷、钙等速效成分，有利作物的生长；

③ 蚯蚓还能降解、疏散土壤中的污染物，由于污水灌溉，污染尘埃的沉降，加上滥用农药、化肥，造成了土壤污染，而蚯蚓能在栖息的环境中吸收分解污染物质，如有机农药、重金属、放射性物质等。

但蚯蚓也有它有害的一面，它能破坏堤岸，使河道淤塞。蚯蚓密度过大，也能损坏幼苗，并且它还是猪肺线虫等寄生虫的中间宿主，能传播禽畜类的一些疾病。

82. 蚯蚓吸附了重金属后如何提取？

答：在将蚯蚓应用于治理重金属污染的过程中，首先需要保证蚯蚓能够正常生存，对于治理污染程度较重的地区，可以先在其表面加上一定量的复垦土，然后再将蚯蚓引种在这里，引种成功后还须定期观察蚯蚓种群的动态。最后采用适当方式取出蚯蚓并除去重金属，达到治理污染的目的。

关于如何引出富集重金属后的蚯蚓的方法，在此简要根据蚯蚓的生活习性以及蚯蚓养殖的相关技术，列举几种可能的方式：

1）光照下驱法　利用蚯蚓的避光特性，尤其是逃避强烈的阳光和蓝光，但不怕红光，趋向于弱光，可利用阳光或灯光的照射下收取。

2）甜食诱捕法　利用蚯蚓爱吃甜料的特性，放置蚯蚓喜爱的食物，如腐烂的水果等，蚯蚓会大量聚集在烂水果里，这时即可将成群的蚯蚓取出。

3）水驱法　利用绝大多数的蚯蚓要吸收氧气的特性，水过多会将蚯蚓栖息的洞穴和通道灌满水，使栖息场所严重缺氧，因此可灌水驱出蚯蚓，或在雨天早晨，大量蚯蚓爬出地面时，组织力量收取。

4）红光夜捕法　利用蚯蚓在夜间爬到地表采食和活动的习性，在夜间携带红灯或弱光源进行收取。

以上几种方法参考自蚯蚓的养殖技术中的采收方法，对收集富集重金属的蚯蚓可能有一定的参考价值。

第四节 污染土壤治理的化学方法

一、化学氧化还原

83. 举例说明什么是化学氧化还原法。

答：高锰酸钾（$KMnO_4$）是一种固体氧化剂，其标准还原电位为1.491V。由于具有较大的水溶性，高锰酸钾可通过水溶液的形式导入土壤的受污染区。作为固体，它的运输和存储也较为方便。高锰酸钾适用的pH值范围较广，它不仅对三氯乙烯、四氯乙烯等含氯溶剂有很好的氧化效果，而且对烯烃、酚类、硫化物和MTBE（甲基叔丁基醚）等其他污染物也很有效。

高锰酸钾与氯乙烯的反应可用以下方程式表示：

$$aC_2Cl_nH_{4-n}+bMnO_4^- \longrightarrow cR+dMnO_2+eCl$$

$$cR \xrightarrow{MnO_2} fCO_2$$

式中，$C_2Cl_nH_{4-n}$表示不同种类的氯乙烯，如二氯乙烯（DCEs）、TCE、PCE；R代表一系列中间产物，它们有可能进一步氧化成二氧化碳。DCEs、TCE、PCE经高锰酸钾氧化后，可完全脱氯，且降解产物的毒性低于原物质。与Fenton试剂不同，高锰酸钾是通过提供氧原子而不是通过生成HO·自由基进行氧化反应，因此反应受pH的影响较小且具有更高的处理效率，而且当土壤中含有大量碳酸根、碳酸氢根等HO·自由基清除剂时，高锰酸钾的氧化作用也不会受到影响。高锰酸钾的还原产物二氧化锰是土壤的成分之一，不会造成二次污染。高锰酸钾对微生物无毒，可与生物修复联用。然而高锰酸钾对柴油、汽油及BTEX类污染物的处理不是很有效。当土壤中有较多铁离子、锰离子或有机质时，需要加大药剂用量。当氧化剂的需要量较大时，可考虑用高锰酸钠（$NaMnO_4$）来代替。高锰酸钠的氧化能力与高锰酸钾相似，但比高锰酸钾有更高的水溶性，可以配制成浓度更大的水溶液。对于那些污染物浓度很高的地方，高浓度氧化剂的导入可大大缩短反应时间。

84. 过硫酸盐除了能在强碱条件下活化，还有其他活化方式吗？

答：① 单一活化方式：热活化、过渡金属离子活化、光活化、零价铁离子活化。

② 复合活化方式：双氧化剂、紫外光与过渡金属离子的联合、紫外光与双氧化剂的联合、超声与热的联合等。

85. 化学生物联合修复在应用的时候应该有什么注意事项？

答：在利用化学生物联合技术修复重金属-有机物复合污染土壤时，首先应该进行地理勘察、实验室内的平衡试验以及小规模的现场应用试验等，确定土壤中污染物浓度及其种类、地下水位、土壤渗透性、土壤匀质性、pH值、碱度、拟选修复植物的生理特性、相关条件下微生物的代谢情况及其酶的活性等，尽可能地使化学修复与生物修复两者都能满足有关条件的要求，从而有效地、经济地、安全地对复合污染土壤进行治理修复。

86. 电动力修复土壤的原理是什么？

答： 在被污染土壤两端置入电极，并在其两端通入恒压直流电。在电场作用下，孔隙水、孔隙水中的离子和颗粒物将会在电场的作用下做定向移动。基于以上原理，土壤中的污染物可以通过迁移与传输过程在电极被富集，再通过抽取孔隙水的方法实现对土壤污染物的治理。

1）电迁移　是指土壤中带电离子和离子性复合物在外加电场作用下的运动。根据库仑作用，正离子向阴极迁移，负离子向阳极迁移。

2）电渗　是指电场作用下孔隙水的定向移动。土壤表面电荷主要来自黏土颗粒，在直流电场的作用下产生了孔隙水的定向移动，土壤中的污染物可通过平流作用而去除。当土壤两端存在电势差时，孔隙水定向移动的方向取决于土壤及孔隙水本身的性质。由于黏土的孔塞结构，当其被水浸湿时表面通常带负电荷，这些电荷被邻近的孔隙水层所带的正电荷所平衡，所以在电动力修复过程中，由于孔隙水带正电，电渗流的方向通常与正电荷的移动方向一致，即朝阴极做定向移动。

3）电泳　是指带电胶粒或土壤固体颗粒物在直流电场作用下的移动。当污染物以胶体电解质或离子胶束的形式存在时，电泳将对污染物传输起重要作用。胶粒由附着于有机高分子及离子凝聚体上的离子群组成，离子群的富集促进了离子胶束的形成。离子胶束通常携带较多的电荷而具有高的导电率，随着离子进一步的凝聚作用而导致电荷进一步富集，从而导致离子胶束导电率的增加。Pamukcu 研究了胶束在电场中的移动，指出：具有高度移动性的阴离子型表面活性剂对非极性有机化合物在电场中的移动起到了推动作用，使其以胶束的形式朝着与电渗流相反的方向即阴极做定向移动。

4）电解水反应　在电动修复过程中阳极工作液中的水被电解氧化，而阴极工作液中的水被电解还原。H^+和 OH^- 在电迁移等的作用下不断迁移进入土壤，致使靠近阳极区域土壤酸化，这可能有利于重金属的解吸，而靠近阴极的区域土壤碱化，这可能致使有些重金属在此区域沉淀或形成非电离性的化合物。

阳极：$2H_2O \longrightarrow 4H^+ + 4e^- + O_2$

阴极：$2H_2O + 2e^- \longrightarrow H_2 + 2OH^-$

87. 电化学土壤修复法适用于什么类型的土壤？

答： 虽然试验表明电动修复技术对于各种土壤都适用，但是污染物在土中的传送效率与土的类型以及环境因素密切相关。土壤性质影响污染物的去除效率，包括吸附、离子交换、缓冲能力以及土壤 pH 值等。土壤含水率必须高于某一最小值，电动修复才起作用。实验表明最小值可能在 10％～20％之间。研究表明土中碳酸盐和赤铁矿会对修复过程产生不利的影响。

88. 影响电动修复土壤的因素有哪些？

答： 土壤电动修复效率的影响因素有很多，包括 pH 值、土壤类型、污染物性质、电压和电流大小、洗脱液组成和性质、电极材料和结构等。

(1) pH 值

研究发现，pH 值控制着土壤溶液中重金属的吸附与解吸、沉淀与溶解等，而且酸度对电渗析速度有明显影响，所以如何控制土壤 pH 值是电动修复技术的关键。一方面，在电场作用下，阴极产生的 OH^- 将沿着土柱向阳极方向移动，而带正电的重金属离子则在电场作用下向着阴极方向移动，这样重金属离子将与 OH^- 在土柱中某点相遇，并生成重金属沉淀。另一方面，对于一些弱碱性的金属离子，在不同 pH 值条件下有不同形态，一些两性金属离子根据不同 pH 值条件，以正离子或负离子形式存在，如酸性条件下金属锌以阳离子形态存在（Zn^{2+}），但在碱性条件下以金属酸根离子（ZnO_2^{2-}）存在，在 pH 值阶跃处重金属离子溶解度最小，它们以 $Zn(OH)_2$ 的形式沉淀。在高 pH 值条件下阴离子向阳极移动，并且阴极区的 pH 值上升还会有沉积生成，降低了孔隙流中离子的浓度，即沉积降低了孔隙中离子的浓度，同时降低了这个区域的电导率，结果增强了电场梯度。以上这些过程不但影响重金属的去除，还可能堵塞土壤微孔，致使土壤电导降低，修复效率下降，增加了处理费用。

（2）电压和电流

电流密度和电场强度的选择取决于被处理土壤的电化学性质，特别是电导率。土壤的电导率越高，要求要有高的电流密度来维持所需的电场强度。虽然高电流密度能产生更多的酸，可提高污染物的去除速率，但在很大程度上增加了能耗。因能耗和电流密度的平方成正比，电流密度为 $1 \sim 10A/m^2$ 被认为是最有效的。在土壤电动修复技术应用时，起始电场强度可为 50V/m，最佳电流密度或电场强度的选择依据包括土壤性质、两级间距离、处理时间等。

（3）电极材料和间距

电极材料的选择主要考虑材料的导电性能、材料成本、加工和安装的难易程度。电极应具有导电、化学惰性、多孔和中空等性质，多孔和中空的电极可加快污染物溶液的去除。惰性且导电的材料，如石墨、钛基、铂基作为阳极，可防止在酸性条件下溶解和产生腐蚀产物，在某些必要的情况下，溶解电极也可用作阳极。任何在碱性条件下腐蚀的导电材料都可作为阳极，电极布局可以水平放置，也可以竖直放置。在实际应用中可采用一维、二维或轴对称的电极布局。

89. 使用电化学方法处理重金属污染的优缺点有哪些？

答： 电化学方法处理重金属污染的优势如下。

1）花费少，经济上可行。

2）可以作为一种原位土壤修复技术，不需要操作工人同污染土壤进行直接接触，避免了操作工人的风险暴露。

3）传统的土壤修复技术往往只适用于渗透性土壤，对黏性土壤的处理效果非常差，而电化学技术对黏性土壤具有非常好的适应性。

4）可控性强。重金属的迁移方向受电迁移和电渗析方向的影响，可以通过外加电场和改变土壤性质来调控，具有较好的可控性。

5）重金属去除效率高，一般都可以达到 90%以上。

电化学方法的缺点如下。

1）极化现象　即随着实验的进行，土壤中的电流密度会减小。经分析，可能是由活化极化、电阻极化和浓差极化三种原因引起的。

① 活化极化：电解过程中产生的氢气、氧气覆盖在电极表面，这些气体是良好的绝缘

体，导致了电导性下降，电流降低。

② 电阻极化：不溶性盐类或其他杂质吸附在阴极表面，使电导率下降，降低了电流强度。

③ 浓差极化：阴极产生的氢离子和阳极产生的氢氧根各自向电性相反的电极迁移，如果产生的酸碱没有被及时中和，就会使电流降低。

2）温度问题　当向污染土壤加比较高的电压，通电时间较长时，土壤温度会升高，这样可能会降低电动力学处理重金属的效率。

3）土壤中的杂质问题　如果污染土壤中含有碳酸盐、赤铁矿以及大块的岩石、砂砾时，对重金属的去除效率就会降低。

4）后续处理　电化学技术处理污染土壤，更多的是将土壤中的污染物迁移出土壤后再进行后续处理。

90. 电动力修复能不能与其他修复方法相结合？

答：1）与微生物修复的结合　土壤微生物能降解污染物，但土壤中没有使微生物修复过程得以发生的充足养分及最终电子受体，尤其是氧、硝酸盐及硫酸盐。致密土壤里没有足够的多孔通路使营养物质在其中传输，而通过电动力的方法，可诱导营养物质在土壤中传输，以提供微生物体降解土壤污染物所需的养分。此外，土壤中的污染物在直流电场的作用下发生定向迁移，因此可将污染物控制在某个区域内，并在此区域引入可降解此污染物的微生物，从而使土壤净化。

2）与植物修复方法的结合　在电压作用下，电极附近土壤溶液发生电化学反应，改变了土壤中的氧化-还原电位、pH 值等理化性质，加快了土壤固体上重金属的解吸，提高了土壤孔隙水中重金属的含量，从而有利于植物的吸收、积累，加快修复过程。同时，植物根系具有巨大的表面积和很强的吸附能力，可将污染物吸附于其表面。因此，在直流电场的作用下发生迁移的土壤污染物，可在植物根系部位被富集，并通过植物吸收作用将污染物从土壤转入植物体内，然后收割茎叶对植物体进行处理，从而达到去除土壤中污染物的目的。

91. 电化学去除土壤中重金属有哪些新工艺？

答：1）多孔阴极管土壤电动修复（SEKR）系统（PCPSS）　垂直阳极/穿孔阴极管 SEKR 系统（VA-PCPSS）适用于去除 Zn^{2+}、Cd^{2+}、Co^{2+}、Mn^{2+}，但 Pb^{2+}、Ni^{2+}、Sr^{2+}、Cu^{2+} 均未被去除。

VA-PCPSS 对 Zn^{2+}、Cd^{2+}、Co^{2+}、Mn^{2+}、Pb^{2+}、Ni^{2+}、Sr^{2+}、Cu^{2+} 的相对修复效率总结如下：a. VA-PCPSS 阻止了典型 PCPSS 修复方法中存在的 pH 值跳跃区形成；b. VA-PCPSS 防止不饱和区形成；c. VA-PCPSS 耗水量相对较低；d. VA-PCPSS 能有效去除 Zn^{2+}、Cd^{2+}、Co^{2+}、Mn^{2+}，防止重金属在 pH 值跳跃区积累；e. 但 VA-PCPSS 对 Pb^{2+}、Ni^{2+}、Sr^{2+}、Cu^{2+} 去除效果不佳。

2）有机磷酸盐在电动修复中的应用　最常用的 NTMP（次氮基三亚甲基膦酸）和 EDTMP（乙二胺四亚甲基膦酸）分别是 NTA（次氮基三乙酸）和 EDTA（乙二胺四乙酸）的氨基多羧酸盐的结构类似物。它们对金属离子也有很强的亲和力，可与金属在溶液中形成可溶性阴离子络合物，pH 值范围较宽。有机磷酸盐对土壤颗粒表面吸附金属的再动员作用已有研究。证明有机磷可以促进土壤中金属污染物的电渗透流动和解吸。

二、化学淋洗

92. 什么是土壤淋洗法？

答： 土壤淋洗法是利用淋洗液把土壤固相中的重金属转移到液相土壤中，再把富含重金属的废水进一步回收处理的土壤修复方法。

93. 土壤淋洗会不会带来不良影响？如何消除？

答： 会带来二次污染，造成土壤物理化学性状以及土壤肥力的降低，对低渗透性的土壤处理效果不理想。解决关键在于找到一种不产生二次污染的高效淋洗剂。

94. 土壤淋洗法中常见的淋洗剂有哪些？

答： 土壤淋洗法常见的淋洗剂有有机或无机酸、表面活性剂、螯合剂如乙二胺四乙酸（EDTA）等。

95. 淋洗液是否可以回收利用？

答： 淋洗液中含有污染物，若直接排放，可造成环境污染；但淋洗液中也含有植物生长所需的各类营养物质，不加以回收利用将是一种浪费，可利用淋洗液进行无土草皮培植。这样既处理了污染物又会产生经济价值。研究表明，垃圾堆肥淋洗液中有机质、全氮、有效磷及其他营养元素含量显著高于对照土壤淋洗液，能够充分满足草坪植物生长需要。

96. 淋洗剂柠檬酸、苹果酸、乙二胺四乙酸（EDTA）等各起什么作用？

答： 柠檬酸、苹果酸、EDTA 都属于螯合剂的一种，都与重金属产生螯合作用，从而降低重金属离子在垃圾堆肥产品中的吸附，只不过 EDTA 难降解，残留在土壤中可能会污染地下水，而柠檬酸和苹果酸则不同，一些水果和蔬菜中也含有柠檬酸和苹果酸。

三、化学稳定法

97. 在稳定剂中怎样选出能综合治理的试剂？

答： 某些稳定剂对特定的重金属具有较高的稳定效率。例如，$CaCO_3$ 能有效控制突发性污染、重金属复合污染土壤中 Cu、Zn、Cd、Hg、Ni 和 Cr 的迁移，$Na_2S_2O_3$ 对土壤 Cr 具有较好的稳定效果，$Fe(OH)_3$ 能有效控制突发性污染、重金属复合污染土壤中 As 的迁移，水溶性含磷物质能有效控制 Pb 的迁移。在土壤治理中，对于复合污染，我们希望用一种稳定剂就能稳定多种重金属。例如，对于既存在 Cr 污染又存在 Cu 和 Zn 污染的土壤，就可以选用 $Na_2S_2O_3$，因为 $Na_2S_2O_3$ 对土壤 Cr 具有较好的稳定效果，同时对 Cu 和 Zn 均具一定稳定效率。

98. 磷酸根离子与砷（As）络阴离子之间为什么会存在竞争吸附？

答： 磷酸根离子（PO_4^{3-}）与 As 络阴离子（AsO_4^{3-}）具有相似的化学结构，因此它们之间存在着强烈的竞争吸附。当 pH 值在 3～10 时，磷酸根强烈抑制着 $Fe(OH)_3$ 对 As(Ⅴ) 的吸附，且随 pH 值的增加，抑制作用增强。含磷物质对 As 稳定的负面影响主要是由磷酸根离子与As络阴离子之间的竞争吸附所致，磷酸根离子浓度越高，竞争吸附越强；pH值越高，抑制作用越强。因此，使用磷酸盐对含As重金属复合污染土壤进行稳定化修复或治理时，需特别注意其对As负面影响可能带来的二次环境污染风险。

99. 磷酸盐对镉（Cd）的固定中，副反应共沉淀反应是如何发生的？

答：共沉淀反应是可能存在的机理之一，Cd^{2+}和羟基磷灰石的离子发生反应而共同沉淀下来。涉及的反应式为：

$$xCd^{2+}+(10-x)Ca^{2+}+6H_2PO_4^-+2H_2O \longrightarrow Cd_xCa_{10-x}(PO_4)_6(OH)_2+14H^+$$

$$xCd^{2+}+(10-x)Ca^{2+}+6HPO_4^{2-}+2H_2O \longrightarrow Cd_xCa_{10-x}(PO_4)_6(OH)_2+8H^+$$

在此反应中需要加碱调节土壤pH值。

100. 磷酸盐固定铅（Pb）、镉（Cd）的异同点有哪些？

答：相同点：二者的反应机理都包括磷酸盐溶解后与重金属离子生成沉淀，磷酸盐表面络合、吸附，羟基磷灰石溶解后共沉淀或磷矿石表面离子交换等。

不同点：

① 重金属污染土壤的Pb主要以碳酸盐结合态的形式存在，而Cd主要以可交换态和碳酸盐结合态存在。碳酸盐的加入使Pb由碳酸盐结合态转变为残渣态，Cd由可交换态或碳酸盐结合态转变为残渣态。

② 羟基磷灰石固定重金属污染土壤中Pb时，以磷酸盐溶解后与重金属离子生成沉淀机理和磷矿石表面离子交换机理为主；羟基磷灰石固定重金属污染土壤中Cd时，以同构替换机理为主。

101. 化学稳定法中稳定剂是以什么形态加入土壤中的？

答：稳定试剂一般以粉末状加入土壤中，但要加入去离子水润湿，并使其混合均匀。但是当稳定剂以液态加入时，无需加入去离子水润湿，视混合均匀程度适量补加一定量去离子水即可。

102. 加入的稳定剂会不会存在过量的问题从而引起原土壤性质的改变？

答：一般不会。在实际应用化学稳定法治理土壤前都要经过实验室模拟。在对某些重金属稳定化时，添加的稳定剂超过一定量，稳定效果会趋于平缓。所以在实际应用中添加的稳定剂的用量是设定好的，这样既可以达到稳定的效果又不会造成稳定剂的浪费。

第五节　污染土壤治理的物理方法

103. 热力学修复技术是如何实施的？电动修复技术和热力学修复技术分别适用于什么样的土壤环境条件？

答：热力学修复技术是指加热后土壤污染物挥发，通过气体抽吸系统将污染气体从土壤中收集之后在地上进行处理。热力学修复技术适用于高污染土壤的修复；电动修复技术适用于去除有机污染物如酚等，也适用于大部分无机污染物以及放射性物质污染土壤的修复。

104. 热解吸法处理土壤汞污染的程序是什么?

答：对于挥发性重金属汞可采取加热的方法将其从土壤中解吸出来，然后再回收利用。它包括以下几个方面的程序：

① 将被污染的土壤和废弃物从现场挖掘后进行破碎。

② 向土壤中加入具有特定性质的添加剂，此添加剂既能有利于汞化合物的分解，又能吸收处理过程中产生的有害气体。

③ 在不断对小体积土壤以低速通入气流的同时加热土壤。加热分两个阶段，第一阶段为低温阶段（105.6～117.8℃），主要去除土壤中的水分和其他易挥发的物质；第二阶段温度较高（555.6～666.7℃），主要是从干燥的土壤中分解汞化合物并使之汽化，然后收集并凝结成纯度较高的汞金属。

④ 对低温阶段排出的气体通过气体净化系统，用活性炭吸收各种残余的汞蒸气和其他气体，然后将水蒸气排入大气。

⑤ 对在高热阶段产生的气体通过冷却、凝结净化后再排入大气。为了保证工作环境的安全，程序操作系统采用存在负压的双层空间，以防止汞蒸气向大气中散发。

这种热解吸法由于要挖掘移动土壤，只用于小规模的土壤汞污染。

105. 吸附机理是怎样的?

答：有多种吸附机理，从不同角度可以分为物理吸附和化学吸附或者表面吸附、离子交换吸附和专属吸附。

① 表面吸附是一种物理吸附，就是指发生在胶体表面，通过其巨大的表面能对水体中污染物的吸附作用。

② 离子交换吸附是指在吸附过程中，胶体每吸附一部分阳离子，同时也放出等量的其它离子的过程，这是一种物理化学吸附。需要注意的是该吸附是一种可逆的过程。

③ 专属吸附是指吸附过程中，除了化学键的作用外，尚有加强的憎水键和范德华力或氢键在起作用。

106. 为什么用 Langmuir 方程拟合吸附等温线? 相关系数为多少?

答：吸附等温式是在温度固定的条件下，表达吸附量同溶液浓度之间关系的数学式。目前已提出不同类型的数学式，各有其适用范围，常用的有以下两种：

1）弗兰德里希（Freundich）吸附等温式　在中等浓度时，其经验公式可表述为

$$F=KC^{n}\ (n>1)$$

式中，C 是作用达到平衡时溶液的浓度；K、n 是在一定范围内表示吸附过程的经验系数。

2）朗缪尔（I. Langmuir）吸附等温式

$$\theta=\frac{bp}{1+bp}$$

式中，$b=K_a/K_b$ 为吸附与解吸的比例关系的比值。

该方程能较好地适合各种浓度，并且式中每一项都有较明确的物理意义。

吸附等温式是定量研究环境中胶体对各种元素迁移的影响的重要方法。

经查阅文献，对两种方法进行拟合，发现 Langmuir 方程拟合吸附等温线的效果更好，$R^2>0.98$。

第四章

固体废物污染控制化学

第一节　城市生活垃圾生物处理

1. 城市生活垃圾有哪几种处理方法？各自有哪些优缺点？

答： 城市生活垃圾处理的主流技术是卫生填埋、焚烧、生物处理。

1）卫生填埋　处理费用低，方法简单，但占地面积大、散发臭味、产生难处理的渗滤液。

2）焚烧　减量效果好，处理较彻底，但投资成本高，产生的气体如果控制不当则会存在严重的烟气污染问题。

3）生物处理（堆肥和甲烷发酵）　成本低，节约垃圾填埋所占土地，减轻垃圾焚烧对大气的污染，还可以产生肥料和沼气等；但堆肥会产生并散发恶臭气体，甲烷发酵会产生大量沼液沼渣，易造成二次污染。

2. 堆肥的基本原理是什么？

答： 先通过机械分选将城市生活垃圾中不可降解的物质进行回收或妥善处理，剩余的有机物质在适当的水、气条件下，通过微生物的作用，使有机物质分解并放出能量产生高温，杀死其中的病原菌和杂草种子，并使有机物达到稳定化，堆肥产品可以用作肥料安全使用。堆肥分为好氧堆肥和厌氧堆肥。好氧堆肥是以好氧微生物对废物进行吸收、氧化、分解，微生物通过自身的生命活动，把一部分被吸收的有机物氧化成简单的无机物，并释放出生物生长活动所需要的能量，把另一部分有机物转化成新的细胞物质，使微生物生长繁殖，产生更多的生物体。好氧堆肥发生的主要反应有以下几种。

① 有机物的氧化

不含氮的有机物（$C_xH_yO_z$）完全降解时

$$C_xH_yO_z+\left(x+\frac{y}{4}-\frac{z}{2}\right)O_2 \longrightarrow xCO_2+\frac{y}{2}H_2O+\text{能量}$$

含氮的有机物（$C_sH_tN_uO_v \cdot aH_2O$）不完全降解时

$$C_sH_tN_uO_v \cdot aH_2O + bO_2 \longrightarrow C_wH_xN_yO_z \cdot cH_2O + dH_2O(g) + eH_2O(l) + fCO_2 + gNH_3 + \text{能量}$$

② 细胞质的合成（包括有机物的氧化以 NH_3 为氮源）

$$n(C_xH_yO_z) + NH_3 + (nx + \frac{ny}{4} - \frac{nz}{2} - 5)O_2 \longrightarrow C_5H_7NO_2 + (nx-5)CO_2 + \frac{1}{2}(ny-4)H_2O + \text{能量}$$

③ 细胞质的氧化

$$C_5H_7NO_2 + 5O_2 \longrightarrow 5CO_2 + 2H_2O + NH_3 + \text{能量}$$

3. 怎样调节好氧堆肥原料的 C/N 比至合适的范围?

答：堆肥发酵时要求原料的 C/N 比以 25～30 为宜，C/N 比过高，微生物生长繁殖所需的氮素来源受到限制，微生物繁殖速度低，有机物分解速度慢，发酵时间长，有机原料损失大，腐殖质化系数低；并且还会导致堆肥产品 C/N 比高，施入土壤后易造成土壤缺氮，从而影响作物生长发育。C/N 比过低，微生物生长繁殖所需的能量来源受到限制，发酵温度上升缓慢，氮过量并以氨气的形式释放，有机氮损失大，还会散发难闻的气味。

合理调节堆肥原料中的 C/N 比，是加速堆肥腐熟，提高腐殖质化系数的有效途径。而一般城市生活垃圾的 C/N 比在 50 左右，所以单独用城市生活垃圾做堆肥原料是不够理想的，要混入粪尿、污泥等提高含氮量才有利于微生物生长。餐厨垃圾中 C/N 比一般为 17 左右，要达到 30 左右，当氮不够时，就要加入秸秆、木屑等堆肥原料混合来调整。

如果垃圾中 C/N 比偏离正常范围，都可通过添加含氮高和含碳高的物料来加以调整，投加堆肥原料的 C/N 比见表 4-1。

表 4-1 各种物料的 C/N 比

名称	C/N 比	名称	C/N 比
锯木屑	300～1000	猪粪	7～15
秸秆	70～100	鸡粪	5～10
垃圾	50～80	活性污泥	5～8
人粪	6～10	下水道生污泥	5～15
牛粪	8～26		

两种物料混合之后 C/N 比的计算公式为：$(C/N)_3 = (C_1 + C_2)/(N_1 + N_2)$

式中，$(C/N)_3$ 为混合后的 C/N 比；C_1、C_2、N_1、N_2 分别为物料 1 和物料 2 中 C、N 的总质量数。

4. 什么是 C/N 比限制?

答：C/N 比大的有机物分解矿化较为困难或速度较慢。原因是当微生物分解有机物时，同化 5 份碳约需要同化 1 份氮来构成它自身细胞体。而同化 1 份碳需要消耗 4 份有机碳来获取能量。因此，微生物对有机质的正当 C/N 比为 25∶1。如果 C/N 比过大，微生物的分解作用就慢，是为碳氮限制（如果有机质中碳量确定，就会限制氮的同化作用）。

5. 好氧堆肥处理的周期有多长?

答：通常好氧堆肥堆体温度高，一般在 55～60℃，可以最大限度地杀死病原菌、虫卵等，使得堆肥无害化，同时堆肥周期短，一般在20d即可完成；厌氧堆肥处理的周期相对较长，一般需要4～6个月左右，而且由于通气条件差，氧气不足，易产生臭味，因此目前一般不采用厌氧堆肥。

6. 好氧堆肥过程中氮是如何转化的？

答：垃圾组分中的蛋白质在细菌胞外蛋白酶的催化下逐步分解成氨基酸：

$$\text{蛋白质}\xrightarrow{\text{蛋白酶（内肽酶）}}\text{蛋白胨}\xrightarrow{\text{蛋白酶（内肽酶）}}\text{多肽}\xrightarrow{\text{肽酶（外肽酶）}}\text{氨基酸}$$

如：$\left[HNCH(R)CO\right]_n + nH_2O \longrightarrow nH_2NCH(R)COOH$

氨基酸进一步水解产生低分子酸和氨气，或可进行脱氨基作用生成氨气，氨气溶解在水里形成氨氮，如：

$$CH_3CH(NH_2)COOH + H_2O \longrightarrow CH_3CHOHCOOH + NH_3$$

$$RCHNH_2COOH + O_2 \longrightarrow RCOOH + CO_2 + NH_3$$

$$NH_3 + H_2O \longrightarrow NH_4^+ + OH^-$$

氨氮在腐熟阶段通过硝化细菌转变成硝酸盐：

$$22NH_4^+ + 37O_2 + 4CO_2 + HCO_3^- \longrightarrow 21NO_3^- + C_5H_7NO_2 + 20H_2O + 42H^+$$

氨氮在转化为硝酸盐以后才容易被植物吸收，因此熟化阶段对于生产优质堆肥是一个很重要的过程。

7. 堆肥中产生的重金属是否会有二次污染？

答：堆肥主要应用在农业方面，另外在林业、花卉果树、草业以及土地修复和重建中的应用也比较广泛。技术成熟、品质良好的堆肥产品可广泛应用于苗圃、果园绿化中，施用堆肥具有改土培肥、促进苗木生长和增加产量的作用，可实现林业可持续发展；污泥堆肥可应用于多种花卉植物，研究表明，月季、扶桑、木槿、美人蕉、龟背竹、五叶地锦等施用污泥堆肥后均有较好的生长响应；堆肥也可以作为草皮基质；另外堆肥对于提高土壤肥力也有一定的作用。

堆肥中确实含有一定量的重金属，尽管好氧堆肥过程中存在着一定的重金属生物钝化作用，但仍然含有大量生物有效态的重金属，长期施用必将造成土壤重金属累积。因此，在施用堆肥产品时要注意施用量，当施用量超过一定量的时候，土壤中的重金属含量随着堆肥施用量的增加而增加。大量使用城市垃圾堆肥，存在土壤沙化、盐渍化和重金属的积累等问题。因此应该加强垃圾堆肥生产、肥效和施用安全性等方面的研究，使垃圾堆肥真正成为城市垃圾资源化利用的有效途径。

8. 在堆肥过程中物料湿度会影响重金属含量吗？

答：垃圾堆肥过程中微生物会进行生命活动分解有机物，湿度太高会导致堆料的压实度增加、自由空域减少、透气性能降低，从而导致堆体内氧气供应不足、堆肥升温困难、有机物降解速率降低、堆肥周期延长；随着湿度的降低，有机物降解速率加快，有机物被分解产生二氧化碳、甲烷等小分子气体进入空气，垃圾堆肥不能改变重金属的总量，但堆肥产品的质量减少，会使重金属的相对浓度升高。

9. 什么是种子发芽指数？如何测得？

答：堆肥的腐熟度常用种子发芽指数表示，种子发芽指数（GI）是极重要的一个堆肥腐熟度指标。测定方法：准备两个培养皿，其中分别放入一张滤纸，一个倒入有机肥浸提液，一个倒入等量的去离子水，在每个培养皿中分别放入 20 粒种子（要求色泽鲜艳，颗粒饱满），放置在 20℃培养箱中避光培养，48h 后测定种子发芽率和根长。每个试样重复 3 次。

发芽指数 GI 的计算方法如下：

$$GI=\frac{\text{堆肥浸提液的种子发芽率}\times\text{种子根长}}{\text{蒸馏水的种子发芽率}\times\text{种子根长}}\times 100\%$$

堆肥化的有机物降解过程中产生许多种类的中间产物，未腐熟堆肥中富含低分子量的有机酸、多酚等植物生长抑制物质，这些物质随着堆肥化进程逐渐被转化消失。通过植物种子发芽试验，能快速地测定植物生长抑制物质的降解情况，以此了解堆肥的腐熟度。如果腐熟度高，抑制物质很少，种子发芽率以及发芽指数会达到较高水平。一般认为 GI>50%，堆肥基本腐熟。

10. 厌氧消化的四阶段理论是什么？

答：厌氧消化是指在没有溶解氧和硝酸盐的条件下，微生物将有机物转化为甲烷、二氧化碳、无机营养物质、腐殖质等的过程。有机废物厌氧消化的四阶段理论是将厌氧过程分为水解阶段、酸化阶段、产乙酸阶段和产甲烷阶段。其中，水解阶段是将颗粒态烃类化合物、蛋白质和脂肪分解为溶解性基质葡萄糖、氨基酸和长链脂肪酸的胞外水解过程，其水解反应的实质是有机物的官能团与水中 OH^- 发生交换反应。

$$R{-}X+H_2O \longrightarrow R{-}OH+HX$$

其中，X 代表可发生水解的官能团，如烷基卤、酰胺、胺、氨基甲酸酯、羧酸酯、环氧化物、腈、磷酸酯、磷酸酯、磺酸酯、硫酸酯等。

如纤维素、淀粉的水解反应为：

$$\underset{\text{纤维素,淀粉}}{(C_6H_{10}O_5)_n}+nH_2O\xrightarrow[\text{加热}]{\text{浓硫酸}}\underset{\text{葡萄糖}}{nC_6H_{12}O_6}$$

α-氨基丙酸官能团—NH_2 在水解反应中与水中的—OH 发生交换生成 α-羟基丙酸。

$$CH_3{-}CH(NH_2){-}COOH + H_2O \longrightarrow CH_3{-}CH(OH){-}COOH + NH_3$$

11. 厌氧消化的酸化阶段发生了哪些反应？

答：酸化是溶解性基质葡萄糖、氨基酸和长链脂肪酸在微生物作用下被降解为各类有机酸（乙酸、丙酸、丁酸、戊酸、己酸、乳酸、甲酸）、氢、二氧化碳和氨的过程。如：

$$C_6H_{12}O_6+4H_2O \longrightarrow 2CH_3COO^-+2HCO_3^-+4H^++4H_2$$

$$C_6H_{12}O_6+2H_2O \longrightarrow CH_3(CH_2)_2COO^-+2HCO_3^-+3H^++2H_2$$

$$3C_6H_{12}O_6 \longrightarrow 4CH_3CH_2COO^-+2CH_3COO^-+2CO_2+2H_2O+6H^+$$

$$C_6H_{12}O_6 \longrightarrow CH_3CH_2CH_2COOH+2H_2+2CO_2$$

12. 乙酸化阶段发生了哪些反应？

答：乙酸化是上述酸化产物利用氢离子或碳酸盐作为外部电子受体转化为乙酸的过程。

例如：

$$CH_3CH_2OH + H_2O \longrightarrow CH_3COO^- + H^+ + 2H_2$$

$$CH_3CH_2COO^- + 3H_2O \longrightarrow CH_3COO^- + H^+ + 3H_2 + HCO_3^-$$

$$CH_3(CH_2)_2COO^- + 2H_2O \longrightarrow 2CH_3COO^- + H^+ + 2H_2$$

$$CH_3CH(OH)COO^- + 2H_2O \longrightarrow CH_3COO^- + HCO_3^- + H^+ + 2H_2$$

同时还存在同型乙酸化和共生乙酸氧化反应，前者是微生物利用 H_2 和 CO_2 生成乙酸，后者则是乙酸被氧化生成 H_2 和 CO_2。

$$2HCO_3^- + H^+ + 4H_2 \longrightarrow CH_3COO^- + 4H_2O \text{（同型乙酸化）}$$

$$CH_3COO^- + 4H_2O \longrightarrow 2HCO_3^- + H^+ + 4H_2 \text{（共生乙酸氧化）}$$

13. 甲烷化阶段发生了哪些反应？

答：产甲烷菌只能利用少数的几种物质生成甲烷。现在已经知道的能被产甲烷菌利用来生成甲烷的物质有 CO_2+H_2、甲酸、乙酸、甲醇、甲胺和一氧化碳。化学反应方程式如下：

$$CH_3COOH \longrightarrow CH_4 + CO_2 \text{（乙酸营养型）}$$

$$4H_2 + CO_2 \longrightarrow CH_4 + 2H_2O \text{（氢营养型）}$$

$$4HCOOH \longrightarrow CH_4 + 3CO_2 + 2H_2O \text{（甲基营养型）}$$

$$4CH_3OH \longrightarrow 3CH_4 + CO_2 + 2H_2O \text{（甲基营养型）}$$

$$4(CH_3)_3N + 6H_2O \longrightarrow 9CH_4 + 3CO_2 + 4NH_3 \text{（甲基营养型）}$$

$$4CO + 2H_2O \longrightarrow CH_4 + 3CO_2$$

14. 厌氧消化过程甲烷形成理论是什么？

答：甲烷形成理论由甲基形成甲烷理论和二氧化碳还原理论组成。甲基形成甲烷理论是由科学家做同位素示踪实验得到的，他们用 C 示踪原子标记乙酸的甲基碳原子，结果甲烷的碳原子都标记上了同位素 C，而二氧化碳没被标记上，证明甲烷是由甲基直接生成的。

$$^{14}CH_3COOH \longrightarrow {}^{14}CH_4 + CO_2$$

$$4\,{}^{14}CH_3OH \longrightarrow 3\,{}^{14}CH_4 + {}^{14}CO_2 + 2H_2O \text{（多余 1 个}^{14}\text{C 被 CO}_2\text{ 标记）}$$

后来有科学家用氘（D）做标记进行实验，发现乙酸中的甲基并不是先形成 CO_2 之后再还原成 CH_4，而是首先从乙酸上脱下甲基与水分子的氢结合生成甲烷。

$$CD_3COO^- + H_2O \longrightarrow CD_3H + CO_2 + OH^-$$

$$2CH_3COOH + D_2O \longrightarrow 2CH_3D + 2CO_2 + H_2O$$

二氧化碳还原理论也是用同位素示踪实验得到的，同位素 $^{14}CO_2$ 使乙醇氧化，自身还原为带 ^{14}C 的甲烷。

$$2CH_3CH_2OH + {}^{14}CO_2 \longrightarrow 2CH_3COOH + {}^{14}CH_4$$

同样，CO_2 还可使脂肪酸和氢还原生产甲烷：

$$2C_3H_7COOH + {}^{14}CO_2 + 2H_2O \longrightarrow 4CH_3COOH + {}^{14}CH_4$$

15. 零价铁提高产甲烷效率的原理是什么？

答：零价铁在厌氧体系中主要起到提供电子、降低反应体系氧化还原电位的作用，从而为产甲烷菌提供适宜的生存环境。除此之外，有些产甲烷菌，能够将零价铁代替氢气，作为唯一的电子供体，还原二氧化碳从而产生甲烷，此外零价铁可以将一小部分 H^+ 还原成 H_2。

反应式如下：

$$8H^{+}+4Fe^{0}+CO_2 \longrightarrow CH_4+4Fe^{2+}+2H_2O \quad \Delta G=-136kJ/mol$$

$$Fe^{0}+2H^{+} \longrightarrow Fe^{2+}+H_2$$

有研究表明当厌氧体系中的氢分压大于 $10^{-4}\sim10^{-5}$ atm（1atm＝101.325kPa）时，由于反应吉布斯自由能较高，厌氧发酵过程中产生的丙酸和丁酸等挥发性脂肪酸不能自发降解成为产甲烷菌能够利用的乙酸。当利用丙酸盐作为唯一碳源，加入零价铁进行厌氧发酵发现，零价铁的加入使吉布斯自由能降低 8.0%～10.2%，促进丙酸盐向乙酸盐的转化，从而提高产甲烷效果。

$$CH_3CH_2COO^{-}+3H_2O \longrightarrow CH_3COO^{-}+HCO_3^{-}+2H^{+}+3H_2 \quad \Delta G=76.1kJ/mol$$

$$CH_3CH_2CH_2COO^{-}+2H_2O \longrightarrow 2CH_3COO^{-}+H^{+}+2H_2 \quad \Delta G=48.1kJ/mol$$

因此，酸化体系中加入零价铁之后，不仅有利于 pH 值的升高还可以促进产甲烷菌对丙酸、丁酸等有机酸的利用。

16. 生物炭为何可加速餐厨垃圾厌氧消化？

答：生物炭是指富含碳元素的物质在缺氧或无氧条件下经高温裂解后的产物，其含碳量丰富且表面具有大量的裸露碱性基团（如—OH、COOH—、—O—、—COO—、CO_3^{2-} 等）以及表面金属元素（K、Ca、Mg）。其中，这些表面金属离子在厌氧消化中释放出来可以与消化体系中的 CO_2 反应生成 HCO_3^{-}/CO_3^{2-}，提高系统的碱度，从而有效缓解餐厨垃圾厌氧消化初期的酸化现象。

生物炭表面的疏水性，可以有效改善其在水溶液中吸附 CO_2 的能力，故可降低沼气中的 CO_2 浓度，提高 CH_4 浓度。生物炭还含有大量小分子有机物可被厌氧微生物利用，对系统 C/N 比起到一定的调节作用，并提高餐厨垃圾厌氧消化效率。

另外，生物炭多孔材料的孔隙度和粗糙的比表面积为微生物提供了良好的生长环境，参与厌氧消化的微生物可附着在其表面，从而增加发酵系统中产甲烷群落数量，提高生物量密度，刺激微生物代谢活性，减缓生物活性衰退。以提高厌氧消化的产甲烷量和过程稳定性。

17. 厌氧消化中直接种间电子传递产甲烷原理是什么？

答：传统的产甲烷途径认为上述氢和二氧化碳转化成的甲烷量约占总量的 1/3，由乙酸、乙酸盐产生的甲烷量约占总量的 2/3，而由甲酸、甲醇、甲胺和一氧化碳产生的甲烷量比例未见报道。

但最近的研究发现了一种叫直接种间电子传递（DIET）的过程，即微生物通过纳米导线、细胞色素 c 或导电物质（如活性炭、生物炭、纳米 Fe_3O_4 等）直接将电子传递给另一种微生物以实现单一微生物不能完成的代谢过程。如地杆菌可直接氧化乙醇，并将产生的电子通过导电菌丝或细胞色素 OmcS 传递给甲烷丝菌或甲烷八叠球菌，甲烷丝菌或甲烷八叠球菌接受电子并还原 CO_2 为甲烷（图 4-1）。

按照传统水解酸化-产甲烷途径的观点，产氢产乙酸菌分解 1mol 乙醇可产生 1mol 乙酸和 2mol H_2，耗（嗜）乙酸产甲烷菌消耗 1mol 乙酸产生 1mol 甲烷，因此 1mol 乙醇应只产生 1mol 甲烷［见反应式（4-1）和式(4-2)］。然而，有研究发现：在硫还原地杆菌（*G. metallireducens*）和严格耗乙酸型产甲烷菌竹节状甲烷鬃菌（*M. harundinacea*）的共培养体系中，消耗 1mol 乙醇仍可产生 1.5mol 甲烷，表明 *M. harundinacea* 利用了 *G. metallireducens* 分解乙醇为乙酸

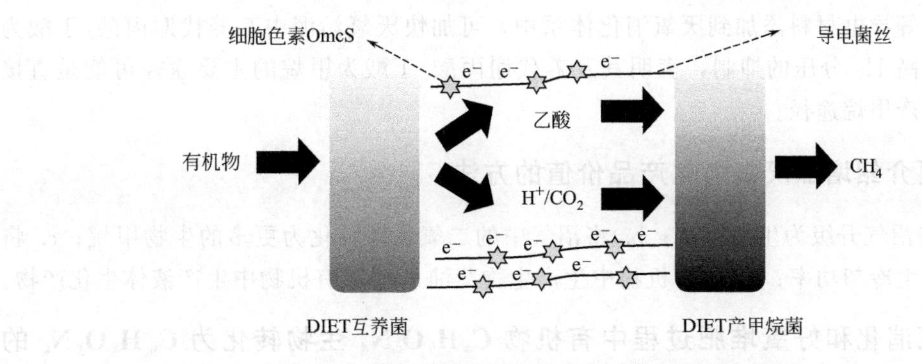

图 4-1 厌氧消化中直接种间电子传递产甲烷原理

过程中释放的电子。宏转录组测序结果也表明：*M. harundinacea* 通过 DIET 直接接受电子并还原 CO_2 为甲烷。

$$CH_3CH_2OH + H_2O \longrightarrow CH_3COO^- + H^+ + 2H_2 \quad （产氢产乙酸） \quad (4\text{-}1)$$

$$CH_3COOH \longrightarrow CH_4 + CO_2 \quad （耗乙酸产甲烷） \quad (4\text{-}2)$$

$$4H^+ + 4e^- + 0.5CO_2 \longrightarrow 0.5CH_4 + H_2O \quad （直接种间电子传递） \quad (4\text{-}3)$$

DIET 产甲烷途径具有以下潜在的优势：a. 复杂有机物无需经历水解酸化，可直接被 DIET 微生物互养（共生）代谢为甲烷；b. 电子传递无需借助 H_2 扩散，能克服有机物分解产酸的热力学限制；c. 利用磁铁矿、生物炭等导电材料充当电子管路，促进直接种间电子传递产甲烷途径。

18. 为什么丙酸/丁酸积累不利于甲烷发酵？

答：丙酸/丁酸积累是造成厌氧消化系统酸化的重要原因之一。这是因为丙酸/丁酸氧化在热力学上通常不能自发进行 [见反应式(4-4) 和式(4-5)]，其需要耗氢产甲烷菌持续消耗 H_2，以维持较低的 H_2 分压（小于 $10^{-4} \sim 10^{-5}$atm），才能使丙酸/丁酸氧化在热力学上可行。

$$CH_3CH_2COO^- + 3H_2O \longrightarrow CH_3COO^- + H^+ + HCO_3^- + 3H_2,\ \Delta G' = +76\text{kJ/mol},\ pH = 7 \quad (4\text{-}4)$$

$$CH_3CH_2CH_2COO^- + 2H_2O \longrightarrow 2CH_3COO^- + H^+ + 2H_2,\ \Delta G' = +48.3\text{kJ/mol},\ pH = 7 \quad (4\text{-}5)$$

耗氢产甲烷菌是厌氧消化系统中消耗 H_2 的主要微生物，其丰度通常较低，且对环境敏感，极易代谢受阻，导致 H_2 分压上升，无法完成种间 H_2 传递（IHT）（图 4-2），造成丙酸/丁酸积累，从而导致产甲烷停滞。

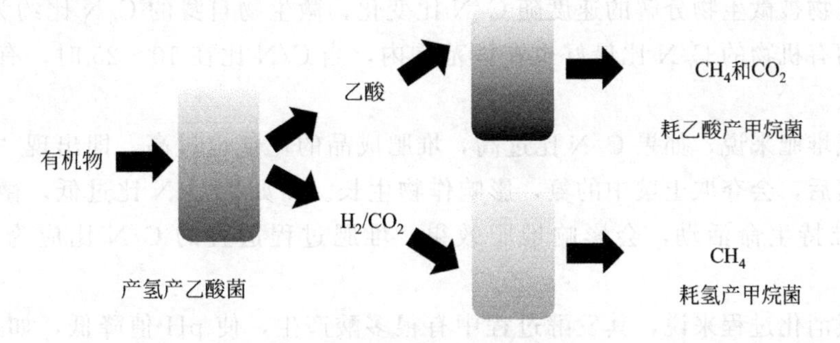

图 4-2 种间氢气传递图

将磁铁矿等导电材料添加到厌氧消化体系中，可加快厌氧污泥中互养代谢丙酸/丁酸为甲烷，且不受高 H_2 分压的抑制，表明其互养代谢丙酸/丁酸为甲烷的主要途径可能是直接种间电子传递产甲烷途径。

19. 简要介绍增加厌氧消化产品价值的方法。

答：a. 将沼气升级为生物甲烷；b. 将沼气中的二氧化碳转化为更多的生物甲烷；c. 将过程热用来产生冷却功率；d. 从有机物中生产生物柴油；e. 从有机物中生产液体生化产物。

20. 厌氧消化和好氧堆肥过程中有机物 $C_aH_bO_cN_d$ 生物转化为 $C_wH_xO_yN_z$ 的基本反应式分别是什么？

答：好氧堆肥：

$$C_aH_bO_cN_d+\left(\frac{ny+2s+r-c}{2}\right)O_2 \longrightarrow nC_wH_xO_yN_z+sCO_2+rH_2O+(d-nz)NH_3$$

厌氧消化：

$$C_aH_bO_cN_d+rH_2O \longrightarrow nC_wH_xO_yN_z+mCH_4+sCO_2+(d-nz)NH_3$$

好氧发酵和厌氧发酵反应方程式中反应物（产物）物质的量对比见表 4-2。

表 4-2 好氧发酵和厌氧发酵反应方程式中反应物（产物）物质的量对比

项目	好氧发酵		厌氧发酵	
	不完全降解	完全降解	不完全降解	完全降解
$s(CO_2)$	$a-nw$	a	$a-nw-m$	$a-m$
$r(H_2O)$	$[b-nx-3(d-nz)]/2$	$(b-3d)/2$	$ny+2s-c$	$2a-2m-c$
$m(CH_4)$			$[b+2r-nx-3(d-nz)]/4$	$(b+4a-4m-2c-3d)/4$
$m'(O_2)$	$(ny+2s+r-c)/2$			

假设有机物在好氧堆肥过程中完全降解，则：$w=x=y=z=0$

$$C_aH_bO_cN_d+(a+0.25b-0.5c-0.75d)O_2 \longrightarrow aCO_2+(0.5b-1.5d)H_2O+dNH_3$$

假设有机物在厌氧消化过程中完全降解，则：$m=0.5a+0.125b-0.25c-0.375d$

$$C_aH_bO_cN_d+(a-0.25b-0.5c+0.75d)H_2O \longrightarrow$$
$$(0.5a+0.125b-0.25c-0.375d)CH_4+(0.5a-0.125b+0.25c+0.375d)CO_2+dNH_3$$

21. 厌氧消化和好氧堆肥工艺适宜 C/N 比为何不同？

答：有机物被微生物分解的速度随 C/N 比变化，微生物自身的 C/N 比约为 4～30，因此提供营养的有机物的 C/N 比最好也在该范围内，当 C/N 比在 10～25 时，有机物被生物分解速度最大。

对于好氧堆肥来说，如果 C/N 比过高，堆肥成品的比值也过高，即出现“氮饥饿”状态，施于土壤后，会夺取土壤中的氮，影响作物生长。而如果 C/N 比过低，微生物没有足够的有机碳维持生命活动，会影响堆肥效果。堆肥过程适宜的 C/N 比应为（25∶1）～（30∶1）。

对于厌氧消化过程来说，其发酵过程中有很多酸产生，使 pH 值降低，如果 C/N 比太高，细胞的氮量不足，消化液的缓冲能力低，pH 值容易降低；若 C/N 比太低，氮量过多，

pH 值可能上升，会抑制消化过程。因此厌氧消化适宜的 C/N 比为（10∶1）～(30∶1)。

22. 什么是餐厨垃圾？餐厨垃圾的特点是什么？

答： 餐厨垃圾是餐馆、饭店、单位食堂的饮食剩余物以及后厨的果蔬、肉食、油脂、面点等的加工过程的废弃物。在饮食消费后的饮食残余物中以淀粉、蛋白质、脂肪为主，同时盐、游离态脂肪含量高，含水率高，易被微生物利用降解；而在一般在食品加工过程中产生的废弃物，成分主要为菜叶、果皮，其碳水化合物含量高。

餐厨垃圾主要有 3 个特点，分别是：a. 含水率高，约为 80%，热值约为 2100kJ/kg，不能满足焚烧、填埋工艺要求，处理难度大；b. 易腐烂，餐厨垃圾中有机物含量约占干物质质量的 93%，又因其含水率高，易腐败发臭，易滋生病菌；c. 营养丰富，除了有粗蛋白、粗纤维及粗脂肪等有机物外，还含丰富的钙、钠等微量元素，营养元素齐全，再利用价值高。

23. 餐厨垃圾中有机物和无机物所占比例分别是多少？含盐率大约为多少？

答： 餐厨垃圾中的主要成分是有机物。餐厨垃圾的有机物含量高（一般占干物质的 95%以上)，其中，富含蛋白质、淀粉、纤维素、脂肪等，资源回收价值大。而无机物所占比例很少，约为 5%，其中含盐率约为 2%～3%（干基计)。与其他生活垃圾相比，餐厨垃圾的含盐率较高。

24. 餐厨垃圾的 pH 值约为多少？菌糠作为堆肥调理剂的优点有哪些？

答： 餐厨垃圾的 pH 值约为 5～6，偏酸性。好氧堆肥法是指在有氧存在的状态下依靠好氧微生物对废物中的有机物进行分解转化的过程，最终的产物主要是二氧化碳、水、热量和腐殖质。如果单独进行堆肥处理，大部分微生物不能在此环境的 pH 中生长，因此需要加入调理剂进行调节。一般采用一些农业废物，如玉米秸秆、木屑等，也可加入一些菌糠作为调理剂。

菌糠（也称菇渣）是以秸秆、谷壳、麦麸、木屑为主要原料栽培并采收食用菌菇后剩余的培养基或培养料，采用菌糠作为调理剂的优点有：

① 菌糠中含有石膏粉（或石灰粉）等 pH 调理剂，可作为外源碱中和剂，缓解堆肥初期的酸化；

② 营养丰富，含有麦麸（或米糠）等养分调理性物料，还有丰富蛋白质、有机酸、多糖、多种微量元素（Fe、Zn、Mn、Se 等）和生物活性物质（降解纤维素、木质素、蛋白质等大分子的各种酶)，它们可与餐厨垃圾形成营养互补、协同增效；

③ 存在降解能力强的微生物；

④ 透水透气性好；

⑤ 菌糠产生量大，粒径一般为 10mm 左右，所以菌糠不需要再次粉碎，且比秸秆易收集；

⑥ 菌糠还可用于调理餐厨垃圾的 C/N 比；餐厨垃圾 C/N 比约为（16∶1)～(22∶1)，但好氧堆肥的适宜 C/N 比为（25∶1)～(30∶1)，菌糠的 C/N 比较高，能够提高混合堆肥物料的 C/N 比；

⑦ 与其他调理剂相比，菌糠调理剂堆肥过程升温速度较快，高温期持续时间长，处理效果较为理想，且可以提高堆肥处理的速度；

⑧ 菌糠是一种结构松散，比表面较大的物质，同时其中土著微生物的数量和种类较多，可吸附堆肥过程释放的NH_3，并通过微生物的作用加以转化和稳定，故堆肥过程中散发臭味较少，具有明显的抑臭保氮效果。

25. 什么是垃圾渗滤液？有什么特点？

答：垃圾渗滤液是指来源于垃圾填埋场中垃圾本身含有的水分、进入填埋场的雨雪水及其他水分，扣除垃圾、覆土层的饱和持水量，并经历垃圾层和覆土层而形成的一种高浓度废水。

垃圾渗滤液有以下5个特点：

① 有机物浓度高且污染物种类繁多。COD浓度一般可达几万毫克每升，有时甚至浓度高达80000mg/L。

② 水质、水量变化大。渗滤液COD浓度变化范围一般为189～54412mg/L。雨季渗滤液产生量大，旱季渗滤液产生量少。

③ NH_3-N含量高。渗滤液中的NH_3-N含量一般在1000mg/L，随着填埋年数的增加而增加，最高可达2000mg/L以上，远远高于城市污水。

④ 重金属离子含量高。渗滤液中含有十多种重金属离子，主要包括Fe、Zn、Cd、Cr、Hg等。

⑤ 营养元素比例失调。当污水中营养元素的比例为BOD_5：N：P＝100：5：1时，采用生化法处理污水是适宜的。但一般渗滤液中的$BOD_5/P>300$，这与微生物生长所需的磷元素差别较大。

26. 垃圾渗滤液处理方法的工程实例有哪些？

答：垃圾渗滤液若仅靠生物处理无法达到排放要求，通常需采取“生物处理＋深度处理”的方法，垃圾渗滤液处理的技术路线通常为“预处理＋生化处理＋深度处理”。在预处理单元中，常采用氨吹脱技术，主要目的是去除垃圾渗滤液中的高氨氮，以消除其对生化处理的抑制影响；对于深度处理技术，现有工程主要应用的是膜技术，目的是进一步去除垃圾渗滤液中的难降解有机物、氨氮、总氮等。我国规定2011年7月1日后垃圾填埋场渗滤液必须自行处理，表4-3列出了几种工程实例。

表4-3　垃圾渗滤液处理的工程实例

序号	工程实例	主要工艺
1	重庆长生桥垃圾填埋场	二级碟管式反渗透(DT-RO)
2	浙江省诸暨市垃圾填埋场	混凝沉淀-SBR-活性炭过滤
3	某市垃圾卫生填埋场	厌氧池-曝气池-沉淀池-絮凝沉淀池-三级稳定塘
4	江西某市垃圾填埋场	UASB-A/O-活性炭吸附塔
5	三峡库区向家湾垃圾填埋场	UASB-SBR-化学絮凝
6	北京安定垃圾卫生填埋场	预处理-KTRO碟管式反渗透
7	嵊州市垃圾卫生填埋场	混凝沉淀-低氧生化-SBR-混凝沉淀-ClO_2消毒
8	沈阳老虎冲生活垃圾填埋场	水解酸化-A/O-混凝-加氯消毒
9	南京江宁区东善乡	脱氮-混凝气浮-UASB-接触氧化

续表

序号	工程实例	主要工艺
10	贵阳高雁生活垃圾填埋场	UASB-A/O-混凝消毒
11	泉州市生活垃圾填埋场	厌氧流化床-A/O-紫外消毒
12	天津市滨海新区汉沽	立环生化反应器-富氧强化-臭氧离子催化氧化-机械过滤-活性炭过滤-连续微过滤-二级反渗透-消毒

目前膜分离后出水能达到相应的国家标准，水质不稳对膜处理效果影响较小，但目前国内用于实际工程的还是少数，从上述表中可以看出，膜技术主要用于水质要求较高的地区，主要原因是膜材料成本高，受污染后难以清洗再利用。随着技术的发展，相信膜技术会在垃圾渗滤液处理中占据重要地位。

27. 餐厨垃圾好氧堆肥处理厂的渗滤液如何处理?

答: 采用好氧堆肥处理工艺处理餐厨垃圾时，大体积物料挤压脱水，分离出固体物质可作为堆肥原料；液态物质送入油水分离器，油脂可回收利用。经油水分离后的渗滤液经絮凝、UASB厌氧发酵处理、好氧生物处理、气浮处理以及膜过滤处理工艺以后，有效降低渗滤液中的COD、BOD、氮、磷等，出水可达到当地纳管标准后可通过污水管网输送到城市污水处理厂去处理。

28. 在餐厨垃圾资源化的过程中，比较难以解决的问题是什么?

答: 首先，由于餐厨垃圾具有高水分、高盐分、高有机质含量、组分时空差异明显、危害性与资源性并存的特点，限制了许多工艺对餐厨垃圾的利用。例如，采用填埋处理会产生大量渗滤液，会污染地下水，且渗滤液成分复杂难处理。更重要的是，餐厨垃圾的热值达不到焚烧处理的要求，需要外加燃料，提高了处理成本。

其次，由于餐厨垃圾易腐烂，在运输及其处理过程中会产生大量的气体，尤其是在生物处理过程中，臭气的产生问题更为严重。因此，需要采用先进的除臭工艺。

由于餐厨垃圾处理技术资源化水平低、作业环境较差，餐厨垃圾的管理力度也不够，要提高餐厨垃圾的处理率，必须从政策和技术两方面着手。政策上政府部门大力协助，将餐厨垃圾与其他生活垃圾分开处理，从源头控制，管理收运实施规范化运营；在处理环节中政府应给予支持，建立餐厨垃圾政府激励制度；各职能部门形成合作联动机制，加强宣传，完善制度，强化执法与监管。技术上应改进现有资源化技术手段，增加利用率，开发新的能提升餐厨垃圾处理经济效益的技术，改变餐厨垃圾处理环境差这一现状。

第二节 城市生活垃圾热处理

29. 三大可燃性元素（C、H、S）的燃烧基本反应式有哪些?

答: 燃烧是废物中的可燃性物质与氧气之间发生的剧烈化学反应，根据这些可燃元素的燃烧反应剂量关系，可以求出燃烧所需要的空气量以及燃烧生成的烟气量。

三大可燃性元素（C、H、S）的燃烧基本反应式为：

$$C+O_2 = CO_2$$

$$C+\frac{1}{2}O_2 = CO$$

$$CO+\frac{1}{2}O_2 = CO_2$$

$$H_2+\frac{1}{2}O_2 = H_2O\ (g)$$

$$H_2+\frac{1}{2}O_2 = H_2O\ (l)$$

$$S+O_2 = SO_2$$

30. 垃圾焚烧装置主要有哪几类？基本原理是什么？

答：垃圾焚烧发电根据焚烧装置的不同分为炉排炉焚烧、流化床焚烧。

炉排炉焚烧的基本原理是将城市垃圾运到焚烧厂的垃圾池，经抓吊入料斗，慢慢进入炉膛，经过干燥、燃烧、燃尽三个阶段，在大量氧气的助燃条件下，垃圾在炉排中被搅动，充分燃烧，烧尽的炉渣入渣池冷却后，运往厂外填埋。垃圾燃烧后产生的大量高温烟气进入余热锅炉换热，过热蒸汽再进入汽轮发电机组发电。垃圾含水量高是导致垃圾热值偏低的根本原因，干燥稳定技术是降低垃圾含水率、提高热值的有效办法。

流化床焚烧的基本原理是流化床垃圾焚烧处理时，利用砂子做床料，从炉底送入的流化风通过空气分散装置将炉砂吹起，使炉砂做旋转回流运动，当炉砂升温至600～700℃时投入垃圾后就可迅速完全燃烧，没有燃尽或不燃的残渣及飞灰均由特定的装置取出。

31. 目前我国在垃圾焚烧发电工艺中存在的问题是什么？该如何应对？

答：中国垃圾焚烧发电存在的问题有：

① 焚烧设备投资成本较高，目前垃圾发电厂的建设成本约为每吨垃圾40万～70万元人民币。

② 由于垃圾热值受季节变化影响较大，使得垃圾焚烧运行不太稳定，因此，需要引进新的管理经验，研究开发新技术；在混合收集清运的地方，垃圾成分复杂，掺杂了大量不可燃成分，需源头分类以提高垃圾热值，稳定运行。

③ 垃圾焚烧后产生的尾气中含有超量的有毒有害物质，包括严重致癌物质二噁英，若处理不善，将造成二次污染，破坏周边环境，危及群众人身安全。因此，尾气处理一定要按照国家相关规定将排放指标严格控制在合格范围内。

④ 目前垃圾发电的产业政策还不十分完善，垃圾处理费用的收取仍然不能完全到位，因此，垃圾发电厂的运作还依赖于较高的电价和财政补贴。

应对措施有：

1）降低建设成本　尽量采用国产化焚烧设备，目前中国焚烧设备生产技术已得到飞速发展，能满足国内垃圾焚烧的需求。

2）提高垃圾的热值　在实施垃圾分类的城市，垃圾热值已大大提高；未实施垃圾分类的地区，干燥稳定技术是降低垃圾含水率、提高热值的有效办法，即将混合垃圾进行为期5～7d的生物堆肥处理，在堆放的过程中，多余的水分由于重力滤走；另外由于微生物的活动，垃圾的温度可高达70℃。利用这一温度，再加入过量的空气，便可对垃圾进行脱水。

经过 5～7d 堆放后的垃圾含水率可由原来的 60%～70%降至 10%～15%，大大提高了垃圾的热值。近年来，国外开始采用机械生物处理技术来提高垃圾热值，可将混合垃圾中的非易燃物如有色金属、铁、玻璃等分拣出。由于该技术费用较低，而且在环境保护方面有一定优势，因此人们容易接受，但目前中国使用该项技术的垃圾发电厂还不多。

3）减少有害物质的排放　对于焚烧之后的烟气处理，可采用半干式加布袋除尘系统，该系统由石灰浆、布袋除尘器、活性炭等部分组成；还要考虑低成本脱硝技术和二噁英的去除，以化解“邻避效应”。而焚烧之后产生的固体废弃物，如飞灰等，可以收集后资源化处理。

32. 如何解决垃圾焚烧炉内存在的腐蚀、积灰和摩擦现象？

答：焚烧炉中存在腐蚀、积灰和摩擦的现象。防止或减轻腐蚀和积灰的措施：

① 通过金属表面处理或高温涂层技术减少表面缺陷或增强抗应力冲击能力。

② 采用合理的吹灰方式和科学的吹灰间隔时间，及时清除受热面的积灰，防止高强度烧结，同时避免积灰中过高的氯含量。这两种措施都是抑制腐蚀速度的措施。

③ 在垃圾焚烧前添加熟石灰，中和部分酸性气体，使烟气中酸性气体含量下降。

防磨损措施：

① 由于磨损量与烟气流速的 3 次方成正比，烟速增加 1 倍，磨损量将增加约 10 倍，因此锅炉设计时应选择合理的烟气流速以防止磨损。

② 在尾部烟道中受热面磨损较严重部位加装防磨装置，或采用厚壁管，延长被磨损时间，使受热面使用寿命增加。

③ 采用扩展受热面，如膜式水冷壁、鳍片式省煤器，从而达到减轻磨损的效果。

33. 垃圾焚烧二噁英的形成机理以及控制措施。

答：目前被普遍接受的燃烧过程中二噁英排放的来源有主要 3 种机理：

① 燃料中本身含有的二噁英在燃烧中未被破坏，存在于燃烧后的烟气中；

② 燃料中不完全燃烧产生了一些与二噁英结构相似的环状前驱物（氯代芳香烃），这些前驱物通过分子的解构或重组生成二噁英，即所谓的气相（均相）反应生成二噁英；

③ 固体性灰表面发生异相催化反应合成二噁英，即飞灰中的残炭、氧、氢等在飞灰表面催化合成中间产物或二噁英，或气相中的二噁英前驱物在飞灰表面催化生成二噁英。

控制方法：

1）垃圾预处理对二噁英的控制　烟气中含有的大量氯化物是合成二噁英的主要氯源。对原生垃圾进行分类加工处理，减少垃圾中含氯有机物和重金属的含量，将原生垃圾制成垃圾衍生燃料，能够降低二噁英的生成概率。

2）炉内燃烧对二噁英的控制

① 燃烧参数的控制：垃圾在炉膛的充分燃烧，有效分解了垃圾中原来存在的二噁英，避免了未完全燃烧产生的有机碳和 CO 为二噁英的再合成提供的碳源。

② 炉膛结构的区别：日本等国家采用的气化熔融焚烧技术，在焚烧温度高达 1300℃的条件下，不仅能分解二噁英及其前驱物，还能将绝大部分飞灰熔融固化下来，杜绝在下游设备上由氯化有机物、金属氯盐（$CuCl_2$）催化剂、氧气和水分子在低温区域（250～400℃）下重新再合成二噁英。有些研究者提出，随着对二噁英控制要求越来越高，垃圾焚烧技术也应由炉排炉、回转窑和流化床的传统垃圾焚烧技术，发展为二噁英“零排放化”的气化熔融

焚烧技术。

3）炉内抑制剂的投加 对二噁英的产生具有抑制作用的药剂，第一类是能够减少 Cl_2 形成，使重金属催化剂中毒即磺化酚类前驱物的硫及硫化物；第二类是 SNCR 脱硝反应衍生功能的氮化物，氮能同时控制 HCl 和 NO_x，使参与反应的氯源减少而抑制二噁英合成；第三类是用来控制燃烧烟气酸性气体排放，改变飞灰表面酸度的同时，能显著抑制炉内二噁英排放的碱性化合物。

4）竖井烟道对二噁英的控制

① 竖井烟道的快速降温：研究证明二噁英的“从头合成”在焚烧炉的燃后区 300～325℃之间达到最大，故实施迅速冷却烟气技术缩短烟气在这温度段的停留时间，二噁英的产生量相应会降低。

② 换热器表面的清灰：竖井烟道中锅炉热交换器、管道及换热面表面的飞灰中含有二噁英，也含有合成二噁英所需要的主要碳源、氯源及催化剂。所以定期清除掉竖井烟道中的积灰，也是减少燃烧后区域合成二噁英的重要控制手段。

5）烟气净化对二噁英的控制 活性炭具有巨大的表面积及良好的吸附性，能同时吸附固态和气态二噁英组分。国内外研究发现，布袋在除尘的同时，对烟气中二噁英的脱除效果也挺不错。

34. 对垃圾燃烧产生二噁英的机理进行研究时，发现二噁英的形成分为直接释放、燃烧过程中高温合成、燃烧之后的前驱物合成以及从头合成，为什么前驱物合成≥从头合成≥高温合成？

答：从头合成是指通过飞灰中的大分子碳（所谓的残炭）同有机或无机氯在低温下（约 250～450℃）经飞灰中某些具有催化性的成分（如 Cu、Fe 等过渡金属或其氧化物）催化生成 PCDD/Fs（二噁英/二苯并呋喃）；前驱物合成是指不完全燃烧和飞灰表面的非均相催化反应可形成多种有机前驱物，如多氯联苯和氯酚，再由这些前驱物生成 PCDD/Fs；高温气相生成是指相对简单、具有短链的氯化了的烃类化合物首先转化成氯苯（BzCl），然后转化为多氯联苯（PCBs），最终在高温条件（871～982℃）下转化成 PCDFs，PCDFs 进一步反应转化成 PCDDs。从头合成的过程中形成前驱物后就是前驱物合成，高温气相生成需要高温条件，并且该反应是均一气相反应。已有研究表明，高温气相只占 10%。所以在生产二噁英的过程中，前驱物合成≥从头合成≥高温合成。

35. 多氯代二苯并二噁英（PCDDs）与多氯代二苯并呋喃（PCDFs）的形成机理一样吗？

答：PCDDs 主要通过表面催化的氯酚的偶联反应以及环的闭合等多步反应生成，催化剂作为电子传输氧化剂，使两个芳香环发生偶联。PCDFs 的形成，主要是由氯苯和多氯联苯产生，包括通过各种金属催化的闭环反应。

36. 有机废物热裂解机理是什么？

答：在缺氧或者惰性气体存在的条件下，将橡胶高分子加热，由于施加到聚合物试样上的热能超过了分子键能，结果引起聚合物分子热裂解，裂解为裂解气、裂解油和裂解炭黑。

分子的碎裂包括以下过程：a. 失去中性小分子；b. 打开聚合物链产生单体单元或裂解

成无规的链碎片。高聚物的热分解反应，在给定的裂解温度和气氛等条件下，因分子结构的不同，遵循着特定的反应规律进行，得到的产物分别具有特征性和统计性，高聚物热分解反应的规律性称为高聚物的热裂解机理。聚合物的热裂解机理可以分为以下几类。

1）有规链断裂（或解聚断裂）　分子链按游离基链反应断裂，几乎全部裂解为单体，链节结构中具有季碳原子的高聚物，像甲基丙烯酸甲酯，聚 α-甲基苯乙烯等都以此种方式裂解。

2）无规链断裂　当链结构中不具有季碳原子即碳上含有较多的氢原子时，则发生此种断裂。由于引发断裂生成的游离基和活性链本身或彼此之间易发生链转移，使分子链不能进一步解聚，单体产率大大降低，属于这种断裂的高聚物有聚乙烯、聚丙烯等。例如，聚乙烯裂解时，由于链转移的结果，产生新的游离基和活性链，因而生成各种碳数的裂解产物。

3）非链断裂　聚合物的侧链上有非烷基取代基时，由于其键能较小，在主链 C—C 键未断裂之前，已发生消除反应，产生不饱和的共轭分子链，随后不饱和的共轭分子链环化断裂生成苯或其衍生物。

4）分子内交换反应　大多数杂链高聚物，如聚酯、聚碳酸酯、聚异氰酸酯、聚 α-氨基酸等热降解时均产生分子内交换反应，形成一系列的环状齐聚物。例如：聚碳酸酯热降解时通过分子内交换反应生成环状内酯，形成的环状齐聚物可能进一步发生脱羧反应或水解。

5）β-CH 转移反应　一些杂链化合物，如聚砜、聚胺、聚醚和聚酰胺等热降解时发生 β-CH转移反应，形成一系列的线状齐聚物。例如，尼龙-3 热降解时通过 β-CH 转移反应，形成丙烯酰胺及其更高的线状齐聚物。

通过结合质谱仪（MS）的热重分析仪来研究废轮胎的热解特性。轮胎热解过程产生的气体主要成分是 H_2O、CO、CO_2 和烃类化合物。根据质谱和热重（TG）曲线，轮胎热解可分为四个阶段：第一阶段是由于在 320℃以下的温度下水分蒸发和增塑剂分解；第二阶段是由于天然橡胶在 320～400℃时发生分解；第三阶段与合成橡胶在 400～520℃发生分解有关；第四阶段发生在 520℃以上。另外，轮胎的热解反应是一级不可逆的独立反应，活化能为 147.95kJ/mol。

37. 热解与焚烧的区别是什么？

答：焚烧是在高电极电位（或有氧）条件下发生氧化、放热分解反应；热解（也叫干馏）是在低电极电位（或无氧、缺氧）条件下发生吸热分解反应。两者主要区别见图 4-3。

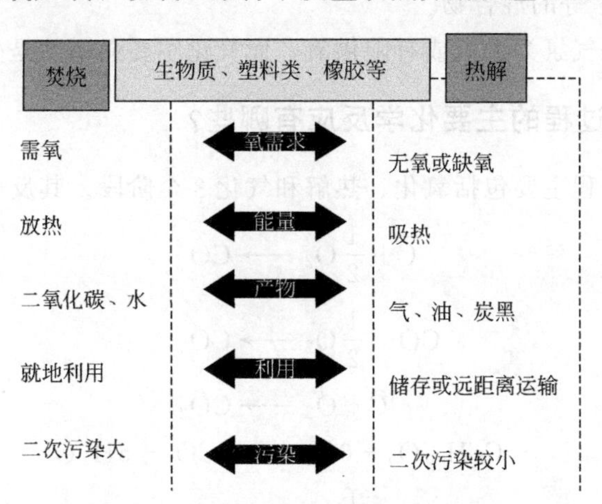

图 4-3　焚烧和热解各自的特点

生活垃圾完全燃烧的化学反应式为：

$$C_aH_bO_cN_dS_eCl_fF_g+\frac{4a+b-2c+4e-f-g}{4}O_2\longrightarrow$$

$$aCO_2+\frac{b-f-g}{2}H_2O+\frac{d}{2}N_2+eSO_2+fHCl+gHF$$

而热解的化学化学反应式为：

$$有机物+热\xrightarrow{无氧或缺氧}G(g)+L(l)+S(s)$$

其中，气体产物有 CH_4、CO、CO_2、H_2 等；液体产物有焦木酸、甲醇、乙酸、丙酮、苯、低分子脂肪烃类、焦油、沥青等；固体残渣有炭黑、残留无机物。

38. 热解技术的优势和局限性有哪些？

答：与焚烧相比，热解具有以下特点：a. 各种有机成分可转化为更易利用的能量形式，经济性更好；b. 热解过程中产生的气体和油可用于燃烧或提取化工原料；c. 热解系统的二次污染较小，对环境更安全。

热解技术存在一定的局限性，主要有：所需反应温度较高，对设备的要求较严格；产物分布过宽，油、气、焦等物质的再利用途径尚不完善等。

39. 制造生物炭的原材料和产物是什么？

答：制造生物炭的原材料不仅是树木，还可以是动物粪便、动物骨头、植物根茎、木屑和麦秸等有机垃圾，生产生物炭过程中约 1/3 原料变为生物炭，1/3 释放出的气体经再加工可被用于发电，另 1/3 则可成为原油，而其他一些副产品可用于制药。

40. 生物质热解和气化的区别是什么？

答：热解是指燃料在惰性气氛或有限供氧的条件下发生的降解反应，生成热解气体、焦油和生物质炭，热解气体一般是 CO、CO_2、H_2 等小分子气体。

气化是指燃料与气化剂反应生成可燃气体，气化剂可以是空气、富氧气体甚至纯氧、氢气、水蒸气等，它们可使热解焦炭中的碳进一步反应进入气相，有利于获得可燃气体，如 CO、CH_4、H_2、C_2H_2 等的混合物。

热解主要强调的是气氛为无氧或有限供氧，而气化主要强调的是生成气体是可燃气体。

41. 生物质气化过程的主要化学反应有哪些？

答：生物质气化过程主要包括氧化、热解和气化 3 个阶段。其反应式如下。

氧化阶段：

$$C+\frac{1}{2}O_2\longrightarrow CO$$

$$CO+\frac{1}{2}O_2\longrightarrow CO_2$$

$$C+O_2\longrightarrow CO_2$$

$$C_6H_{10}O_5+6O_2\longrightarrow 6CO_2+5H_2O$$

$$H_2+\frac{1}{2}O_2\longrightarrow H_2O$$

$$CO + H_2O \longrightarrow CO_2 + H_2$$

$$CO + 3H_2 \longrightarrow CH_4 + H_2O$$

热解阶段：

$$C_6H_{10}O_5 \longrightarrow C_xH_y + CO$$

$$C_6H_{10}O_5 \longrightarrow C_mH_nO_y$$

气化阶段：

$$C + H_2O \longrightarrow CO + H_2$$

$$C + CO_2 \longrightarrow 2CO$$

$$CO_2 + H_2 \longrightarrow CO + H_2O$$

42. 碱热处理法产氢的原理是什么？

答： 碱热处理法是利用氢氧化物将生物质能源中的碳元素固定并产生高纯度氢气的反应。生物质能源具有有机物含量高、能量密度低、含水率高等特点，在这种方法中，水是反应物，可以直接利用，并且还可以较好地抑制二氧化碳的产生，减轻温室效应的负担。

该方法的反应方程式：

$$C_6H_{10}O_5(s) + 12NaOH(s) + H_2O(g) \longrightarrow 6Na_2CO_3(s) + 12H_2(g)$$

$$C_6H_{10}O_5(s) + 6Mg/Ca(OH)_2(s) + H_2O(g) \longrightarrow 6Mg/CaCO_3(s) + 12H_2(g)$$

$$C_6H_{10}O_5(s) + 7H_2O(g) \longrightarrow 12H_2(g) + 6CO_2(g)$$

第三节　工业固体废物资源化

43. 工业固体废物热分解的目的是什么？

答： 工业固体废物大多为无机废物，其热分解的目的是将晶体状的固体废物在较高温度下脱除其中吸附水及结合水或同时脱除其他易挥发物质，可提高后续资源化利用的档次。如：

（1）热分解脱水

$$\underset{\text{(高岭石)}}{Al_2O_3 \cdot 2SiO_2 \cdot 2H_2O} \xrightarrow{400\sim600℃} \underset{\text{(偏高岭石)}}{Al_2O_3 \cdot 2SiO_2} + 2H_2O\uparrow$$

高岭土经煅烧脱水，可明显增加其白度和硬度，并使其具有良好的光学性质、油吸收性能等。高温煅烧高岭土可代替昂贵的钛白粉，用于塑料、涂料、橡胶工业。

（2）氧化分解脱除挥发组分

1）碳酸盐的热分解

石灰石煅烧：　$CaCO_3 \xrightarrow{550\sim1000℃} CaO + CO_2\uparrow$

菱镁矿煅烧：　$MgCO_3 \xrightarrow{500\sim750℃} MgO + CO_2\uparrow$

白云石煅烧：　$CaMg(CO_3)_2 \xrightarrow{600\sim1050℃} CaO + MgO + 2CO_2\uparrow$

煅烧生成的 CaO、MgO 水化能力很强，可作为胶凝材料使用，如果将煅烧生成 CaO、CO_2 反应，则生成沉淀碳酸钙（轻质碳酸钙），它的密度极细，白度很高，是优良的填料、涂料。

$$CaO + H_2O \longrightarrow Ca(OH)_2$$

$$Ca(OH)_2 + CO_2 \longrightarrow CaCO_3 + H_2O$$

2）硫酸盐的热分解

$$CaSO_4 \xrightarrow{\text{氧化气氛}} CaO + SO_3 \uparrow$$

$$CaSO_4 + CO \xrightarrow{\text{还原气氛}} CaSO_3 + CO_2 \uparrow$$

$$CaSO_3 \longrightarrow CaO + SO_2 \uparrow$$

3）其他物质的热分解

$$FeS_2 + O_2 \xrightarrow{350 \sim 450℃} FeS + SO_2 \uparrow$$

$$4FeS + 7O_2 \xrightarrow{500 \sim 800℃} 2Fe_2O_3 + 4SO_2 \uparrow$$

$$Fe_2O_3 + CO \xrightarrow{\text{还原气氛}} 2FeO + CO_2 \uparrow$$

44. 工业固体废物焙烧的目的是什么？

答：焙烧是将矿石、精矿或废物在空气、氯气、氢气、甲烷和一氧化碳等气流中不加或配加一定的物料，加热至低于炉料的熔点，发生氧化还原和其他化学变化的过程，目的是改变废物的化学性质和物理性质，如将难溶化合物转变为易水溶或酸溶（碱溶）的化合物，以便于后续的资源化利用。固体废物的焙烧，大致有还原焙烧、氯化焙烧、氧化焙烧、硫酸化焙烧、加盐焙烧等。

所有焙烧都可去除有机物，去除水分。

1）还原焙烧是在还原性气氛中将固废中的金属氧化物转化为相应的低价金属氧化物或金属，便于简单酸浸或氧化酸浸（常用的还原剂为固体碳、气体 CO 和 H_2）：

$$\text{固体废物中的高价金属氧化物} + \text{还原剂} \xrightarrow{\text{还原焙烧}} \text{低价金属氧化物或金属} \quad \text{（还原焙烧）}$$

$$MeO + 2H^+ \longrightarrow Me^{2+} + H_2O \quad \text{（简单酸浸）}$$

$$MeS + 2H^+ + \text{氧化剂} \longrightarrow Me^{2+} + S^0 \text{ 或 } SO_4^{2-} \quad \text{（氧化酸浸）}$$

例如：

$$BaSO_4 + 4C \longrightarrow BaS + 4CO \quad \text{（还原焙烧）}$$

$$3Fe_2O_3 + CO \longrightarrow 2Fe_3O_4 + CO_2 \quad \text{（还原焙烧）}$$

$$CuO + CO \longrightarrow Cu \downarrow + CO_2 \quad \text{（还原焙烧）}$$

$$CuO + 2H^+ \longrightarrow Cu^{2+} + H_2O \quad \text{（简单酸浸）}$$

$$Cu + 2H^+ + \frac{1}{2}O_2 \longrightarrow Cu^{2+} + H_2O \quad \text{（氧化酸浸）}$$

$$Cu_2O + 4H^+ + \frac{1}{2}O_2 \longrightarrow 2Cu^{2+} + 2H_2O \quad \text{（氧化酸浸）}$$

$$CuFeS_2 + 4O_2 \longrightarrow Cu^{2+} + Fe^{2+} + 2SO_4^{2-} \quad \text{（氧化酸浸）}$$

2）氧化焙烧是在氧化性气氛中将固废中的金属盐转变成相应的氧化物，便于简单酸浸；硫酸化焙烧是含硫金属废物经氧化焙烧生成硫酸盐，便于用水浸出。主要用于处理含硫化矿的尾矿。

$$2MeS + 3O_2 \longrightarrow 2MeO + 2SO_2 \quad \text{（氧化焙烧）}$$

$$2MeO + 2SO_2 + O_2 \longrightarrow 2MeSO_4 \quad \text{（硫酸化焙烧）}$$

3）氯化焙烧使废物中的有价金属转化为可溶性金属氯化物或挥发性气态金属氯化物，便于用水浸出，常用的氯化剂有：氯气、氯化氢、氯化钙、氯化钠等。

$$废物中的金属氧化物\ MeO+氯化剂 \longrightarrow MeCl_2$$

$$废物中的金属硫化物\ MeS+氯化剂 \longrightarrow MeCl_2$$

4）钠化焙烧（加盐焙烧）是在固体废物中加入硫酸钠、氯化钠、碳酸钠等进行焙烧，使有价金属转化为可溶性钠盐，便于用水浸出，该技术在焙烧过程产生大量氯化氢和氯气等高污染废气，已被国内禁止。

$$2NaCl+\frac{1}{2}O_2 \longrightarrow Na_2O+Cl_2$$

$$3Na_2O+V_2O_5 \longrightarrow 2Na_3VO_4$$

5）磁化焙烧是对于某些磁性弱的废渣，可通过适当的人工焙烧增强其磁性后再进行磁选。

$$3Fe_2O_3+CO \longrightarrow 2Fe_3O_4+CO_2 \quad （还原焙烧\text{-}磁选法）$$

$$7FeS_2+6O_2 \longrightarrow Fe_7S_8+6SO_2 \quad （氧化焙烧\text{-}磁选法）$$

45. 化学浸出有哪些方法？

答：化学浸出是指用化学溶剂选择性地溶解固体废物中某种目的组分，使该组分进入溶液中而达到与废物中其他组分相分离的工艺过程，浸出可分为酸浸（简单酸浸、氧化酸浸、还原酸浸）、碱浸（氨浸、苛性钠浸等）、盐浸（氯化钠浸、高价铁盐浸、氯化铜浸、次氯酸钠浸等）。如：

$$MnO_2+2Fe^{2+}+4H^+ \longrightarrow Mn^{2+}+2Fe^{3+}+2H_2O \quad （还原酸浸）$$

$$CuO+2NH_4OH+(NH_4)_2CO_3 \longrightarrow Cu(NH_3)_4CO_3+3H_2O \quad （氨碱浸）$$

$$PbS+4NaOH \longrightarrow Na_2PbO_2+Na_2S+2H_2O \quad （苛性钠碱浸）$$

$$PbSO_4+2NaCl \longrightarrow PbCl_2+Na_2SO_4 \quad （氯化钠盐浸）$$

$$Bi_2S_3+6FeCl_3 \longrightarrow 2BiCl_3+6FeCl_2+3S^0 \quad （高价铁盐浸）$$

$$PbS+2CuCl_2 \longrightarrow PbCl_2+2CuCl+S^0 \quad （氯化铜盐浸）$$

$$MoS_2+9NaClO+6NaOH \longrightarrow Na_2MoO_4+9NaCl+2Na_2SO_4+3H_2O \quad （氯化铜盐浸）$$

46. 生物浸出的原理是什么？

答：生物浸出也叫作生物冶金，是一种用细菌微生物从矿石中提取黄金等贵金属的技术，现在广泛用于废旧家电、工业废渣中金属的提取。微生物浸出机理有直接和间接作用机理。

1）直接作用机理　细菌借助自身的许多化学官能团，直接吸附在硫化矿物表面，分泌特有的铁氧化酶和硫氧化酶直接氧化金属硫化物，从中获得能量的同时，使矿物晶格溶解并释放出金属离子。

$$2MeS_2+7O_2+2H_2O = 2MeSO_4+2H_2SO_4 \quad （自然氧化）$$

黄铜矿：$$2CuFeS_2+H_2SO_4+\frac{17}{2}O_2 \xrightarrow{细菌} 2CuSO_4+Fe_2(SO_4)_3+H_2O$$

辉铜矿：$$Cu_2S+H_2SO_4+\frac{5}{2}O_2 \xrightarrow{细菌} 2CuSO_4+H_2O$$

2）间接氧化作用　利用氧化亚铁硫杆菌的代谢产物 $Fe_2(SO_4)_3$ 和 H_2SO_4 与金属硫化物发生氧化还原反应。$Fe_2(SO_4)_3$ 被还原成 $FeSO_4$ 并生成单质硫，金属以硫酸盐形式溶解出来，而 Fe^{2+} 又被细菌氧化成 Fe^{3+}，单质硫被细菌氧化成 H_2SO_4，继续浸出目的金属组分，如此构成氧化还原的浸出循环系统。

$$Cu_2S(\text{辉铜矿})+Fe_2(SO_4)_3+H_2SO_4 \xrightarrow{\text{细菌}} 2CuSO_4+2FeSO_4+S^0$$

$$2FeSO_4+H_2SO_4+\frac{1}{2}O_2 \xrightarrow{\text{细菌}} Fe_2(SO_4)_3+H_2O$$

$$2S^0+3O_2+2H_2O \xrightarrow{\text{细菌}} 2H_2SO_4$$

47. 化学-生物联合浸出有何优点?

答：细菌在进入大量生长的指数期和稳定期之前均需要经历一个或长或短的延迟期，指数期、稳定期的细菌发挥着巨大的金属浸出作用，而延迟期因为细菌数量很少则浸出作用很小，从而延长了细菌浸出的周期，使得单独细菌浸出的浸出效率较低。在单独细菌浸出初期添加适量硫酸铁［$Fe_2(SO_4)_3$］，可以使废物在细菌的延迟期仍可受到强烈的化学氧化作用；同时氧化亚铁硫杆菌等又可把 Fe^{2+} 氧化为 Fe^{3+}，可使硫酸铁强氧化剂得到源源不断的再生，以补充废渣中金属被氧化时所消耗的 Fe^{3+}，从而克服单独化学浸出 Fe^{3+} 不能再生和单独细菌浸出有或长或短延迟期导致氧化作用有限的缺陷，达到对金属离子的持续高效浸出。

48. 如何定义钢渣？钢渣的主要成分是什么?

答：钢渣是炼钢过程排出的熔渣，即炼钢过程中利用空气或氧气氧化生铁中的碳、硅、锰、硫、磷等元素，并在高温下与熔剂（主要是石灰石）起反应形成的熔渣。钢渣构成包括金属炉料中各元素被氧化后生成的氧化物，被侵蚀的炉衬料和炉材料，金属炉料带入的杂质和为调整钢铁性质而专门加入的造渣材料等。根据炼钢炉的不同可以分为转炉渣、平炉渣和电炉渣，不同的钢铁生产工艺以及原料不同，所产生钢渣的化学成分也不尽相同。尽管具体成分有波动，但主要几种成分大体相同，见表 4-4。

表 4-4 钢渣的主要化学成分 单位：%

CaO	SiO_2	Al_2O_3	FeO	Fe_2O_3	P_2O_5	MgO
45～60	10～15	1～5	7～20	3～9	1～4	3～13

49. 钢渣的吸附性能怎么样？目前在工业上的应用情况如何?

答：钢渣的吸附性能主要体现在对废水中污染物的去除上，使用钢渣对磷、重金属（Cr、Ni、Cu）、印染废水的处理有很好的效果。对比钢渣、页岩、砾石、土壤、砂子、沸石、硅石、黄土、粉煤灰等去除废水中的磷的效果，结果显示钢渣的表现尤为突出。钢渣吸附剂处理废水的优势有以下几个：a. 吸附能力强，来源广泛，价格低廉，无毒害作用，不会产生二次污染；b. 吸附性能稳定，受 pH 值和温度的影响小；c. 易于固液分离，钢渣密度大、粒度粗、混合时间短，30min 即可，操作简单，应用于废水处理可大大简化废水处理的操作环节，降低成本；d. 以废治废，社会效益、经济效益和环保效益显著。

目前钢渣作为吸附剂在工业上的应用具有一定的局限性，主要存在的限制因素：一是钢渣中含有少量的铁导致钢渣脆性下降，韧性加强，利用常规破碎技术既费时又耗能，产品粒度不均匀，粒度难于控制，很难生产出粒度适宜、性能均匀的吸附剂产品；二是钢渣经过粉磨处理不但不能产生疏松多孔的产品，而且还会破坏原有的孔隙，从而导致吸附效果下降。

50. 钢渣用于重金属废水处理的原理是什么？

答：钢渣具有一定的碱性，废水中的重金属离子可以通过与钢渣发生化学沉淀作用而得到去除，以 Ni、Cr 为例说明：

$$Ni^{2+} + 2OH^- \longrightarrow Ni(OH)_2 \downarrow$$

$$Cr^{3+} + 3OH^- \longrightarrow Cr(OH)_3 \downarrow$$

钢渣中含有 10%～25%的铁氧化物（FeO、Fe_2O_3、Fe_3O_4），根据下述标准电位值：

$$Cr_2O_7^{2-} + 14H^+ + 6e^- \longrightarrow 2Cr^{3+} + 7H_2O \qquad E^\ominus = 1.33V$$

$$O_2 + 2H_2O + 4e^- \longrightarrow 4OH^- \qquad E^\ominus = 0.41V$$

$$Fe(OH)_3 + e^- \longrightarrow Fe(OH)_2 + OH^- \qquad E^\ominus = -0.56V$$

可判断水中 $Cr_2O_7^-$ 的氧化能力大于水中 O_2。钢渣中的 FeO 与溶液中的 $Cr_2O_7^{2-}$ 发生氧化还原反应：

$$6FeO(s) + Cr_2O_7^{2-} + 8H^+ \longrightarrow 3Fe_2O_3(s) + 2Cr^{3+} + 4H_2O$$

$$6FeO(s) + 2CrO_4^{2} + 10H^+ \longrightarrow 3Fe_2O_3(s) + 2Cr^{3+} + 5H_2O$$

钢渣呈碱性，被钢渣还原吸附的 Cr^{3+} 生成 $Cr(OH)_3$ 沉淀而沉积于钢渣表面：

$$Cr^{3+} + 3OH^- \longrightarrow Cr(OH)_3(s)$$

钢渣中的 Fe^{2+} 还可与非铁二价重金属离子（M^{2+}）在碱性条件下生成铁氧体：

$$xM^{2+} + (3-x)Fe^{2+} + 6OH^- \longrightarrow M_xFe_{(3-x)}(OH)_6$$

$$M_xFe_{(3-x)}(OH)_6 + \frac{1}{2}O_2(\text{空气}) \longrightarrow M_xFe_{(3-x)}O_4 + 3H_2O \ (\text{铁氧体})$$

51. 利用钢渣处理含磷废水时，钙是如何与磷发生反应的？

答：由于钢渣中含有大量的 CaO，在废水中溶解后使体系中产生了大量的钙离子，在合适的条件下能够与磷酸根生成沉淀。水体 pH 值大于 9.5 时，磷酸根离子主要以 HPO_4^{2-} 存在，钢渣中的 Ca^{2+} 与 HPO_4^{2-} 容易形成非晶体的磷酸钙沉淀，反应如下：

$$3Ca^{2+} + 2OH^- + 2HPO_4^{2-} \longrightarrow Ca_3(PO_4)_2 \downarrow + 2H_2O$$

磷酸钙进一步转变成稳定的羟基磷酸钙沉淀，反应如下：

$$5Ca^{2+} + 7OH^- + 3H_2PO_4^- \longrightarrow Ca_5(OH)(PO_4)_3 \downarrow + 6H_2O$$

52. 什么是钢渣混凝土砖？为什么它能抑制城市热岛效应？

答：造成城市热岛现象的主要原因有城市下垫面特性的改变、城市大气污染、城市布局不合理和城市人工热源等。其中城市下垫面特性的改变是最主要的原因之一。下垫面特性的改变主要指人工修筑的道路、行车道、广场等代替了原有的土壤和植物。它们在整个城市中占的比例较大，目前城市道路主要使用沥青混凝土，材料自身的反射率较低（新铺的沥青路面的反射率为 0.05～0.15）。在白天有太阳辐射的条件下，吸收了大量的太阳辐射热，在夜间能量以辐射的形式向整个城市散发。同时这些构造物又不透水，阻断了城市范围内的水分循环，减少了汽化热，进一步加剧了城市的热岛效应。

钢渣强度很高，耐磨性能好，具有混凝土骨料的特点，外形也很像砾石，可以作为骨料使用，在混凝土中起到填充或骨架的作用，由钢渣制得的混凝土砖有良好的渗水、排水性，而透水性路面具有一定的空隙并与土壤连通，可以调节空气的温度和湿度，调节城市局部气候，有利于缓解城市热岛现象，吸收车辆行驶时产生的噪声、补充地下水源。宝钢提供给上海世博园的钢渣透水混凝土产品具有抗折强度高、耐磨性好、透水和透气功能强，长期使用无掉粒现象等综合优势，可替代水泥，实现节约资源消耗，减少二氧化碳排放的目的，也有利于抑制“热岛效应”。同时，其产品价格低于同等级混凝土造价。

53. 钢渣混凝土砖中钢渣的掺入量为多少？水胶比多大？

答：一般来讲，钢渣混凝土制品中钢渣在胶结材料中所占的比例为45%～55%。水胶比是指每立方米混凝土用水量与所有胶凝材料用量的比值。钢渣混凝土砖的水胶比为0.25～0.45。

54. 影响钢渣在道路铺设方面再利用的因素是什么？

答：钢渣中游离氧化钙是影响钢渣在道路铺设方面再利用的最重要因素，钢渣中含有一定量的游离氧化钙，氧化钙水化生成氢氧化钙，体积变大，从而引起浆体体积膨胀，造成路面开裂。此外，钢渣膨胀的产生不仅与游离氧化钙水化生成氢氧化钙有关，而且与氢氧化钙自身变化有关。在游离氧化钙水化初期，生成多为无定型或者小晶体的氢氧化钙，这些晶体的氢氧化钙再结晶并长大，其体积继续增大，从而引起浆体体积持续膨胀。另外，钢渣遇水体积膨胀，还有一部分原因是水蒸气与氧化镁发生水合作用生成氢氧化镁，从而使体积增大。

55. 什么是钢渣硅肥？硅肥防治重金属对农田污染的机理是什么？

答：硅肥是一种微碱性玻璃体肥料，是指以有效硅为主要标志量的各种肥料。它是由含二氧化硅的原料经一定工艺加工而成的以复合硅酸盐为主的复杂混合物，没有明确的分子式和分子量，主要代表式为$CaSiO_3$、Ca_2SiO_4、Mg_2SiO_4、$Ca_3Mg(SiO_4)_2$。钢渣是一种以钙、硅为主，含多种养分的具有速效又有后劲的复合矿质原料。我国60%以上的钢渣适于作为硅肥原料使用，通常含硅量超过15%的钢渣磨细至小于60目即可作为硅肥适用。

硅是水稻生产所需要的大量元素，虽然土壤中含有丰富的二氧化硅，但其中99%以上很难被植物吸收，因此为了使水稻长期稳产高产，必须补充硅肥，钢渣在冶炼过程经高温煅烧，其溶解度已大大改变，所含各种主要成分易溶量达全量的1/3～1/2，有的甚至更高，易被植物吸收。

此外，施硅肥后，硅肥中所含的硅酸根与镉、汞、铅等重金属活性态发生化学反应，形成新的不易被植物吸收的硅酸镉、硅酸铅等化合物沉淀，从而将污染降到国家规定的安全标准以下。这对我国利用城市污水灌溉、利用污泥作肥料的地区防止重金属镉、锰、铅等对作物污染有重要意义。

56. 磷化渣是如何产生的？

答：磷化渣是金属磷化过程中的必然产物，其主要成分是磷酸铁和磷酸锌的混合物，含有微量重金属。磷化时钢板上溶解下来的铁只有一部分能参与成膜，另一部分被氧化为三价铁，与磷酸根结合形成不溶性的磷酸铁从溶液中析出。此外，由于磷化液配比控制不当，又会导致过量的磷酸锌沉淀出来，形成渣的另一部分。产生的磷化渣量与配方及磷化温度有关，通常磷化温度越高，产渣量也越多。锌系磷化渣形成的反应式如下：

$$Fe+2H_3PO_4 \longrightarrow Fe(H_2PO_4)_2+H_2\uparrow$$

$$2Fe(H_2PO_4)_2+\frac{1}{2}O_2 \longrightarrow 2FePO_4\downarrow+H_2O+2H_3PO_4$$

$$2Zn(H_2PO_4)_2+Fe(H_2PO_4)_2+4H_2O \longrightarrow Zn_2Fe(PO_4)_2\cdot 4H_2O+4H_3PO_4$$

反应一段时间，磷化液处理负荷降低，磷化困难，要维持适当浓度以利于成膜，就必须加入促进剂来提供化学反应的内动力，而促进剂补给量相对增大，会导致沉渣量增大。当处理负荷低时，游离酸度（FA）降低，槽液整体过饱和，磷酸锌盐大量析出变为沉渣。

$$3Zn(H_2PO_4)_2 \longrightarrow Zn_3(PO_4)_2\downarrow+4H_3PO_4$$

磷酸二氢锌离解产生沉淀的同时游离酸度增加，所以在磷化过程中需加入碱性物质来抑制 FA 的升高。而在进行游离酸中和过程中，过剩的 Zn 会发生沉渣化，从而导致促进剂综合沉渣增多。

57. 控制磷化渣产生的方法有什么？有直接替代磷化工艺的其他表面处理技术吗？

答：控制磷化渣产生的方法有以下几种。

1）选择合适的促进剂　亚硝酸钠目前仍是最广泛使用的促进剂，它促进作用强，价廉来源广，被广泛用于汽车、家电磷化流水线。但是由于亚硝酸钠在酸性溶液中不稳定，需不断补加，并且分解出来的酸性气体会使磷化的湿工件生锈，污染环境。还会使磷化膜钝化或者磷化失败，槽液酸度降低而导致部分磷酸锌从溶液中析出成富锌渣。因此从降低沉渣，保护环境及使用方便来看，应尽量采用无亚硝酸盐磷化。因此，无亚硝酸盐磷化是现代磷化技术的发展方向，国内外已有多条汽车生产线采用该工艺。可取代亚硝酸钠的促进剂主要是有机硝基化合物、过氧化氢、蒽醌、脲、羟胺盐等。

2）开发低温低渣的磷化配方　低温处理有利于减少沉渣，因为铁的侵蚀作用减弱。低温淤渣具低温特性，呈细粒状不结块，因此加热器上附着少，清理容易。

3）加入络合剂　在低中温磷化工艺中，加入 0.5～2g/L 柠檬酸、酒石酸或盐等，这些有机酸或盐的加入，除有益于低温成膜、细化结晶、降低膜重外，还可起到络合 Fe^{2+}，减少沉渣的作用。

4）避免过中和现象　所谓过中和现象是指在配槽或磷化过程中，游离酸度偏高而进行酸度调整及补充时，常加入中和剂如氢氧化钠或碳酸钠。由于直接加入固碱或未充分溶解或加入时局部浓度过高而导致强烈中和反应，产生大量的磷酸锌沉淀，造成槽液的浪费及出现越加中和剂碱，槽液游离酸度越高的怪现象。

5）有效利用 Fe^{2+} 促进磷化速度　开槽时一般通过加入铁粉、插入铁板或加 $FeCl_2$ 以补充 Fe^{2+}。Fe^{2+} 随被处理表面积的增多而逐渐加大，槽液中产生磷酸锌沉淀，槽液颜色变深，磷化膜耐蚀性降低，故 Fe^{2+} 需控制。

磷化替代是采用环保型的非磷化工艺来获得磷化处理所达到的效果，其完全摒弃磷酸盐体系而采用全新处理方法，它是涂装前处理的发展方向。近年来，人们在稀土钝化、植酸、钼酸盐处理、氟锆酸处理及有机硅烷处理等方面做了大量研究工作，取得了一些成果。其中硅烷偶联剂在金属表面前处理上的应用是其中的一个热点，上世纪 90 年代国外已经开始研究这项技术，但至今尚未大规模工业化应用。此外还有含锆氟化物在金属表面处理上的应用研究，德国汉高公司研究开发了一种名为 Bondorite 的 NT-1 型金属表面剂，其主要有效成分为氟锆酸，但对它成膜机理的有关报道却很不详尽。一般认为处理剂中的氟锆酸（H_2ZrF）与金属表面的氧化物反应生成复合产物（ZrO_xF_y），经烘干后，该产物在金属表面沉积形成致密并具网状结构的转化膜，本身隔阻性强并与金属氧化物及后续的有机涂层具有良好的附着力。日本株式会社放电精密加工研究所远藤康彦、酒井富男发明的无铬金属表面处理剂，提供了一种可用于金属产品尤其是镀锌金属产品的表面处理剂，是具有优异防锈性能的无铬金属表面处理剂，它基本上是由包含水和/或醇作为溶剂的含硅黏结剂溶液组成。日本油漆株式会社岛仓俊明等发明了非铬酸盐金属表面处理剂及表面处理方法，提供了用于PCM（聚碳酸酯和有机玻璃混合而成的新型复合材料）的非铬酸盐金属表面处理剂。

58. 利用磷化渣制备复合颜料的机理是什么？

答：复合颜料的主要有效成分是氧化锌和氧化铁，这种颜料在工业上可以广泛被应用。根据磷化渣的主要成分分析结果，以固废磷化渣和熟石灰为原料，在严格限定的诸如温度、pH值等条件下，经液相反应生成氢氧化锌、氢氧化铁两种沉淀；然后使所得沉淀处于有控制的温度条件下脱水，获得以氧化锌、氧化铁为主要成分的复合颜料，主要的反应方程式如下：

$$Zn_3(PO_4)_2+Ca(OH)_2\cdot 4H_2O \longrightarrow 3Zn(OH)_2\downarrow +Ca(H_2PO_4)_2$$

$$2FePO_4+Ca(OH)_2\cdot 4H_2O \longrightarrow 2Fe(OH)_3\downarrow +Ca(H_2PO_4)_2$$

$$2Fe(OH)_3 \longrightarrow Fe_2O_3+3H_2O$$

$$Zn(OH)_2 \longrightarrow ZnO+H_2O$$

59. 废矿石中的磷怎么脱除？

答：主要有4种方法，分别如下。

1）选矿法脱磷　此方法往往需要细磨矿石至磷矿物和铁矿物完全分离，然后用磁选法或浮选法进行分选。

2）化学法脱磷　此方法是以硝酸、盐酸或硫酸对矿石进行酸浸脱磷。

3）微生物法脱磷　此方法主要是通过代谢产酸降低体系的pH值，使磷矿物溶解，同时代谢酸还会与Ca^{2+}、Mg^{2+}、Al^{3+}等离子螯合，形成络合物，从而促进磷矿物的溶解。

4）冶炼法脱磷　即铁水预处理脱磷。其基本原理为炼钢铁水在入转炉或电炉前，碱性氧化物或碱性渣与铁水中的磷发生反应形成磷渣进行脱磷。

60. 什么是电石渣？其资源化的途径有哪些？

答：电石渣是用电石（CaC_2）制取乙炔时产生的废渣。

$$CaC_2+2H_2O \longrightarrow C_2H_2+Ca(OH)_2$$

其中$Ca(OH)_2$含量通常达60%～80%（干基）。我国多采用湿法工艺制取乙炔，电石渣的含水率很高，需经沉淀浓缩才能利用。电石渣颜色发青，有气味，不宜直接用于民用建筑。

电石渣的资源化的途径很多：a. 代替石灰石作水泥原料，生产水泥是电石渣综合利用的重要途径，与石灰石相比，电石渣的分解热低、钙含量高，单位熟料烧成热耗下降约1/3；b. 代替石灰硅酸盐砌块、蒸压粉煤灰砖、炉渣砖、灰砂砖的钙质原料，但长期使用的企业很少；c. 代替石灰配制石灰砂浆，但由于有气味，在民用建筑中很少使用，电石渣产生量不大，在建材工业中只有少数地区小批量利用；d. 代替石灰用于铺路，但受使用运输的限制，应用并不广泛；e. 代替石灰生产氯酸钾，每生产 1t 氯酸钾，利用电石渣 10t，可节省石灰 4t。

此外，电石渣还可用于三废处理、降低治理费用，例如，电石渣呈碱性，可用于酸性废水的治理中。

61. 尾矿生产硅酸盐水泥过程中的化学反应有哪些?

答: 尾矿是选矿厂在特定经济下，将矿石磨细、选取"有用组分"后所排放的废弃物，也就是矿石经选别出精矿后剩余的固体废料，其中含有一定数量的有用金属和矿物，可视为一种"复合"的硅酸盐、碳酸盐等矿物材料，并具有粒度细、数量大、成本低、可利用性大的特点，可用来做水泥等建筑材料（表 4-5）。

表 4-5 尾矿成分与水泥熟料成分对比 单位：%

成分	SiO_2	Al_2O_3	Fe_2O_3	TiO_2	MgO	CaO	SO_3
水泥熟料	23.20±1	6.35±1	4.58±1			63.14±1	
尾矿	45.92	7.63	12.61	0.29	3.42	28.79	1.34

尾矿可以代替水泥原料当中的主要成分（黏土和铁粉）来生产硅酸盐水泥和井下交接充填用的低标号水泥，其生产工艺与一般水泥的生产工艺基本相同，即：石灰质原料、尾矿（或黏土质原料）与少量校正原料经过破碎后按照一定的比例配合、磨细，成为成分合适、质量均匀的生料，称为生料制备；生料在水泥窑内煅烧至部分熔融所得以硅酸钙为主要成分的硅酸盐水泥熟料，称为熟料煅烧；熟料加适量石膏，有时加适量混合材料或外加剂共同磨细成为水泥粉。此水泥生产过程即为"两磨一烧"，其工艺流程如图 4-4 所示。

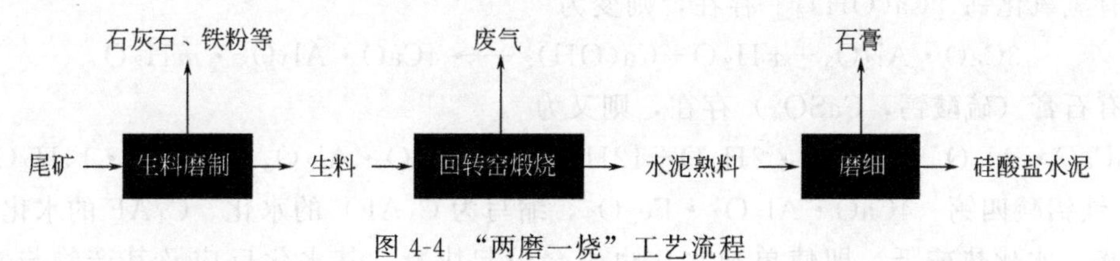

图 4-4 "两磨一烧"工艺流程

烧制水泥过程的主要反应式为：

石灰石 $CaCO_3 \longrightarrow CaO + CO_2\uparrow$

碳酸镁 $MgCO_3 \longrightarrow MgO + CO_2\uparrow$

尾矿中 $Al_2O_3 \cdot 2SiO_2 \cdot 2H_2O \longrightarrow Al_2O_3 \cdot 2SiO_2 + 2H_2O$

石灰石热分解的 CaO 与尾矿中的 SiO_2、Al_2O_3、Fe_2O_3 反应生成水泥主要成分硅酸三钙、硅酸二钙、铝酸三钙、铁铝酸四钙等。

$$CaO + SiO_2 \longrightarrow CaO \cdot SiO_2$$

$$CaO \cdot SiO_2 + CaO \longrightarrow 2CaO \cdot SiO_2$$

$$2CaO \cdot SiO_2 + CaO \longrightarrow 3CaO \cdot SiO_2$$

$$3CaO + Al_2O_3 \longrightarrow 3CaO \cdot Al_2O_3$$

$$4CaO \cdot Al_2O_3 + Fe_2O_3 \longrightarrow 4CaO \cdot Al_2O_3 \cdot Fe_2O_3$$

烧制所得水泥熟料中加磨细的天然石膏 3%～5%，即得到硅酸盐水泥，也可以用废石膏（如脱硫石膏）来代替天然石膏，可弥补我国高品位天然石膏储量小、产量低、其产品远离消费地的重大缺陷，也解决了废石膏的资源化利用问题。

62. 水泥水化过程的机理是什么？

答：水泥水化是指水泥与水拌和后，水泥熟料矿物成分即被水化，生成水化硅酸钙、氢氧化钙、水化硫铝酸钙等水化产物。随时间的推延，初始形成的浆状体经过凝结硬化，由可塑体逐渐转变为坚固的石状体。关于熟料矿物成分如何进行水化的解释有两种不同的观点：一种是液相水化论，也叫溶解-结晶理论，认为无水化合物先溶于水，与水反应，生成的水化物由于溶解度小于反应物而结晶沉淀；另一种是固相水化论，也叫局部化学反应理论，认为水化反应是固液相反应，无水化合物不需要经过溶解过程，而是固相直接与水就地发生局部化学反应，生成水化产物。

以硅酸盐水泥为例，介绍具体的水化反应。硅酸盐水泥拌和水后，四种主要熟料矿物成分与水反应，分述如下：

1）硅酸三钙（C_3S）水化　硅酸三钙在常温下的水化反应是生成水化硅酸钙（C-S-H凝胶）和氢氧化钙：

$$3CaO \cdot SiO_2 + nH_2O \longrightarrow xCaO \cdot SiO_2 \cdot yH_2O + (3-x)Ca(OH)_2$$

2）硅酸二钙（C_2S）的水化　β-C_2S的水化与C_3S相似，只不过水化速度慢而已：

$$2CaO \cdot SiO_2 + nH_2O \longrightarrow xCaO \cdot SiO_2 \cdot yH_2O + (2-x)Ca(OH)_2$$

所形成的水化硅酸钙在C/S比和形貌方面与C_3S水化生成的都无大区别，故也称为C-S-H凝胶。但CH生成量比C_3S的少，结晶却粗大些。

3）铝酸三钙（C_3A）的水化　铝酸三钙的水化迅速，放热快，常温下的水化反应为：

$$3CaO \cdot Al_2O_3 + xH_2O \longrightarrow 3CaO \cdot Al_2O_3 \cdot xH_2O$$

如有氢氧化钙［$Ca(OH)_2$］存在，则变为

$$3CaO \cdot Al_2O_3 + xH_2O + Ca(OH)_2 \longrightarrow 4CaO \cdot Al_2O_3 \cdot mH_2O$$

如有石膏（硫酸钙，$CaSO_4$）存在，则又为

$$3CaO \cdot Al_2O_3 + CaSO_4 \cdot 2H_2O + 12H_2O \longrightarrow 3CaO \cdot Al_2O_3 \cdot CaSO_4 \cdot 14H_2O$$

4）铁铝酸四钙（$4CaO \cdot Al_2O_3 \cdot Fe_2O_3$，缩写为$C_4AF$）的水化。$C_4AF$的水化速率比$C_3A$略慢，水化热较低，即使单独水化也不会引起快凝。其水化反应及其产物与C_3A很相似。

$$4CaO \cdot Al_2O_3 \cdot Fe_2O_3 + 4Ca(OH)_2 + 22H_2O \longrightarrow 4CaO \cdot Al_2O_3 \cdot 13H_2O + 4CaO \cdot Fe_2O_3 \cdot 13H_2O$$

$$4CaO \cdot Al_2O_3 \cdot Fe_2O_3 + 7H_2O \longrightarrow 3CaO \cdot Al_2O_3 \cdot 6H_2O + CaO \cdot Fe_2O_3 \cdot H_2O$$

63. 废石膏的主要成分是什么？它添加到水泥中起什么作用？

答：废石膏（也称工业副产石膏）是以硫酸钙为主要成分的一种工业废渣。按其不同的来源有不同的俗称，例如，以磷酸盐矿石和硫酸为原料制造磷酸时所产生的废渣称为磷石膏；以氟化钙和硫酸制备氢氟酸时所产生的废渣称为氟石膏；由海水提取食盐所产生的废石膏称为盐石膏；石灰-石灰石法回收燃煤或垃圾焚烧烟气中的二氧化硫产生的废石膏成为脱硫石膏等。废石膏呈粉状，主要成分是硫酸钙，含量在80%以上。

普通硅酸盐水泥与水混合后，水泥中的铝酸盐相会与水快速反应，同时释放大量的热量，会导致水泥浆体产生快凝现象。在利用水泥制备混凝土时，要求混凝土在浇筑前保持良

好的流动性能，以利于混凝土的现场施工。因此，水泥的凝结时间不易过短。石膏的主要作用是作为缓凝剂，延缓水泥的凝结时间。

如普通硅酸盐水泥，进行最为迅速的反应是：

$$CaO \cdot Al_2O_3 + 6H_2O \longrightarrow CaO \cdot Al_2O_3 \cdot 6H_2O + \text{热量}$$

添加适量石膏后，石膏中的硫酸钙与水泥熟料中的铝酸三钙反应生成钙矾石（高硫型水合硫铝酸钙或AFt），如：

$$3CaO \cdot Al_2O_3 + 3[CaSO_4 \cdot 2H_2O] + 26H_2O \longrightarrow 3CaO \cdot Al_2O_3 \cdot 3CaSO_4 \cdot 32H_2O$$

当液相中石膏的数量不足时，钙矾石会分解为单硫型水合硫铝酸钙（AFm）并释放出硫酸钙。

$$\underset{(AFt)}{3CaO \cdot Al_2O_3 \cdot 3CaSO_4 \cdot 32H_2O} \longrightarrow \underset{(AFm)}{3CaO \cdot Al_2O_3 \cdot CaSO_4 \cdot 12H_2O} + 2[CaSO_4 \cdot 2H_2O] + 16H_2O$$

水合硫铝酸钙是难溶于水的针状晶体，它沉淀在熟料颗粒的周围，阻碍了水分的进入，因此减少水泥的水化速度，起到延缓水泥凝结的作用。

64. 什么叫火山灰反应?

答：在一些火山灰质的混合料（如粉煤灰）中，存在着一定数量的活性二氧化硅、活性氧化铝等活性组分。所谓火山灰反应就是指这些活性组分与氢氧化钙反应，生成水化硅酸钙、水化铝酸钙或水化硫铝酸钙等反应产物。

$$xCa(OH)_2 + SiO_2 + (n-1)H_2O \longrightarrow xCaO \cdot SiO_2 \cdot nH_2O$$

$$xCa(OH)_2 + Al_2O_3 + mH_2O \longrightarrow xCaO \cdot Al_2O_3 \cdot nH_2O$$

上述反应的氢氧化钙可以来源于外掺的石灰，也可以来源于火山灰水泥水化时所放出的氢氧化钙。火山灰水泥的水化过程就是一个二次反应过程，即：首先是水泥熟料的水化，放出氢氧化钙，然后再发生火山灰反应。

$$3CaO \cdot SiO_2 + nH_2O \longrightarrow xCaO \cdot SiO_2 \cdot yH_2O + (3-x)Ca(OH)_2$$

$$2CaO \cdot SiO_2 + nH_2O \longrightarrow xCaO \cdot SiO_2 \cdot yH_2O + (2-x)Ca(OH)_2$$

上述水化反应和火山灰反应是交替进行的，并且彼此互为条件，而不是简单孤立的。

65. 粉煤灰制取氧化铝和氧化硅的原理是什么?

答：粉煤灰制取氧化铝和氧化硅的方法很多，如下列反应方程和提取流程（图4-5）为：

①
$$SiO_2 + 2NaOH(aq) \longrightarrow Na_2SiO_3(aq) + H_2O(l)$$
$$Al_2O_3 + 2NaOH(aq) + 3H_2O(l) \longrightarrow 2NaAl(OH)_4(aq)$$

②
$$Na_2SiO_3(aq) + 2CO_2(g) + 3H_2O \xrightarrow{80℃} Si(OH)_4(s) + 2NaHCO_3(aq)$$
$$NaHCO_3 + NaOH \longrightarrow Na_2CO_3 + H_2O$$
$$Si(OH)_4(s) \xrightarrow{550℃} SiO_2(s) + 2H_2O$$

③
$$Al_2O_3 + CaO(s) \xrightarrow{\text{烧结}} CaAl_2O_4(s)$$
$$SiO_2 + 2CaO(s) \longrightarrow Ca_2SiO_4(s)$$

④
$$CaAl_2O_4(s) + Na_2CO_3(aq) \longrightarrow CaCO_3(s) + 2NaAlO_2(aq)$$

⑤ $2NaAlO_2(aq)+CO_2(g)+3H_2O \xrightarrow{20\sim80℃} Na_2CO_3(aq)+2Al(OH)_3(s)$

$$2Al(OH)_3 \xrightarrow{400℃/550℃} Al_2O_3(s)+3H_2O$$

Na_2CO_3 可作为沉淀剂循环回用于第④步反应。

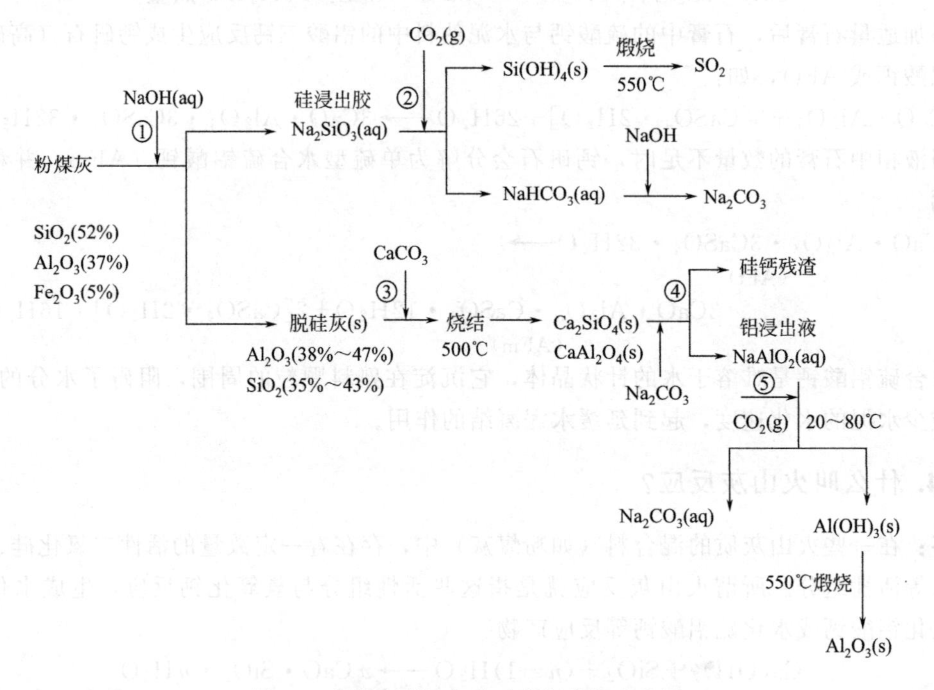

图 4-5 粉煤灰制取氧化硅和氧化铝流程图

还有一种回收氧化铝和氧化硅的方法是，粉煤灰先与 Na_2CO_3 混合烧结，再经酸浸（稀盐酸）使易酸溶的烧结产物（$NaAlSiO_4$）溶解并实现硅铝分离，得到氢氧化铝，再经煅烧，得到 γ-Al_2O_3；不易酸溶的偏硅酸钠（Na_2SiO_3）经洗涤后在105℃干燥，得到 SiO_2 制品。

烧结处理：

$$3Al_2O_3\cdot 2SiO_2+3Na_2CO_3 \longrightarrow 2NaAlSiO_4+4NaAlO_2+3CO_2\uparrow$$

$$Al_2O_3(l)+2SiO_2(l)+Na_2CO_3 \longrightarrow 2NaAlSiO_4+CO_2\uparrow$$

$$Al_2O_3(l)+Na_2CO_3 \longrightarrow 2NaAlO_2+CO_2\uparrow$$

$$SiO_2(l)+NaAlO_2 \longrightarrow NaAlSiO_4$$

分离过程（酸浸）：

$$NaAlSiO_4+4HCl \longrightarrow H_4SiO_4+AlCl_3\downarrow+NaCl$$

$$H_4SiO_4 \longrightarrow H_2SiO_3+H_2O$$

$$H_2SiO_3+mH_2O \longrightarrow SiO_2\cdot(m+1)H_2O$$

66. 煤矸石提取氢氧化铝和氧化铝的原理是什么？

答： 煤矸石是采煤过程和洗煤过程中排出的固体废物，是一种在成煤过程中与煤层伴生的含碳量较低，比煤坚硬的黑灰色岩石。煤矸石中的主要成分为 Al_2O_3 和 SiO_2，可作为我国一种潜在的提铝提硅的资源。

煤矸石加入硫酸浸取，过滤去除 SO_2 残渣，含硫酸铝的滤液中含有杂质，需进行盐析提纯，即加入 $(NH_4)_2SO_4$ 和 NH_3 反应得到 $Al(OH)_3$，母液和洗涤等工序中的 $(NH_4)_2SO_4$ 和 NH_3 均可回收再用。如果将 $Al(OH)_3$ 进行活化煅烧，即得 Al_2O_3。反应式如下：

$$Al_2O_3 \cdot 2SiO_2 \cdot 2H_2O + 3H_2SO_4 \longrightarrow Al_2(SO_4)_3 + 2SiO_2 + 5H_2O$$

$$Al_2(SO_4)_3 + (NH_4)_2SO_4 \longrightarrow 2NH_4Al(SO_4)_2$$

$$NH_3 + H_2O \longrightarrow NH_4OH$$

$$NH_4Al(SO_4)_2 + 3NH_4OH \longrightarrow Al(OH)_3 + 2(NH_4)_2SO_4$$

67. 尾矿处理的途径有哪些？

答： 尾矿处理有两种主要途径：一是回填；二是尾矿综合利用。回填成本极高，还会影响矿藏的开采。研究证明，尾矿烧制的砖块在辐射和毒性测试上都是达标的，成本比使用黏土还要便宜，一个个尾矿库就是一个个资源库，但是建设成本会大大增加。

第四节　危险废物处置和利用

68. 焚烧飞灰的主要成分有什么？

答： 焚烧飞灰是指在烟气净化系统和热回收利用系统中的残余物，主要是被燃烧空气和烟气吹起的小颗粒灰分、未充分燃烧的炭等可燃物，因高温而挥发的盐类和重金属等在冷却净化过程中又凝缩或发生化学反应而产生的物质。飞灰的成分复杂，主要成分有 SiO_2、CaO、Al_2O_3、Fe_2O_3，其次为大量碱金属氧化物、氢氧化物、氯化物，还含有重金属，如 Cd、Cr、Cu、Pb、Zn 等。焚烧飞灰主要造成的是重金属和二噁英污染。

69. 焚烧飞灰中的二噁英为什么含量很高？

答： 垃圾焚烧会产生二噁英等痕量有机污染物。二噁英是指由氯原子取代了由氧原子连接的两个苯环上的氢原子的一类有机物，也称为多氯二苯并对二噁英（PCDDs）。经常与之伴生且与二噁英的物化性质和生物毒性相似的另一类污染物是多氯二苯并呋喃（PCDFs）。二噁英对人体有极大危害，一旦在人体内积累会产生一系列毒性效应，损害免疫系统并具有致癌、致畸性，导致干扰内分泌机能等疾病。垃圾焚烧是二噁英的主要排放源，研究表明，垃圾焚烧排放二噁英量占二噁英排放总量的 80%～90%。对于稳定运行的大型焚烧炉，二噁英生成主要来源于尾部合成，而且尾部合成的二噁英又被比表面积很大的飞灰所吸附，导致飞灰中二噁英含量较高。

70. 为什么生活垃圾在焚烧炉内可形成二噁英？

答： 固体废物在炉内燃烧时，可能在局部缺氧部位生成不完全燃烧产物（PIC），如脂肪族、烯烃、炔烃等，同时由于物料中含氯物质的存在，会在炉内产生 HCl、Cl_2 和 Cl^- 等氯源物质，这些氯源物质与 PIC 反应生成氯代 PIC、氯苯等，再转化为多氯联苯，多氯联苯在燃烧区的高温区反应生成 PCDFs，部分 PCDFs 会进一步生成 PCDDs。焚烧炉内形成二噁英的可能途径如图 4-6 所示。

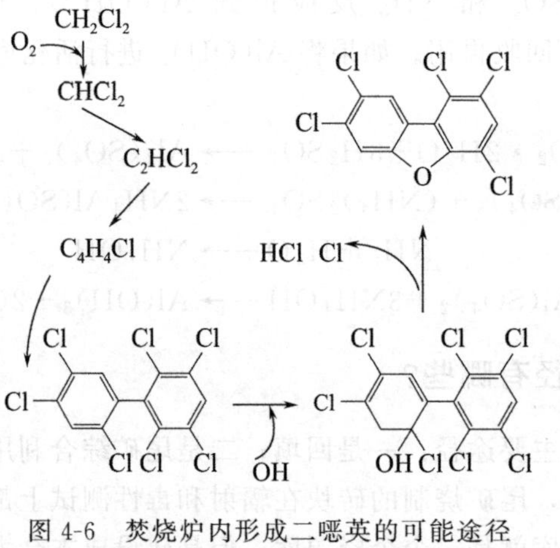

图 4-6 焚烧炉内形成二噁英的可能途径

71. 为什么 2,3,7,8-TCDD 是毒性最强的物质？

答： 2,3,7,8-四氯二苯并对二噁英（2,3,7,8-TCDD）的稳定构型是平面结构，有 D_{2h} 对称性，所以它的化学稳定性特别强，对热、酸、碱、氧化剂稳定性高，这使得它与生物体内芳烃受体结合的能力最强，对生物体的毒性最大；2,3,7,8-TCDD 的辛醇-水分配系数为 $10^{6.8}$～$10^{7.02}$，是四氯化碳的 $10^{4.8}$ 倍，难溶于水，易溶于脂肪及有机溶剂（如二氯苯，氯仿）。正由于其具有稳定的化学性质，高亲脂性，故易于在环境中积累并通过食物链的富集作用而对动物和人造成危害；另外，其可以在脂肪中累积，半衰期达 7.1 年，对机体造成严重的威胁。它也具有极强的急性毒性，机体接触少量就会有明显的中毒反应。因此，2,3,7,8-TCDD 被称为"地球上毒性最强的毒物"。

72. 在处理焚烧飞灰时，有哪些药剂可用作飞灰中重金属的螯合剂？焚烧飞灰药剂稳定化处理的优点是什么？

答： 在处理焚烧飞灰时，常用螯合剂稳定重金属，降低重金属的浸出毒性。螯合剂稳定重金属的机理是配位键与重金属离子反应生成螯合物。国内常用的二甲胺类螯合剂存在螯合体长期稳定性差、分解产物毒性高、有爆炸隐患等问题，成为制约我国飞灰卫生填埋场共处置技术应用的瓶颈；而哌嗪类螯合剂具有分子结构稳定，重金属螯合效果好等优点，在日本被广泛使用。螯合剂中作为配位原子主要以 O、N、S 等元素为主。表 4-6 中给出了可能作为螯合剂的配位基。

表 4-6 螯合剂的配位基

配位原子	配位基
O	—O—(醚,冠醚)，—OH(醇,酚)，>C=O(醛,酮,醌) —COOH，—COOR，—NO，$—NO_2$，$—SO_3H$ —PHO(OH)，$PO(OH)_2$，$—AsO(OH)_2$
N	$—NH_2$，>NH，>N—，>C=NH(亚胺)，>C=N—(席夫碱)
S	—SH(硫醇,硫酚)，—S—(硫醚)，>C=S(硫醛,硫酮) —COSH(硫代羧酸)，—CSSH(二硫代羧酸)，$—CSNH_2$，—SCN

焚烧飞灰药剂稳定化处理的优点：

① 可进入普通生活垃圾填埋场填埋，大幅度降低填埋成本；

② 处理后产物体积基本不增容；

③ 处理过程不产生任何二次污染，无废液废气；

④ 重金属捕集范围广、效率高，降低了污染环境的风险；

⑤ 成本适中，具有一定的经济效益。

73. 在处理焚烧飞灰的过程中，怎样确定重金属螯合剂的用量？

答：① 确定某垃圾焚烧厂焚烧飞灰的重金属含量范围：由于焚烧飞灰的成分复杂，每天焚烧的垃圾成分不完全相同，所以焚烧飞灰中重金属的含量不同，但是可以测定出重金属的含量范围。

② 根据实验确定螯合剂螯合重金属的能力，模拟飞灰中重金属含量最高的条件下的处理效果，确定实验室小试时的最佳用药量（满足生活垃圾填埋场标准中规定的重金属离子浸出浓度）。

③ 在实际工程调试期间，以实验室小试最佳用药量为标准，适当缩小或增加用药量，做浓度梯度实验，并根据检测结果确定实际工程中的药剂添加量。

④ 对药剂稳定化产物进行不定期检测：一是对同一天不同时段的飞灰稳定化产物进行化验；二是对不同时期对飞灰进行化验，比如隔几天，或是隔月进行抽检。

74. 重金属螯合剂对二噁英的处理有没有影响？

答：重金属螯合剂是根据配位化学中螯合作用的原理发明的，只会和金属离子反应，使得重金属离子固定，变成不溶于水的高分子络合物，可以把飞灰中的有毒物质转变成低毒性、低迁移性物质。而二噁英是非常稳定的含氯持久性有机物，两者不发生反应，仅用螯合剂进行稳定化处理对焚烧飞灰中二噁英的去除没有效果。

75. 在处理焚烧飞灰时加硫可以使二噁英的含量降低多少？

答：有关数据表明，煤与垃圾共燃烧可以形成相对较少量的PCDD/Fs，Samaras 等认为投加无机硫化物可使二噁英排放减少超过98%，投加磺胺酸可使二噁英排放减少超过96%，添加剂的投加不仅能降低二噁英的排放量，而且能降低 PCDDs：PCDFs 的比值。Raghu-nathan 等发现二噁英生成量开始随着硫含量增加而增加，但当硫含量增加到一定程度时，二噁英生成量却急剧下降。在大规模的商业焚烧炉中，含 S 烟煤与城市固体废物混烧，可使 PCDD/Fs 的排放大大减少。当城市固体废物中加入含 S1.6%（重量）的褐煤时发现相似的结果。

76. 为什么一氧化碳降低会使二噁英的产量减少？

答：CO 不参与二噁英的生成反应，它只能反映燃烧炉内的燃烧情况。当垃圾进入焚烧炉内初期干燥阶段，生成的 CO 越多，垃圾不完全燃烧越严重，越易生成二噁英。低 CO 燃烧技术，可以达到完全燃烧状态，防止可能产生二噁英的有机挥发物的生成。对于炉排炉，采用“3T”技术：即控制炉膛温度，延长气体在高温区滞留时间，在高温区送入二次空气，充分搅拌混合可以增强湍流强度，是减少二噁英生成的有效措施。

77. 处理焚烧飞灰时，二噁英、重金属是否可以同时去除？

答：目前国内外能将二噁英和重金属同时从飞灰中去除的技术只有热处理技术，如熔融技术。飞灰熔融的主要原理是：在高温1200～1400℃状况下，飞灰中的二噁英等有机物发生热分解被破坏或气化，而无机物则熔融形成玻璃态熔渣。飞灰经熔融处理后，飞灰中所含的沸点较低的重金属盐类转移到气体中并附着在熔融炉飞灰（二次飞灰）上而被捕集；其余的金属则转移到玻璃熔渣中，大大降低了重金属的浸出特性。

78. 飞灰固化处理之后的重金属浸出毒性实验是在碱性还是在酸性条件下进行？

答：我国颁布的浸出毒性标准是参考美国和日本等国家，并根据我国国情制定的。固体废物遇水浸沥，浸出的有害物质迁移转化，污染环境，这种危害特性称为浸出毒性。我国的浸出毒性测定方法是模拟最坏的条件下（酸性），也就是填埋场的环境是酸性环境下固体废物中重金属的浸出毒性。

79. 焚烧飞灰处理过程中，固化的方法是否可以解决二噁英的污染？

答：现有的固化技术无法从根本上解决飞灰中二噁英的污染问题，固化的技术并没有把二噁英去除，只是以某种方法将飞灰包裹起来，埋入地下，例如水泥固化技术，其原理是在水泥的水化过程中，金属可以通过吸附化学、吸收沉降、离子交换、钝化等多种方式与水泥发生反应，最终以氢氧化物或络合物的形式停留在水泥水化形成的水化硅酸盐中。水泥固化技术是目前国际上最常用的危险废物固化技术，原材料来源丰富，在常温下操作处理费用低廉，被固化的废渣不要求脱水，但处理后固化体增容比较大，水泥耗费量大，固化体易受酸性介质侵蚀，且飞灰中的二噁英依然存在。

80. 飞灰的水泥窑协同处置是什么意思？

答：水泥窑协同处置飞灰，是指将垃圾焚烧飞灰作为原料投加到水泥生产工艺中，替代部分水泥原料，有效去除飞灰中富集的二噁英等有机污染物，最终实现飞灰的资源化处置的过程。飞灰中存在大量的氯和重金属，因此必须有效避免飞灰对水泥生产和产品质量的影响。

飞灰用于水泥熟料生产时，应同时满足以下污染控制要求：

1）水泥熟料生产过程的污染控制应符合国家标准GB 30485和行业标准HJ 662的要求。

2）应控制飞灰中的重金属含量和飞灰的投加速率，使所生产的水泥熟料按照国家标准GB/T 30810规定的方法测定，其浸出重金属含量不超过国家标准GB 30760中规定的限值。

3）飞灰中的氯含量应满足水泥熟料生产工艺控制的要求（入窑物料中氯元素含量不应大于0.04%）。

81. 垃圾焚烧飞灰的高温熔融是什么原理？

答：熔融是利用燃料的燃烧热及电热两种方式，在高温（1400℃）的状况下，灰渣中的有机物发生热分解、燃烧及气化，而无机物则熔融成玻璃质炉渣。灰渣在1200℃以上，会有99%的二噁英分解，同时灰渣所含沸点较低的重金属盐类，部分发生气化现象，部分则转移到熔渣中。

飞灰熔融过程当中，其主要成分 CaO、SiO_2、Al_2O_3 熔化生成复合氧化物，其反应式为：

$$12CaO+7Al_2O_3 \longrightarrow 12CaO \cdot 7Al_2O_3$$
$$3CaO+2SiO_2 \longrightarrow 3CaO \cdot 2SiO_2$$
$$2CaO+Al_2O_3+SiO_2 \longrightarrow 2CaO \cdot Al_2O_3 \cdot SiO_2$$
$$3CaO+SiO_2 \longrightarrow 3CaO \cdot SiO_2$$
$$CaO+Al_2O_3+2SiO_2 \longrightarrow CaO \cdot Al_2O_3 \cdot 2SiO_2$$
$$CaO+6Al_2O_3 \longrightarrow CaO \cdot 6Al_2O_3$$
$$CaO+SiO_2 \longrightarrow CaO \cdot SiO_2$$
$$3CaO+Al_2O_3 \longrightarrow 3CaO \cdot Al_2O_3$$
$$CaO+2Al_2O_3 \longrightarrow CaO \cdot 2Al_2O_3$$
$$3Al_2O_3+2SiO_2 \longrightarrow 3Al_2O_3 \cdot 2SiO_2$$
$$2CaO+SiO_2 \longrightarrow 2CaO \cdot SiO_2$$
$$CaO+Al_2O_3 \longrightarrow CaO \cdot Al_2O_3$$

飞灰中如果含有 Fe_2O_3，它可与 C 发生还原反应，转变为液态的金属铁或少部分的磁铁。飞灰熔融处理技术在日本应用最广，目前大约有 4%灰渣采用熔融法处理。单纯的飞灰熔融技术虽然能够取得一定的减容固化效果，但由于所得玻璃态材料的硬度、热性能等较差，限制了其在建筑材料等领域的应用，通常只能用于路基材料、水泥混凝土的混合材料或再次送入填埋场填埋，附加值较低；熔融过程中又会产生少量高浓度的熔融炉飞灰（二次飞灰，其 Cd 和 Pb 浓度是熔融前的 5～10 倍，可作为贫矿提取金属）；飞灰熔融的费用也非常高，推广有一定难度。

82. 化学还原法处理铬渣中六价铬的原理是什么？

答：(1) 铬渣干式还原处理

原理：利用一氧化碳和硫酸亚铁为还原剂，将铬渣和煤炭混合，在 70～80℃密封条件下焙烧，此过程中产生大量的一氧化碳（CO）和氢（H_2），以此为还原剂，使铬渣中的 Cr(Ⅵ) 还原为 Cr(Ⅲ)，并在密封条件下水淬，然后投加适量硫酸亚铁与硫酸，以巩固还原效果。化学反应式如下：

$$2C+O_2 \longrightarrow 2CO$$
$$2Na_2CrO_4+3CO \longrightarrow 2NaCrO_2+Na_2CO_3+2CO_2$$
$$2Na_2CrO_4+3CO \longrightarrow Cr_2O_3+2Na_2O+3CO_2$$
$$2CaCrO_4+3CO \longrightarrow Cr_2O_3+2CaO+3CO_2$$
$$2Na_2CrO_4+8H_2SO_4+6FeSO_4 \longrightarrow Cr_2(SO_4)_3+3Fe_2(SO_4)_3+2Na_2SO_4+8H_2O$$

(2) 铬渣湿式还原法

铬渣湿法解毒一般分为两步进行，先是将铬渣中的六价铬转移至水相，接着用还原剂将六价铬还原为无毒的三价铬，或者用沉淀剂使六价铬转变为稳定的水不溶铬酸盐，则余渣已为无毒渣。

利用碳酸钠溶液进行湿式还原法处理铬渣时，先将铬渣湿磨、过筛，用碳酸钠溶液浸取，通过复分解反应，使其中铬酸钙与铬铝酸钙转化为水溶性铬酸钠而被浸出，从浸出液中回收铬酸钠产品。余渣再用硫化钠溶液处理，使剩余的Cr^{6+}还原为Cr^{3+}，并用硫酸亚铁固定过量的S，其反应式为：

$$8Na_2CrO_4+3Na_2S+(8+4x)H_2O \longrightarrow 4(Cr_2O_3 \cdot xH_2O)+3Na_2SO_4+16NaOH$$

$$8Na_2CrO_4+6Na_2S+(11+4x)H_2O \longrightarrow 4(Cr_2O_3 \cdot xH_2O)+3Na_2S_2O_3+22NaOH$$

$$Na_2S+FeSO_4 \longrightarrow FeS+Na_2SO_4$$

83. 固化/稳定化处理铬渣的原理是什么？

答：固化稳定化处理是用化学药剂固定有害物质，通过形成晶格结构和化学键，将有害组分引入晶格中，与机体结合在一起，从而降低危险废物中有害物质的浸出毒性。例如，$[Fe(\mathrm{II})_4Fe(\mathrm{III})_2(OH)_2][4H_2O \cdot CO_3]$是一种类似于吸水滑石的化合物，它含二价阳离子$M^{2+}$的氢氧化物和部分三价阳离子$M^{3+}$的氢氧化物，其结构呈层状，层间有$Cl^-$、$CO_3^{2-}$、$SO_4^{2-}$等阴离子。$[Fe(\mathrm{II})_4Fe(\mathrm{III})_2(OH)_2][4H_2O \cdot CO_3]$中的二价$Fe^{2+}$能与$Cr^{6+}$发生氧化还原反应生成$Cr^{3+}$，$Cr^{3+}$又与$[Fe(\mathrm{II})_4Fe(\mathrm{III})_2(OH)_2][4H_2O \cdot CO_3]$中的$Fe^{3+}$发生取代反应，使$Cr^{3+}$被嵌入晶格而很好地被固定，不易溶出而达到对$Cr^{6+}$彻底解毒的目的。

84. 目前有哪些锂离子电池回收工艺？回收原理是什么？

答：目前废旧锂离子电池的回收利用，主要集中在对电池正极材料中有价金属的分离回收。锂离子电池的正极材料主要有$LiCoO_2$、$LiNiO_2$、$LiMn_2O_4$、$LiFePO_4$等。主要的回收工艺有以下3种。

1）机械分离与回收工艺　利用物理方法将回收电池破碎，然后用标准筛进行分级并确定粒径分布，所得料粒通过超声波振动和机械搅拌的方法将正极活性材料、负极活性材料与铝箔、铜箔分离，最后通过气流分选将其分离。

2）火法煅烧工艺　回收的废旧电池先进行放电处理，然后通过物理方法将外壳破拆，以回收外壳材料。将电芯与焦炭，石灰石混合均匀后投入马弗炉中高温焙烧［$CaCO_3(s) \xlongequal{} CaO(s)+CO_2(g)$；$C(s)+O_2(g) \xlongequal{} CO_2(g)$］，此过程中有机材料如黏结剂、有机溶剂等燃烧后以气体的形式排出。而正极材料被还原为金属钴和氧化锂。电解质中的氟、磷等元素以沉渣的形式固定，金属铝被氧化为炉渣，铜、钴、镍等形成含碳合金。

3）湿法浸出工艺　该工艺通常以酸或碱溶液将正极材料或集流体溶解，然后通过化学沉淀、萃取、盐析等方法回收溶液中的有价金属。其流程如图4-7所示。

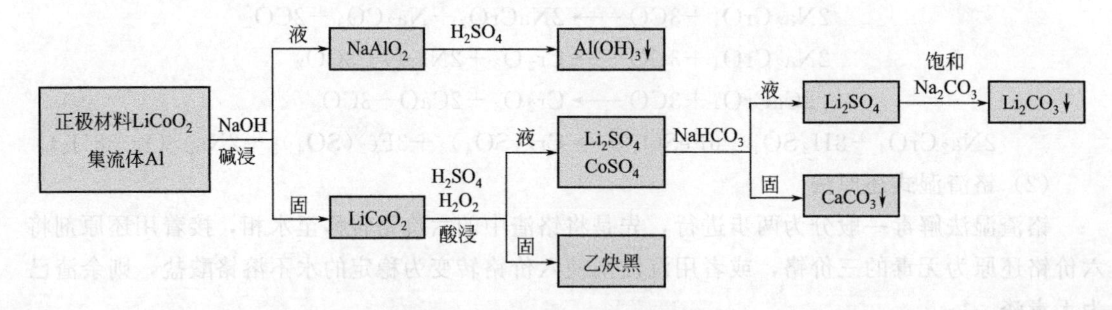

图4-7　湿法浸出工艺流程图

如先采用NaOH溶液碱浸，实现铝与钴、锂的分离，再用H_2SO_4溶液处理碱浸所剩滤渣，主要的化学方程式如下：

① 碱浸回收铝：

$$2Al+2NaOH+2H_2O \longrightarrow 2NaAlO_2+3H_2\uparrow$$

用 H_2SO_4 调节碱浸液的 pH 值，使铝以 $Al(OH)_3$ 形式沉淀下来回收：

$$NaAlO_2+2H_2O \longrightarrow Al(OH)_3\downarrow+NaOH$$

② 酸浸回收钴、锂：

$$2LiCoO_2(\text{碱浸渣})+3H_2SO_4+H_2O_2 \longrightarrow Li_2SO_4+2CoSO_4+O_2\uparrow+4H_2O$$

$$CoSO_4+2NaHCO_3 \longrightarrow CoCO_3\downarrow+Na_2SO_4+CO_2\uparrow+H_2O$$

$$Li_2SO_4+Na_2CO_3(\text{饱和}) \longrightarrow Li_2CO_3\downarrow+Na_2SO_4$$

③ 锂离子电池中的电解质 $LiPF_6$ 也可用碱分解，以避免 HF 有毒气体的释放：

$$LiPF_6+H_2O \longrightarrow LiF+POF_3+2HF$$

$$HF+NaOH \longrightarrow NaF+H_2O$$

85. 什么是煤沥青？为什么要对煤沥青进行改性？

答：煤沥青是煤焦油蒸馏提取馏分（如轻油、酚油、萘油、洗油和蒽油等）后的残留物。它具有含碳量高、高温下易熔化、流动性好、来源广泛、价格便宜等优点，因此被广泛用作炼钢、人造石墨电极、黏结剂以及 C/C 复合材料用基体前驱体。

近年来，传统煤沥青的一系列弊端日益突出，影响了碳素行业的发展。首先是资源紧张，国内外用于生产煤沥青的煤焦油产品短缺，难以满足钢铁、铝工业以及其他碳素材料领域的需求；其次，煤沥青生产过程中释放的多环芳烃中大多是有毒甚至是致癌物（如苯并芘），在污染环境的同时一定程度上损害了工人的身体健康；再次，煤沥青的性能有待提高。近 10 年来，全球石油焦品质普遍下降，研究和改善煤沥青的综合性能，在一定程度上可以弥补石油焦的缺陷。

86. 用于煤沥青改性的工艺有哪些？

答：目前，煤沥青改性的工业方法主要为高温热聚法和减压蒸馏法。一般来说，煤沥青改性的工艺重点是调整煤沥青的软化点、甲苯不溶物和 β 树脂含量这三项指标。高温热聚法是指将煤沥青加热到 400℃以上以除去挥发分，提高高分子量芳香族化合物含量和提高结焦值的改性方法。高温热聚法的原理是将煤沥青或煤焦油放置于聚合反应釜内，在一定压力和温度下保持一定时间进行热聚合，使煤沥青的各项指标达到质量要求。减压蒸馏法是指沥青在闪速蒸馏塔中经短时间改质处理的方法。闪蒸塔顶部由蒸汽喷射泵造成塔内真空状态（8.0～10.6kPa），因此煤沥青在 350～370℃受到减压蒸馏，馏分在闪蒸塔内迅速挥发，在很短的时间内煤沥青软化点提高到 110～120℃。

87. 什么是残炭率？

答：残炭率（也称热灼减率）是指把物质加热到一定高温分解后其剩余物质的质量与原物质质量的百分比。残炭率一方面反映了煤沥青改性前后大分子不易挥发组分的百分比，另一方面一定程度上反映了煤沥青中 β 树脂的含量，二者成正比例关系，β 树脂是煤沥青在做电极黏结剂方面的一个重要指标，目前煤沥青中 β 树脂的含量在 10%左右，含量太低不适用于做电极黏结剂。

88. 危险废物与其他固废混燃法的原理是什么？

答：混合燃烧是将高热生物质或固体残渣或危险废物的生物质与其他可燃物以一定比例混合燃烧，得到热量实现废物资源化利用，以及将固体废物减量化、无害化的处理方法。但需要研究确定危险废物的掺烧比例是否合适，鉴别混燃后的底渣是否仍然是危险废物，是否能资源化利用；混烧过程产生的烟气是否满足《大气污染物综合排放标准》。

第五节 典型固体废物减量化和资源化——污水厂污泥

89. 污泥减量化包括哪些途径？污泥减量化对出水水质是否有影响？

答：污泥减量技术主要包括降低细菌细胞的合成量、增加生物体的自身氧化速率、增强微型动物对细菌的捕食等方法。其中采用第一种方法对出水 N、P 无明显影响。因为细菌细胞合成得少，对营养物代谢少。但是一般需要投加解偶联剂，长期运行产生的生物将给解偶联剂的应用带来负面影响。后两种方法一是增加了细菌本身的代谢，包括内源呼吸等；二是增强了微型动物的捕食作用，同样增加了代谢，所以营养物释放较多，出水 N、P 相对传统方法高。另外，膜生物技术也可以实现污泥减量化，膜生物技术将污泥截留在膜反应器内，以延长污泥泥龄，加强微生物的分解和代谢作用，使污泥得到降解，从而实现污泥减量。虽然膜生物法很好地实现了污泥减量，甚至实现了污泥“零排放”，但是对氮和磷等营养物的去除率不高。另外，污泥减量技术旨在保证 COD 和 BOD 去除率的条件下，降低污泥产量，所以污泥减量技术对 COD、BOD 的去除几乎没有不良影响。

90. 用于污泥减量化的解偶联剂是什么物质？其解偶联的机理是什么？

答：解偶联剂是指一类能抑制氧化磷酸化偶联的化合物，即抑制将呼吸链上电子传递产生的能量用于 ADP 磷酸化合成 ATP 的化合物。

机理：微生物的分解代谢和合成代谢是紧密偶联的，化能营养型微生物分解代谢过程中产生的能量通过氧化磷酸化过程而储存在 ATP 中，进而为合成代谢提供能量。ATP 合成由跨膜质子梯度驱动，若某种因子瓦解跨膜质子梯度，这种因子就会影响 ATP 合成。解偶联剂作为这种因子，可以抑制细胞的氧化磷酸化过程，使分解代谢产生的能量大部分转变成热量，而不能有效转换为合成代谢所必需的 ATP，从而抑制合成代谢。解偶联剂跟现实中减肥药很相似，一方面我们可以随心所欲地享受各种美食，同时通过对解偶联剂的摄取来破坏蛋白质和脂肪的形成，从而可以控制体重的增长。减少产泥量就是降低微生物细胞合成量，也就是降低污泥产率系数。

91. 解偶联剂的添加会不会对污水处理造成不良的影响？

答：会造成不良的影响。一个是对污泥菌群结构的影响，有研究表明，添加解偶联剂之后，丝状菌会增殖，原生动物会消失；另一个是污泥群落功能的影响，投加解偶联剂后，ATP 合成速率下降，细胞合成代谢受到影响，微生物难以通过合成代谢而主要以分解代谢去除有机物污染，致使 COD 去除率下降。

92. 污泥减量技术中，类似生物链的多级反应器的工作原理是什么？

答：原理大致如下：把曝气池分成若干格，相互间具有一定的独立性，并在其中挂上填料。其第一格为细菌生长区，浓度较高，环境相对不稳定；第二格为原生动物生长区，浓度大致只有前面的1/3；第三、四格有机物浓度降至更低，环境更为稳定，适合后生动物生长繁殖。沉淀池污泥按一定比例回流，在进水口与原水相结合，第一格内有机物被细菌大量吸收利用，有机物浓度降至原水的10%～40%。第二格内原生动物大量吞噬菌胶团，第三、四格内原生动物又被后生动物吞食，死后的后生动物被细菌分解。因此，大大减少排放出的生物污泥量。

93. 芬顿试剂结合紫外光或太阳光使得污泥减量化的具体原理是什么？

答：芬顿试剂的氧化能力很强，在外界物质（紫外光、太阳光等）的激发下会产生·OH，能够破坏污泥絮体，使污泥细胞中的物质得到分解，提高了污泥的可生化性，然后把这些破解的污泥回流到生物反应系统中，被微生物二次利用，可达到污泥减量的目的。

94. 自来水厂的脱水污泥能否应用在人工湿地的基质中？

答：自来水厂在制水过程中使用了铝系、铁系无机混凝剂，因此污泥中含有较多的铝、铁成分。自来水厂的脱水污泥由于其含有大量的铝、铁元素，可以与污水中的磷形成沉淀，对污水中磷的去除有很好的效果，其反应式：

$$5Ca^{2+} + 3PO_4^{3-} + OH^- \longrightarrow Ca_5(PO_4)_3(OH)$$

$$Fe^{3+} + PO_4^{3-} \longrightarrow FePO_4$$

$$Fe^{3+} + 3OH^- \longrightarrow Fe(OH)_3$$

因此，将脱水污泥运用到人工湿地基质中是可行的，也是近几年学者研究的一个热点问题。

95. 好氧-沉淀-厌氧工艺流程图是怎样的？其如何减少污泥产生量？

答：好氧-沉淀-厌氧工艺（OSA）给微生物提供了一个交替好氧和厌氧的环境，使得微生物在好氧段所得到的 ATP 并未立即大量用来合成新的细胞，而是在厌氧段作为维持细胞的能量而被消耗。这样使得微生物的分解代谢和合成代谢相对分离，不再像通常条件下紧密偶联，从达到污泥减量的效果。值得注意的是，该法在进水有机物浓度较高的条件下才能体现出优越性。OSA 的工艺流程见图 4-8。

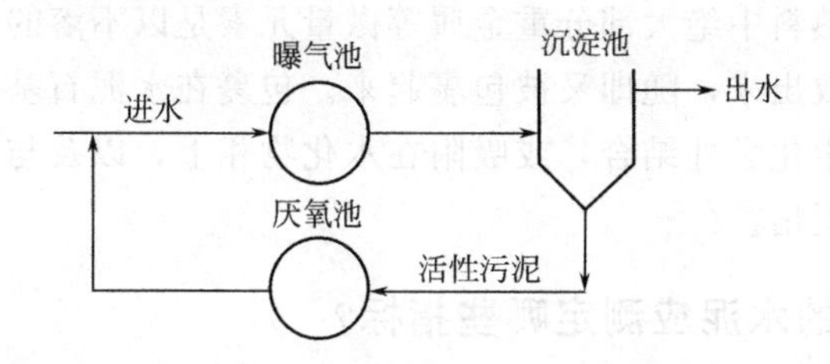

图 4-8　好氧-沉淀-厌氧工艺流程

96. 剩余活性污泥中，用于生产聚羟基烷酸酯的微生物有哪些？

答：聚羟基烷酸酯（PHAs）是许多原核生物在不平衡生长条件下合成的胞内能量和碳源储藏性物质，是一类可完全生物降解、具有良好加工性能和广阔应用前景的新型热塑材料。在活性污泥合成聚羟基烷酸酯（PHAs）的微生物中，目前被普遍认知的主要有两种类型的微生物群体：聚磷微生物（PAO）和聚糖微生物（GAO）。这些微生物在碳源充分而N、P、S、O、Mg、K等营养元素分别或同时缺乏时，就会迅速地合成PHAs，作为碳源和能源载体储藏在细胞体内；一旦碳源匮乏时，PHAs则会被分解释放碳源和能源用于维持微生物的生命活动。

97. 传统污泥处置有什么方法？这些方法有什么缺点？

答：1）卫生填埋　严重侵占土地，如果防渗技术不够，将会污染土壤和地下水。而且填埋并不能最终避免环境污染，只是延缓了污染的时间。

2）污泥农用　由于污泥中含有大量病原菌、寄生虫卵、重金属和放射性核素以及有毒的有机化合物，并且这些物质的含量一般均超过土地的承受力，会对土地造成二次污染。

3）污泥焚烧　污泥中的有害成分在焚烧过程中会形成二次污染物，如重金属烟雾、二氧化硫、氮氧化物等污染物；另一方面则需庞大的烟气净化设备；另外污泥焚烧灰渣中的重金属元素被富集，因此需对灰渣进行无害化处理，使得污泥焚烧处置的成本增加。

4）污泥堆肥　自动化程度高、周期短，日处理量大，污泥处理后比较稳定，容易被有效利用，但是设备投资较高。

98. 污泥是怎样制成硅酸盐水泥的？

答：污泥中的主要化学成分是SiO_2、Fe_2O_3和Al_2O_3，这和水泥原料中的硅质原料相同，理论上可以用来替代部分硅质材料（如黏土）来进行配料。水泥生产温度高达1450℃以上，利用水泥窑协同处理污泥，污泥中的病菌、细菌等有害微生物在如此高的煅烧温度下将全部被杀灭；重金属元素几乎全部固溶在熟料矿物的晶格中，改善熟料矿相结构，提高熟料的水化活性；此外，污泥具有较高的热值，可以部分替代燃料，减少煤的用量。

99. 污泥中本就含有重金属，掺污泥烧制的水泥，其重金属在使用过程中是否会浸出？

答：固化作用是利用物理化学方法将污泥和稳定化惰性材料掺合在一起，依靠惰性材料的吸附、固化等作用使重金属转变成低溶解性及低迁移性的稳定状态而不易被浸出，使其难以被植物吸收利用、难以迁移转化，从而减少其对人类健康和环境的危害，以此达到消除重金属污染的目的。水泥熟料中绝大部分重金属等微量元素是以不溶的形式存在的，在水化过程中会以很小的浓度释放出来，随即又被包裹起来。包裹在水泥石基体中的机理主要是进入水化产物的晶格内，产生化学性结合，或吸附在水化物相上，以及与相应的物质反应生成难溶的化合物，故难以被浸出。

100. 掺污泥烧制的水泥应测定哪些指标？

答：游离氧化钙（f-CaO）含量、氯离子含量、抗压抗折强度、凝结时间、矿物相组成等，还需进行结构分析、浸出毒性试验等。

101. 掺污泥烧制水泥时氯离子过量有什么影响？

答：水泥混凝土中氯离子过量会引起钢筋锈蚀，从而导致混凝土开裂破坏，影响混凝土的持久性，所以限制氯离子的含量是十分必要的。

102. 掺污泥烧制水泥时，需要对污泥进行预处理吗？

答：只需要对污泥进行干化预处理。在污泥用来制水泥之前需要将污泥在110～120℃条件下干化，用球磨机磨成规定粒径然后再烘干至规定含水率。生料煅烧过程中由于温度很高许多有害有机物都被分解，不需要考虑其他物质的预处理。

103. 掺污泥烧制水泥时，污泥中的氧化铁会不会对水泥性能产生影响？

答：不会对水泥性能产生影响。硅酸盐水泥熟料的主要矿物组成有：硅酸三钙、硅酸二钙、铝酸钙和铁相固溶体。水泥生产的第一个过程是生料制备，需要加入少量的校正原料，其主要成分就是氧化铁。含量在2.5%～6.0%范围内波动。

第六节　典型固体废物资源化——废塑料

104. 废塑料的主要处理工艺有哪些？

答：在城市塑料固体废弃物处理方面，目前主要采用填埋、焚烧和回收再利用三种方法。因国情不同，各国有异，美国以填埋为主，欧洲、日本以焚烧为主。采用填埋处理，因塑料制品体积大质量轻，且不易腐烂，会导致填埋地成为软质地基，今后很难利用。采用焚烧处理，因塑料发热量大，易损伤焚烧炉，加上焚烧后产生的气体会产生温室效应，有些塑料在焚烧时还会释放出有害气体而污染大气。采用回收再用的方法，由于耗费人工，回收成本高，且缺乏相应的回收渠道，目前世界回收再用仅占全部塑料消费量的15%左右。但因世界石油资源有限，从节约地球资源的角度考虑，塑料的回收再用具有重大的意义。为此，目前世界各国都投入大量人力物力开发各种废旧塑料回收利用的关键技术，致力于降低塑料回收再用的成本，开发其合适的应用领域。

105. 废塑料热解过程中所释放出来的氯化氢气体该如何处理？

答：废塑料热解释放出来的 HCl 会造成设备腐蚀，降低产品质量，甚至污染环境，常见的解决方法是在物料中加入 Na_2CO_3、CaO 和 $Ca(OH)_2$ 等碱性物质，使热解产生的 HCl 立即与上述物质发生反应生成氯化物，以减少 HCl 的危害。

106. 废塑料热解过程中，为什么可以加入生物质废物混合热解？

答：原因有以下3点：

① 塑料和生物质废物是城市生活垃圾中的主要组成部分，对其进行同时处理可减少垃圾分选过程中的能耗；

② 塑料和生物质废物共热解时，生物质废物在较低温度时产生的自由基可对塑料中高分子链的断裂起引发作用，从而降低起始分解温度，降低能耗；

③ 塑料的含氢量较高，热解过程中会对生物质废物产生供氢作用，得到分子量较小的液相烃类，使最终液相产物中含有更多的轻质油，减少残炭量。

107. 可降解塑料一般分为哪几类？是在塑料生产过程中加入哪些成分可以让塑料可降解？

答： 所谓的“可降解塑料”一般是特指光降解塑料、生物降解塑料以及光-生物双降解塑料。可降解塑料的产生是为了减少塑料污染、加快废弃塑料的降解。在生产塑料的过程中加入一些特定成分，如加入光敏剂（羰基甲基酮类等）或光分解剂、微生物发酵的产物如聚β-羟基酸酯（PHAs）、淀粉、纤维素等物质，以促进塑料的降解，就可生产出一种可加快降解的新型塑料。

108. 光降解塑料的原理是什么？普通塑料的降解时间是多久？

答： 光降解塑料的整个过程是光降解和自由基断裂氧化反应的结合，称为 Norrish 反应。光降解一般分为 3 个过程。

（1）引发反应：$2RH \xrightarrow{h\nu} RH\cdot \longrightarrow R\cdot + H\cdot$

$R\cdot + O_2 \longrightarrow ROO\cdot$

（2）链式反应：$ROO\cdot + RH \longrightarrow ROOH + R\cdot$　　$ROOH \longrightarrow R\cdot + \cdot OOH$

$ROOH \longrightarrow RO\cdot + \cdot OH$　　$RO\cdot + RH \longrightarrow ROH + R\cdot$

$HO\cdot + RH \longrightarrow R\cdot + H_2O$

（3）终止反应：$ROO\cdot + ROO\cdot \longrightarrow ROOR + O_2$　　$ROO\cdot + R\cdot \longrightarrow ROOR$

$R\cdot + R\cdot \longrightarrow R—R$

以羰基聚合物的光降解反应为例，反应式如下：

$$R_1—\overset{\overset{\displaystyle O}{\|}}{C}—R_2 \xrightarrow[\text{Norrish I}]{h\nu} R_1\cdot + CO + R_2\cdot$$

$$R_1—\overset{\overset{\displaystyle O}{\|}}{C}—CH_2CH_2CH_2—R_2 \xrightarrow[\text{Norrish II}]{h\nu} R_1—\overset{\overset{\displaystyle O_1}{\|}}{C}—CH_3 + CH_2{=}CH—R_2$$

普通塑料靠自然降解的时间很久，大约在 200～400 年以上。

109. 光降解塑料后得到的产物有什么？

答： 通过紫外光的集中照射，外加光敏剂的作用下，将塑料大分子降解成小分子，以便于微生物利用分解，最后得到的产物是二氧化碳和水。

110. 现在国内市面上广泛使用的可降解塑料有哪些？

答： 国内市场上应用比较广泛的可降解塑料成品主要有聚乳酸加工成的薄膜、包装袋、包装盒、一次性快餐盒、农用地膜等，聚乳酸还可用于生产仿棉纤维以及仿羊毛、仿丝绸纤维，可单独纺丝（或与其他天然纤维混用）用于生产各种织物。也有合成的光降解聚合物，主要是烯烃和一氧化碳或烯酮类单体的共聚物。这样就可以得到含有羰基结构可以发生光降解的 PE、PP、PVC、PET、PA 等，这些材料也得到了广泛的应用。

111. 什么是聚乳酸生物可降解塑料？怎样制备？

答：生物降解塑料聚乳酸是一种热塑性脂肪族聚酯，又称聚丙交酯。其制作过程为：首先把玉米磨成粉，分离出淀粉，再从淀粉中提取出原始的葡萄糖，最后用类似啤酒的发酵工艺将葡萄糖转化成乳酸，再把提取出来的乳酸制成最终的聚合物—聚乳酸。除玉米外，一些常见农副产品如甜菜粕、砻糠、玉米秸秆、餐厨垃圾等均可用于发酵乳酸从而成为生物塑料的原料。

以乳酸为原料聚合成聚乳酸时常采用直接聚合法和开环聚合法，可用以下反应方程式表示：

（1）直接聚合法

$$2n\,HO-\underset{\displaystyle CH_3}{\underset{|}{C}H}-COOH \xrightarrow[140\sim210^\circ C]{\text{脱水剂}} H\!\left[O-\underset{\displaystyle CH_3}{\underset{|}{C}H}-COO-\underset{\displaystyle CH_3}{\underset{|}{C}H}-CO\right]_n OH+(2n-1)H_2O$$

（2）开环聚合法

第一步是乳酸经脱水环化制得丙交酯

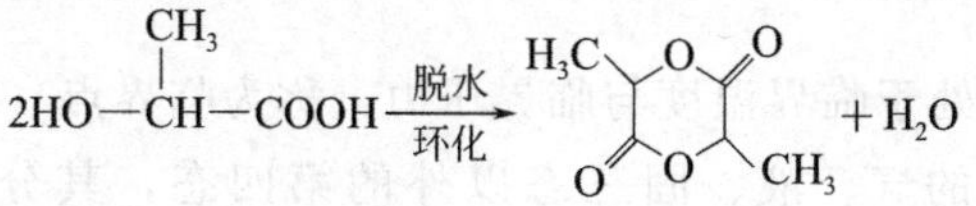

$$2HO-\overset{\displaystyle CH_3}{\overset{|}{C}H}-COOH \xrightarrow[\text{环化}]{\text{脱水}} \text{(丙交酯环：}H_3C,\ O,\ O,\ O,\ O,\ CH_3\text{)} + H_2O$$

第二步是丙交酯经开环聚合制得聚丙交酯

$$\text{(丙交酯环：}H_3C,\ O,\ O,\ O,\ O,\ CH_3\text{)} \xrightarrow[\text{催化剂}]{\text{开环聚合}} \left[O\overset{\displaystyle CH_3}{\overset{|}{C}H}-\overset{O}{\overset{\|}{C}}\right]_n$$

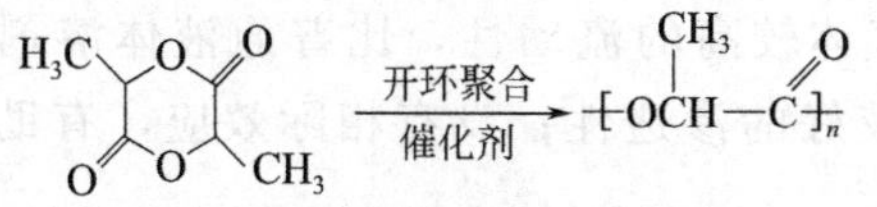

112. 直接聚合法与开环聚合法制备的聚乳酸有何不同？

答：（1）聚乳酸的分子量不同

直接法制聚乳酸所得的是分子量相对较低（在 7.5 万～50 万之间，也有 4000 以下的）的聚乳酸，机械性能较差，制得的共聚物由一个乳酸和一个乙醇酸随机排列，强度不够，成形加工有困难，且分子量分布较宽。聚合反应在高于 180℃的条件下进行，得到的聚合物极易氧化着色，使应用受到一定的限制。

开环聚合法制备的聚乳酸所得的产品是分子量相对较高（可达 70 万～100 万）的聚乳酸，制得的共聚物是由两个乳酸和两个乙醇酸排列于聚合物链中，强度高，机械性能好。

（2）制备条件不同

1）直接聚合法　关键是把原料和反应过程中生成的小分子水除去，并控制反应温度。因为反应温度提高虽然有利于反应的正向进行，但当温度过高时低聚物会发生裂解环化，解聚为乳酸的环状二聚体——丙交酯。在高真空状态下，小分子水被带走的同时，也会带走解聚生成的丙交酯，这就促使反应向着解聚方向进行，不利于高分子量聚乳酸的生成。

2）开环聚合法　第一步是乳酸经脱水环化制得丙交酯，第二步是丙交酯经开环聚合制得聚丙交酯，丙交酯经过精制提纯后，由引发剂催化开环得到高分子量聚合物。其中乳酸制得丙交酯后对丙交酯的提纯，反应条件的控制（催化剂的种类及用量、脱水温度和解聚温度），是制备聚乳酸的关键，也因此使得生产成本较高。

（3）应用方面的不同

直接聚合法：根据分子量的不同，部分分子量低的可用于食品包装、药物控释载体方面，一些高分子量的可用作医用缝合线、医用骨科内固定材料、药物微球载体、“防粘膜”生物导管、药物复合高分子等医疗行业。

开环聚合法：包装行业、纤维行业、服装行业、农业、林业、建筑、渔业、土木、造纸等。

113. 聚乳酸受热是否会发生变形？焚烧聚乳酸是否会对环境产生污染？

答：聚乳酸的热稳定性好，加工温度为170～230℃。

不会产生环境污染。聚乳酸纤维在燃烧过程中只有轻微的烟雾释出，发烟量很小，烟气中不存在有害气体；燃烧放热量小，燃烧热是聚乙烯、聚丙烯的1/3左右。虽然它不是阻燃纤维，但与涤纶等相比，自熄时间短，火灾危险性小。它的极限氧指数是常用纤维中最高的，已接近于国家标准对阻燃纤维极限氧指数28%～30%的要求，且其产生的CO_2可直接被植物光合作用吸收利用。

114. 什么是超临界流体？超临界流体降解塑料的基本原理是什么？

答：超临界流体是指处于临界温度与临界压力（称为临界点）以上状态的一种可压缩的高密度流体，是通常所说的气、液、固三态以外的第四态，其分子间力很小，类似于气体，而密度却很大，接近于液体，因此具有介于气体和液体之间的气液两重性质，同时具有液体较高的溶解性和气体较高的流动性，比普通液体溶剂传质速率高；扩散系数介于液体和气体之间，具有较好的渗透性；没有相际效应，有助于提高萃取效率，并可大幅度节能。

在超临界流体（水或甲醇）条件下，高分子材料可以分解成单体或其它有用成分，包括聚乙烯、聚苯乙烯等。在温度290～400℃和压力7.3～40MPa的条件下，高分子材料中含有的醚键、酯键或酸－胺键，在不同流体的超临界或亚临界环境中极易分解，反应时间较短。例如，聚对苯二甲酸乙二醇酯（PET）在超临界水中，2～10min内可将原料中90%以上的大分子分解成单体、对苯二酸和乙二醇等，反应方程式如下：

$$\text{+OC}-\langle\bigcirc\rangle-\text{CO}-\text{OCH}_2-\text{CH}_2\text{O}\text{+}_n \longrightarrow n\text{H}_3\text{COOC}-\langle\bigcirc\rangle-\text{COOCH}_3 + n\text{HOCH}_2\text{CH}_2\text{OH}$$

115. 超临界流体降解塑料时，如何确定所要采用的溶剂？

答：① 根据所需降解塑料的种类，由于形成均相溶液可以加速反应的进行，因此需选取溶解度高的溶剂，如超临界水用于聚烯烃塑料的降解，而聚合酯类塑料则使用醇类溶剂降解。

② 根据溶剂的临界温度和临界压力，超临界流体技术需在高于临界温度和压力的条件下反应，选取溶剂的临界点不宜过高，应为实验室比较容易达到的压力和温度，也比较经济环保。

③ 根据需要分离的产物种类，产物分离是根据其在溶剂中的溶解度随温度或压力的改变而变化，产物的分离也是选择溶剂的一个依据。

④ 所用的溶剂种类和实验条件还需要由具体的实验来确定。

116. 超临界流体降解塑料时，降解产物如何提取和分离？

答：临界点附近，压力和温度的微小变化会引起超临界流体的密度发生很大的变化，所以可通过简单的变化体系的温度或压力来调节超临界流体的溶解能力；通过改变体系的压力或改变温度来分离流体和所溶解的产品，省去消除溶剂的工序。

117. 超临界流体降解塑料时，降解产物是不是都是单体？

答：超临界流体降解塑料时，降解产物不一定都是单体。在超临界流体（水或甲醇）条件下，高分子材料可以分解成单体或其他有用成分，包括聚乙烯、聚苯乙烯、聚丙烯、聚氨酯、聚酰胺等。超临界流体技术降解有机物反应过程复杂，根据所选的实验条件和进行程度的不同，产物也不相同。产物可以是分子量较小的低聚合物，也可以是单体。如在超临界水降解废旧 PVC 的试验中，在 400℃、37.0MPa 条件下，得到的液相产品有苯、酚、乙酸等；在 600℃、60MPa 条件下，得到的液相产品有苯、酚、萘等。

118. 超临界流体降解塑料的反应中溶剂参不参加反应？

答：超临界化学反应是指反应物处于超临界状态或者反应在超临界介质中进行。超临界反应可分为两类：a. 以反应物的临界性质为依据，反应体系中各组分都参与了化学反应；b. 通过添加适宜的超临界溶剂调变反应行为，溶剂可能改变了反应机理，但宏观上并不参与反应。超临界流体中的解聚反应主要是利用超临界流体优异的溶解能力和传质性能，分解或降解高分子废弃物，得到气体、液体和固体产物。因此，溶剂宏观上并没有参与反应，高温高压的条件确实促进了超临界流体降解塑料。

119. 聚苯乙烯可以用乙酸乙酯处理吗？

答：用乙酸乙酯处理聚苯乙烯，首先成本较高，另外处理废液仍然存在污染问题，只是转化成另一种污染物形态，不是一种可取的处理方式。

第五章

生态环境化学

第一节 环境污染物及生物积累

1. 抗生素抗性基因是本来就存在的吗？怎么检测抗生素抗性基因？

答：抗生素抗性基因（ARGs）是指微生物体内某些遗传因子因大量外源性抗生素的使用而使编码发生改变，导致抗生素药物失活的基因，是微生物耐药性产生和传播的根源。所以 ARGs 是基因突变的产物。每个抗性基因都有相对应的基因序列。

抗生素抗性基因的研究技术手段包括高通量宏基因组学测序技术和实时荧光定量 PCR（基因扩增）技术等。

宏基因组学是一种通过功能基因筛选和测序分析对环境样品中的微生物群体基因组进行研究的方法，主要包括对微生物多样性、种群结构、进化关系、功能活性、相互协作关系及与环境之间的关系等的分析。高通量宏基因组测序技术为获得特定环境中全部基因组的信息提供了有效工具，在筛选新型活性物质、鉴别抗生素抗性基因多样性及丰度、可移动遗传元件等方面展示了巨大的潜力。

实时荧光定量 PCR 技术（qPCR）是指将荧光基团加入 PCR 反应体系中，利用荧光信号积累对整个 PCR 进程进行实时监测，最后通过内参或外参法，对待测 DNA 序列进行定量分析的方法。与传统的 PCR 方法相比，该技术具有特异性更强、更敏感、重复性更好以及可实现自动化的优势。

抗性基因的定量采用高通量 qPCR 进行分析。SmartChip Real-Time PCR Systems（WaferGen Inc，美国）高通量荧光定量平台被用于检测 296 个目标基因，其中包括 284 个抗生素抗性基因（ARGs）、8 个转座酶、1 个 16s rRNA 基因、1 个 *blaNDM-1* 基因、1 个普通Ⅰ类整合子基因和 1 个临床Ⅰ类整合子基因。使用微量高通量移液工作站将准备好的混有上下游引物、LightCycler 480 SYBR Green Ⅰ Master Mix（荧光定量试剂，Roche，美国）和 BSA 的混合液，与 DNA 溶液分别加入同一块芯片中的微孔中，每个芯片上都有一个不添加 DNA 溶液的阴性对照。准备好的芯片用高通量荧光定量 PCR 仪（Smartchip Cycler，美国）进行 PCR 扩增并读取荧光信号。

2. 可移动遗传因子是什么？

答：可移动遗传因子主要包括质粒、转座子和整合子等。

1）质粒是能够独立于染色体外进行自主复制的环状 DNA 分子。抗药性质粒（R 质粒）可携带抗生素抗性基因和重金属抗性基因等，并在菌株间进行传播，介导抗性基因的水平转移。

2）转座子是一类在细菌的染色体、质粒和噬菌体之间自行移动的遗传成分，是一段特异的具有转位特性的 DNA 序列。转座子通常包括编码转座酶的基因编码区和两端的反向重复序列，两端的靶序列则常为直接重复序列。转座酶能特异地识别转座子两端的反向重复序列，介导转座子插入到另一新的位点。转座子通常包括插入序列、复合转座子、TnA 家族、转座性噬菌体等。插入序列一般仅含编码转座必需的基因，复合转座子和 TnA 家族则还携带有编码转座功能外的基因，如抗生素抗性、重金属抗性等基因。如 Tn3 携带 β 内酰胺酶基因，编码对氨苄青霉素的抗性。

3）整合子为发现于革兰阴性菌中的一种基因捕获和表达的遗传单位，由整合酶基因 *intI1*、整合酶特异性重组位点 *attI* 和数目不定的基因盒组成。整合子作为基因捕获系统，可通过质粒或作为转座子的一部分在细菌之间进行传递。在发现的至少 9 种整合子中，Ⅰ类整合子起最主要作用。Ⅰ类整合子主要由两个保守端和位于保守端之间的可变区组成。5′-保守端包括编码整合酶的 *intI1* 基因、*intI1* 基因的启动子 P_{int}、整合子重组位点 *attI* 和整合子可变区启动子 P_{ant}。大多数 3′-保守端包含编码耐季铵盐化合物及溴乙啶的耐药基因（*qacE*△*1*）、磺胺耐药基因（*sulI*）和功能不明的 ORF5 三个开放阅读框（ORF）。可变区则带有单个或数个功能不同的耐药基因盒。在整合酶的催化下，整合子能够对特异性位点进行识别，捕获耐药基因盒插入重组位点 *attI* 或在重组位点 *attC* 对耐药基因盒特异性切除。细菌整合子可以携带不同数量耐药基因盒，同时具有多种不同的抗生素抗性。因此携带整合子是细菌具有多重耐药性的重要方式。

抗生素抗性基因的水平转移过程中，整合子与转座子发挥了极为重要的作用，促进了抗生素抗性基因的快速流动。

3. 抗性基因相对丰度的表征意义是什么？

答：基因的相对拷贝数$=10^{3(31-CT)/10}$，相对拷贝数与 16S rRNA 基因的比值用来表示目标基因的相对丰度。抗性基因的相对丰度代表了某类抗性基因在特定样品的微生物群落中的富集情况。

4. 交叉抗性机制和协同调控机制有什么区别？

答：交叉抗性机制和协同调控机制的主要区别在于：交叉抗性是指细菌细胞利用同一种抗性系统对抗生素和重金属同时产生抗性，代表有外排泵系统；而协同调控机制会涉及一系列转录和翻译应答的信号传导过程，代表有双组分系统。

在分子生物学领域，双组分调节系统作为基本的刺激-响应耦合机制，允许生物体感知和响应许多不同环境条件的变化。双组分系统通常包含一个膜上的组氨酸激酶来感知特定的环境刺激，以及一个相应的反应调节子介导细胞应答。双组分系统有多个“靶点”，如感应外界刺激的位点、激酶自主磷酸化位点和反应调控蛋白磷酸化位点等，能感应不同环境刺激并做出应答反应。

5. 最低抑菌浓度（MIC）定义是什么？如何确定MIC？

答：（1）最低抑菌浓度（MIC）是测量抗菌药物抗菌活性大小的一个指标，指在体外培养细菌18～24h后能抑制培养基内病原菌生长的最低药物浓度。微生物对重金属的MIC被普遍用于评价微生物对重金属耐受性的重要指标。

（2）该文献中的测定方法：斜面培养*P. oxalicum* SL2（草酸青霉）孢子5d后，收获新鲜孢子并以1μL孢子液接种到装有PDA的培养皿的中心（$d=8$cm），孢子液浓度为10^7个/mL。分组分别为对照组及处理组［Pb^{2+}（mg/L)：10，50，100，200，400，600，800，1200，1500，1800，2000，2200，2300，2400，2500，2600，2700］，每个处理3个重复，30℃恒温培养7d后观察测量培养皿中的菌落直径，以完全抑制菌株生长的最低浓度为该重金属对*P. oxalicum* SL2的最低抑制浓度（MIC）。

6. 聚合酶链式反应（PCR）过程中温度在94℃时会对酶有影响吗？

答：聚合酶链式反应（PCR）可扩增环境中菌株的DNA片段。检测环境中的致病菌和指示菌。

PCR扩增时用到DNA聚合酶，DNA聚合酶在高温时会失活，因此每次循环都得加入新的DNA聚合酶，不仅操作烦琐，而且价格昂贵，制约了PCR技术的应用和发展。

随着技术的发展，发现了耐热DNA聚合同酶——Taq酶，该酶可以耐受90℃以上的高温而不失活，不需要每个循环加酶，使PCR技术变得非常简捷、同时也大大降低了成本，PCR技术得以大量应用。

7. 什么是植物化感作用？什么是化感物质？

答：植物化感作用是植物与周围环境中生物之间的相互作用，是植物通过释放化学物质到环境中而产生对自身和其他生物直接或间接的作用，这些作用包括不同植物之间的克生抑制、相互促进以及相同植株自毒等作用，它是生态系统中植物的自然化学调控现象和植物适应环境的一种生态机制。而化感物质是指影响植物及其它生物生长、行为和种群生物学的化学物质，不仅包括植物间的化学作用物质，也包括植物和动物间的化学作用物质，这些化学物质并没有被要求必须进入环境，也可以在体内进行。

8. 利用植物化感作用防治杂草的方式有哪些？

答：主要分为以下6种方式：

1）有些植物本身具有抑制杂草生长的作用。如樱桃树下的杂草可被抑制，出现无草区。对于这样的植物就无需进行除草了。

2）利用残株覆盖。具有化感作用植物的残体覆盖大田后能有效地防治杂草。利用植物残株覆盖后，覆盖残株通过与杂草争光、争养分、争水分和残体释放的化感物质来影响杂草种子的萌发。据报道，截至2000年美国约有20%的耕地使用秸秆还田的方式，这就意味着收获后的秸秆将残留在表土层。研究发现收获后的大麦、燕麦、小麦的残体对第二年杂草的生长都有抑制作用。

3）人工提取化感物质作为除草剂。也是防除杂草的有效途径，但目前从化感植物中提取有效化感物质直接用于生产尚有困难，因为植物中化感物质含量少，提取困难，因此获得量非常少，直接施用成本太高且药源缺乏。

4）人工模拟合成天然化感物质是一条可行途径，同时可对一些化感物质采用 Si 进行人工结构修饰，这可改善有机物的物理性质，降低活性物质毒性，且最终分解的无机物 SiO_2 不会对环境造成危害。

5）利用伴生物质。有些植物有选择性化感作用，能抑制某些杂草的生长，而对农作物生长无害。这种伴生植物能和作物共存于某一特定区域，并发挥除草作用。

6）转基因育种。通过育种把某种化感性状结合进作物品种，使作物增强竞争优势以抑制某些主要杂草。采用常规杂交技术，或原生质体融合等生物技术手段，把化感基因引入栽培品种中，为特定地区培育出能抵抗某些杂草的农作物品种是有可能的。

9. 植物释放化感物质的途径有哪些？

答： 植物释放化感物质的途径可大致归纳为以下 4 类：

① 从植物表面溢出并被雨水冲洗到下层植物的植株上，或进一步渗入土壤后表现出克生效应，如栏果在天然群落中，其叶部的液态分泌物通过雨水、雾或露的淋洗释放到土壤中，抑制周围植物生长。

② 从植物根部溢出直接产生克生效应，代谢产生的根系分泌物可为初生代谢和次生代谢产物。次生代谢产物的根系分泌物中很大一部分是化感物质。如从菊科植物洋艾的根部游离出来的物质，能严重抑制和迫害其它植物的生长。

③ 一些挥发性化感物质从植物体表挥发到环境中发生作用，如无刺槐树皮产生的挥发性物质能抑制附近杂草的生长。

④ 植物残株或凋落物被微生物分解并释放到土壤里的化学物质，如高粱、小麦残株能释放化感物质，强烈抑制某些杂草生长。

10. 根际铁异化还原的概念模型

答： 湿地植物根际铁异化还原概念模型如图 5-1 所示。根系活动为湿地植物根际输入 O_2 和有机质，根际微域内 O_2 和有机质的浓度由根表开始逐渐向非根际区递减；土壤中的 Fe^{2+} 被根系泌氧释放的 O_2 氧化，并在根系表面积累大量 Fe(Ⅲ)；Fe(Ⅲ) 在铁还原微生物的介导下被还原为 Fe^{2+}，有机质被代谢生成二氧化碳和营养盐，产生的 Fe^{2+} 重新被根系泌氧释放的 O_2 氧化成 Fe(Ⅲ)。

根际铁异化还原和铁膜的形成是湿地植物根际铁循环重要组成部分。若湿地植物的根表铁膜过厚，将在根系表面形成泌氧屏障，降低根系泌氧能力，并影响根系活力及根系对元素的吸收和利用。此外，根系铁膜的形成过程可释放出 H^+，降低根际 pH 值。铁异化还原作用使得湿地根系的铁膜不会无止境的增厚。当铁膜厚度到达一定程度时，铁膜中的 Fe(Ⅲ) 被还原成 Fe^{2+}，同时释放出，提高根际的 pH 值，同时降低根际氧化还原电位。湿地植物根系也将逐渐恢复活力和泌氧能力，促进对营养元素的吸收。因此，根际铁异化还原对促进根际有机质代谢分解，维持湿地植物根系的健康生长、适应淹水环境、促进营养元素的吸收和维持根际酸碱平衡具有重要的生态意义。

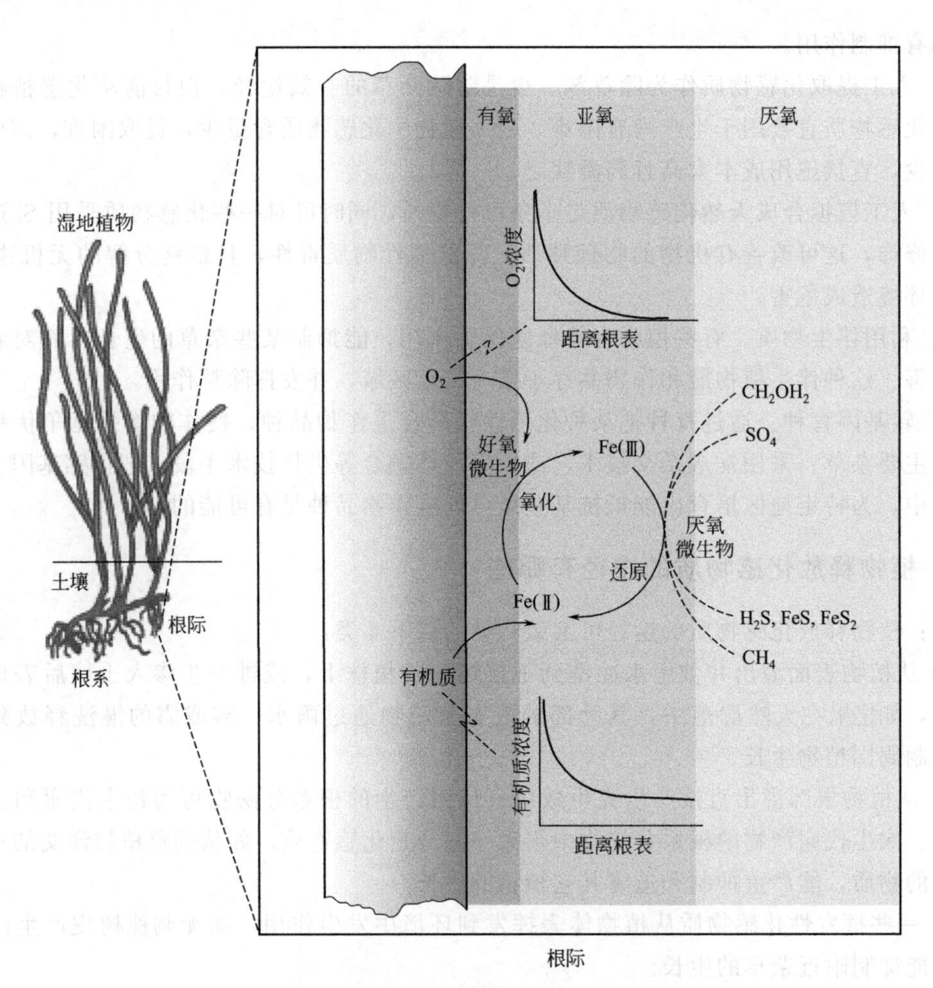

图 5-1 湿地植物根际铁异化还原概念模型

11. 哪些植物有净化室内空气的作用？其净化机制是什么？

答：研究发现，目前市场上销售的常见花卉，如银苞芋、吊兰、芦荟、仙人球、虎尾花、扶郎花、百合、绿萝等，大部分对甲醛、苯、氨气等室内空气有害物质有净化效果。至于植物对室内气体污染物的去除机制，这方面的研究报道较少。但大量的试验证明，绿色植物吸入化学物质的能力，大部分来自盆栽土壤中的微生物，生长于土壤里的微生物在经历了代代遗传繁殖后，其吸收化学物质的能力还会加强。同时盆栽植物土壤中的水分，对于甲醛类的有害物质同样具有良好吸收作用。植物能通过光合作用释放氧气、吸收室内过多的二氧化碳。有的植物能发生光电效应，增加空气中负离子的浓度，使人感觉空气清新。植物叶子上有成千上万的纤毛并且分泌黏液，能截留空气中的飘尘。植物叶面上的气孔能吸收空气中的甲醛、二氧化硫、氟、氯等有害气体。有的植物在生长过程中能释放抑菌物质，杀死室内空气中的芽孢杆菌、无色杆菌、八叠球菌、放线菌、真菌等微生物及病原体。

12. 有机物与重金属螯合后更容易进入植物中吗？

答：大多数的根的分泌物会使重金属螯合固定化，形成不易迁移的有机结合态，并且植物分泌的大分子有机物质对螯合物质会有阻隔作用，因此，大分子的有机物与重金属的螯合物非常难以进入植物根细胞内。但分子量较小的螯合物可能进入植物根细胞。

13. 固定化微生物对重金属的去除机制是什么?

答：众多研究表明，固定化微生物对重金属有较好的去除效果，其去除重金属的机制主要包括固定化载体表面对重金属离子的吸附作用、重金属离子向固定化载体内部的扩散传质作用、微生物对重金属的吸附作用、微生物离子对重金属离子的离子交换作用等。总的来说，重金属是由固定化载体和微生物联合去除的。

微生物对重金属/有机污染物的去除机制如图 5-2 所示。

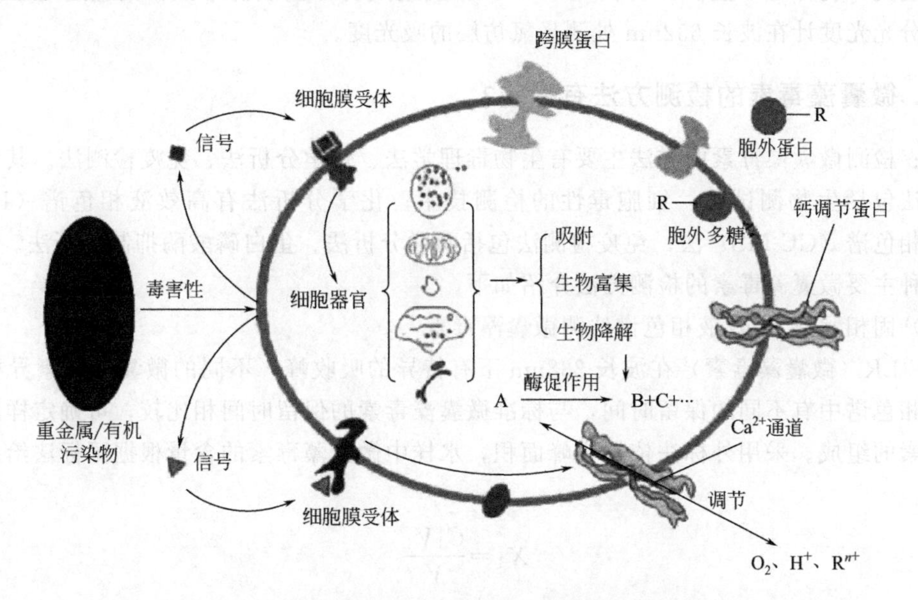

图 5-2 微生物对重金属/有机污染物的去除机制

R^{n+}—重金属离子；R—重金属原子；A—难降解有机物；B—易生物降解有机物；C—小分子低毒有机物

14. 什么是微生物的矿化作用?

答：矿化作用是在土壤微生物作用下，土壤中有机态化合物转化为无机态化合物过程的总称。矿化作用可以分为以下几种。

① 微生物控制矿化：细胞内部活动导致的直接矿化。

② 微生物影响矿化：微生物表面聚合物质影响下从而形成二次矿物。

③ 微生物诱导矿化：微环境由于微生物生化活动而发生变动，导致的生物矿化。

15. 表面活性剂能不能被生物降解?

答：表面活性剂一般为大分子长链有机物质，能够降解它的菌种较单一。是否具有生物降解性是由表面活性剂的性质决定的，直链（链长 8～18 之间）的烷基苯磺酸盐（LAS）、仲烷基磺酸盐（SAS）、烯烃磺酸盐（AOS）、甲酯磺酸盐（MES）、聚氧乙烯非离子表面活性剂（AEO）、烷基糖苷（APG）、甜菜碱、氧化胺以及季铵盐表面活性剂都能完全降解，但高支化度的支链烷基苯磺酸盐（TBS）以及支链的 C14～C15 烷基糖苷（APG）不能被完全降解。表面活性剂降解速度的顺序为：烷基季铵盐阳离子表面活性剂＞脂肪醇聚氧乙烯醚非离子表面活性剂；甜菜碱与咪唑啉两性离子表面活性剂＞烷基磺酸盐阴离子表面活性剂；

烷基苄基季铵盐阳离子表面活性剂＞烷基酚聚氧乙烯醚非离子表面活性剂＞烷基苯磺酸盐阴离子表面活性剂。表面活性剂的生物降解性主要由疏水基团决定并随着疏水基线性程度增加而增加，随链长增加生物降解速度减慢。亲水基团主要影响表面活性剂的降解速度，当亲水基团中含有易水解基团时降解速度较快。

16. 阴离子表面活性剂浓度检测方法是什么？

答：采用亚甲蓝分光光度法。原理为阴离子染料亚甲蓝与阴离子表面活性剂作用，生成蓝色的盐类，统称亚甲蓝活性物质（MBAS）。该生成物可被氯仿萃取，其色度与浓度成正比，用分光光度计在波长 652nm 处测量氯仿层的吸光度。

17. 微囊藻毒素的检测方法有哪些？

答：检测微囊藻毒素的方法主要有生物毒理学法、化学分析法、免疫检测法。其中生物毒理学法包括生物测试法、细胞毒性的检测技术；化学分析法有高效液相色谱（HPLC）法、气相色谱（GC-MS）法；免疫检测法包括酶联分析法、蛋白磷酸酶抑制分析法。

几种主要微囊藻毒素的检测方法介绍如下。

（1）固相萃取/高效液相色谱法测微囊藻毒素

MC-LR（微囊藻毒素）在波长 238nm 下有特异的吸收峰。不同的微囊藻毒素异构体在高效液相色谱中有不同的保留时间，与标准微囊藻毒素的保留时间相比较，可确定样品中微囊藻毒素的组成。采用外标法依据出峰面积，水样中微囊藻毒素的含量根据国标法给出的公式计算：

$$X_1=\frac{C_1V_1}{V}$$

式中，X_1 为 MC-LR 的浓度，μg/L；C_1 为从标准曲线上查出的 MC-LR 的含量，μg/mL；V_1 为水样定容体积数，mL；V 为采集水样的体积数值，mL。

色谱条件为色谱柱 C18 小柱，柱长 150mm，内径 3.9mm，填料粒径 5μm；色谱柱温度 40℃；流动相：甲醇：水＝20：80（用甲酸调节 pH 值至 3.0）；流速为 1mL/min；紫外可见光检测器波长为 238nm；进样量 20μL。

（2）酶联分析法

一般是先将微囊藻毒素抗体包固定在酶标板上，使用时加入水样和定量的 MC-LR-HRP 偶联物，最后加入显色底物后，显色测定。

（3）蛋白磷酸酶抑制分析法

让未标记的被测毒素和经放射性标记的 MC-YR 一起与蛋白磷酸脂酶 2A（PP2A）进行竞争结合，达到平衡后进行凝胶过滤，使与 PP2A 结合的毒素和未与 PP2A 结合的毒素分离，然后检测收集到的待测 I-MC-YR-PP2A 的放射性。根据用 $B/(B_0-B)$（B_0 为无毒素时 I-MC-YR 的放射性，B 为有标准毒素或待测毒素时 I-MC-YR 的放射性）和标准毒素的浓度得到的标准曲线即可求出待测毒素的量。

18. 生物有效性是什么意思？

答：医学毒理学中的生物有效性是指化学物穿过生物膜进入细胞的可能性，而环境科学中的生物有效性则是指化学物被生物吸收的程度和可能的毒性。如果环境中的一部分化学污染物与环境介质（如土壤中的有机质及水中的溶解态有机质）结合而无法被生物吸收，即没有生物有效性；而可能被生物吸收转化和可被潜在吸收利用、能在生物体内富集留存下来的可能性则为生物有效性。土壤元素生物有效性（bioavailability）是指实验测得的土壤元素生物有效态量与总量的比值。而土壤元素生物有效态（bioavailable fraction）通常指土壤中生物可吸收的元素形态。

第二节　污染物质的微生物转化及迁移

一、厌氧氨氧化

19. 什么是厌氧氨氧化？

答：厌氧氨氧化是由厌氧氨氧化菌以亚硝酸盐作为电子受体，将氨氮直接氧化为氮气的过程，生成 N_2 完成封闭的循环，反应式如下：

$$NH_4^+ + NO_2^- \longrightarrow N_2 + 2H_2O$$

厌氧氨氧化工艺因其无需外加有机碳源、脱氮负荷高、运行费用低、占地空间小等优点，已被公认为是目前最经济的生物脱氮工艺之一。

20. 厌氧氨氧化反应中产生的 NO_3^--N 怎么处理？

答：$NH_4^+ + 1.32NO_2^- + 0.066HCO_3^- + 0.13H^+ \longrightarrow 1.02N_2 + 0.26NO_3^- + 0.066CH_2O_{0.5}N_{0.15} + 2.03H_2O$

由公式可以看出，厌氧氨氧化技术只产生极少量的 NO_3^--N，即使不予处理也能达到标准。若担心硝酸盐积累，可在厌氧氨氧化技术之后再增加反硝化工序，将 NO_3^--N 去除。

21. 厌氧氨氧化菌存在于哪些系统？

答：1995 年，由荷兰 Mulder 等首先在一个处理酵母废水的反硝化中试装置内发现厌氧氨氧化反应过程。此后，人们陆续在海洋、河流、湖泊底泥等自然环境中检测出厌氧氨氧化反应，并认为它在氮素生物地球化学循环中起着举足轻重的作用。厌氧氨氧化菌首次发现于生物流化床反应器中；随后被发现于海洋生态系统中（2003 年，分别在黑海和加勒比海发现，随后在阿拉伯海、巴伦支海、波罗的海等海域相继发现）；陆地生态系统中也有发现，但研究报道极少，此外，研究证实在某些湿地生态系统中也存在厌氧氨氧化菌。

22. 厌氧氨氧化工艺的实际案例有哪些？

答：厌氧氨氧化过程是一种新型自养生物脱氮反应，反应无需外加有机碳源，且污泥产生量小，相对于传统硝化/反硝化脱氮工艺具有显著优势，对处理含高氨氮废水特别是低有机碳源废水具有重大的潜在实际应用价值。近年来，学者开发了多种厌氧氨氧化为主体的污水处理工艺，其中研究和应用最为广泛的为亚硝化-厌氧氨氧化工艺和完全自养脱氮工艺，并且已经随着实验室的研究逐渐走向中试和现场应用，并在垃圾渗滤液、污泥消化液、工业废水、养殖废水等方面得到成功应用，未来应用前景广阔。

国内实际工程中厌氧氨氧化设计和实施主要是荷兰帕克公司，亦是基于 Delft 理工大学技术支持，如山东安琪酵母股份（滨州）有限公司，主要用于处理发酵废水，设计进水氨氮为 300～800mg/L，厌氧氨氧化反应器 500m^3，运行稳定后去除负荷 2kg NH_4^+-N/(kg VSS·d)；内蒙古通辽梅花生物科技有限公司，设计味精生产进水氨氮浓度 600mg/L，厌氧氨氧化反应器 6700m^3，主要以控制溶解氧实现氨氮部分转化，通过厌氧氨氧化作用脱除氮素。

23. 请用公式和流程图简述短程硝化-厌氧氨氧化法过程

答：1）短程硝化-厌氧氨氧化法方程式如下。

$$NH_4^+ + \frac{3}{2}O_2 \longrightarrow NO_2^- + 2H^+ + H_2O$$

$$NH_4^+ + 1.32NO_2^- + 0.066HCO_3^- + 0.13H^+ \longrightarrow 1.02N_2 + 0.26NO_3^- + 0.066CH_2O_{0.5}N_{0.15} + 2.03H_2O$$

2）短程硝化-厌氧氨氧化法流程如图 5-3 所示。

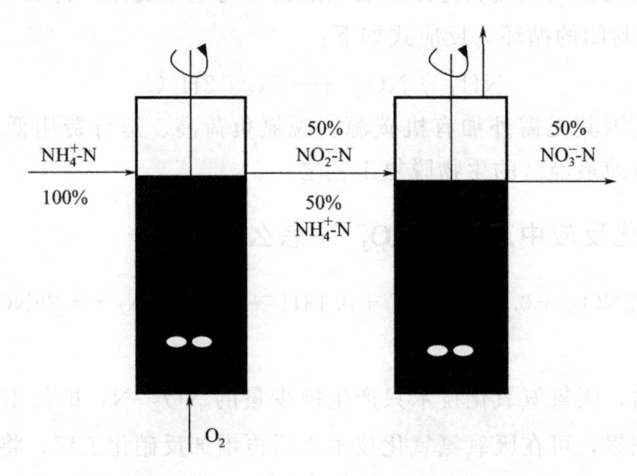

图 5-3 短程硝化-厌氧氨氧化法流程

二、生物吸附

24. 生物吸附可定义为以生物材料对液体中的金属或类金属化合物、颗粒物等进行去除的过程，“液体环境”指什么？

答：生物吸附可定义为以生物材料对液体中的金属或类金属化合物、颗粒物等进行去除的过程。微生物的营养物质有六大类要素，即水、碳源、氮源、无机盐、生长因子和能源，因此微生物进行生命活动、吸附时是在含有水的环境下进行的。

25. pH 值对微生物吸附废水中的重金属有什么影响？

答：大部分研究发现，微生物对重金属的去除效果在 pH 呈酸性或中性偏酸时最好，一般在 4～7 之间。通常，pH 值低时吸附效果不好，有人认为这是因为水合氢离子占据了生物吸附剂表面重金属的吸附位点，因斥力作用阻碍重金属离子接近细胞壁。但是，当 pH 值过高，超过重金属离子微沉淀的上限时，溶液中重金属离子会以不溶解的氧化物、氢氧化物微粒的形式存在，从而使吸附过程无法进行。

26. 根际土壤或者说根的作用对重金属总浓度有何影响？

答：根对重金属有一定的吸附、吸收作用，这一作用会使根际土壤中的重金属浓度降低；但是，仍有一部分重金属会被迁移积累到植物根的附近，使根际土壤中的重金属浓度升高。但根际土壤中的重金属总浓度的升高或降低，要根据植物具体的吸附能力来确定。当一个植物根部对重金属的吸收能力很强时，根际土壤中的重金属浓度降低：反之，则会升高。

27. 微生物去除废水中的重金属的作用机理是什么？

答：微生物治理法是利用细菌、真菌的生化代谢作用，将重金属元素与水体分离或降低其毒性，从而达到废水治理的目的。特别适用于重金属含量不高，有机物含量较高的污水处理。近年来的研究表明，微生物法处理重金属废水主要通过生物吸附、生物转化和生物絮凝过程。

(1) 生物吸附

通过物理化学作用将重金属吸附在胞外聚合物的结合点位上，与污泥一同沉降，从而使其从出水中去除，活的和死的微生物对重金属离子都有较强的吸附能力。

生物吸附的机理包括表面络合、离子交换和酶促作用。

1) 表面络合　是金属离子与生物配位体中带负电的官能团静电引力结合而形成，结合的方式可以是离子键或共价键。菌体细胞壁富含的多糖类和糖蛋白具有羟基、巯基、羧基、氨基等官能团，能与金属离子配位结合。络合作用是金属离子与生物吸附剂之间的主要作用方式。

2) 离子交换　是细胞物质结合的金属离子被另一些结合能力更强的金属离子代替的过程。一般过渡金属被优先吸收，而金属镁、钙则不被吸收。参与离子交换的主要官能团有羧基、硫酸酯基和氨基。藻类或真菌细胞壁上的 R—COOH 是离子交换机理中金属离子结合的潜在位点，其反应方程式可以表示如下：

$$Me^{n+} + nHR \underset{K_2}{\overset{K_1}{\rightleftharpoons}} MeR_n + nH^+$$

3) 酶促作用　活性生物细胞对金属的吸收可能与细胞上某些酶的活性有关。

(2) 生物转化

转化是指通过生物作用改变重金属在水体中的化学形态，使重金属固定或解毒。

1) 氧化还原　使重金属离子沉淀或降低其毒性。例如，从 Cr(Ⅵ) 污染的土壤中获得的链霉菌在葡萄糖或 NADH 存在条件下能还原 Cr(Ⅵ)，且生成不溶性 $Cr(OH)_3$，可用下式表示：

$$CrO_4^{2-} + 8H^+ + 3e^- \longrightarrow Cr^{3+} + 4H_2O \longrightarrow Cr(OH)_3(s) + 3H^+ + 2H_2O$$

2) 甲基化和去甲基化作用　微生物的甲基化作用是指在基质表面上形成甲基化中间体，随后离开晶体点阵扩散到溶液本体中。微生物对汞、镉、铅、砷等金属或金属离子的甲基化和脱甲基化，其结果往往会改变其毒性。例如：硒甲基化可形成挥发的二甲基硒和二甲基二硒。但是有些金属离子甲基化后毒性反而增强，例如甲基汞的生物毒性比无机汞高 50～100 倍。

(3) 生物絮凝

絮凝法是利用微生物或微生物的代谢物进行絮凝沉淀的一种去除重金属离子的方法。代谢物一般由多糖、蛋白质、DNA、纤维素、糖蛋白、聚氨基酸等高分子物质构成，分子中含有多种官能团，能使水中胶体悬浮物相互凝聚沉淀。

28. 用微生物处理重金属废水，微生物的预处理是什么？有什么作用？

答：微生物处理法是利用细菌、真菌、藻类等生物材料及其生命代谢活动去除、转化、积累废水中的重金属，从而降低废水中重金属离子的浓度或毒性。微生物的预处理是指在处理重金属废水之前，采用粉碎、干燥、强酸和强碱溶液浸泡等物理或化学方法处理细胞。通常，预处理可提高微生物对重金属离子的去除能力和微生物的稳定性，其原因可能在于细胞表面的吸附位点的去质子化，从而增加金属离子的吸附位点。

29. 微生物处理重金属废水采用什么样的反应器？条件是好氧还是厌氧？

答：目前，采用生物法处理重金属废水的例子还比较少，一般都是采用特定的生物反应器进行，如完全混合反应器或固定化填充污水处理柱等。根据菌种性质及处理机理，确定反应器是好氧还是厌氧，一般以厌氧居多。另外，如果废水有机物含量较高，出水不达标时，也可考虑增加常规好氧反应器。

30. 废水中重金属与大分子有机物结合后，难以跨膜进入细胞中被生物处理，该如何处理？

答：在实际工程应用中，一般遇到这些含有难降解有机物及重金属的混合废水，常采用化学-微生物联合处理技术，通过化学法（如高级氧化技术）氧化大分子有机物，提高有机物可生化性，然后再通过微生物处理降解小分子有机物，并能对重金属进行处理（如生物吸附或生物转化等过程）。另外，通过基因工程等方法研究出高选择性、高吸附能力的菌种，使其表面的金属结合蛋白有更强的重金属结合能力，或许能将重金属吸附于金属结合位点，从而与有机物分离。将对微生物处理难降解有机物的相关研究与微生物处理重金属的研究结合，或许也是处理这类废水的一个发展方向。

三、生物絮凝

31. 生物絮凝剂的主要成分是什么？用于含重金属污水处理的生物絮凝剂使用后应如何处理？

答：生物絮凝剂是带电荷的生物大分子，是一类由微生物产生的具有絮凝能力的高分子有机物，主要有蛋白质、黏多糖、纤维素和核酸等。其絮凝机理主要是桥联作用、中和作用和卷扫作用。目前，生物絮凝剂可以应用在重金属废水处理、印染废水处理、建材废水处理等各种水处理工艺中。

其中，对于重金属废水的处理主要还在研究阶段，其中一个重要的研究方向就是通过微生物絮凝解凝的方法将重金属废水中的稀贵金属离子富集起来，重新回收利用。重金属废水经处理形成的浓缩产物，如因技术、经济等原因不能回收利用，或者经回收处理后仍有较高浓度的金属物未达到排放标准时，不能任意弃置，而应进行无害化处理。常用方法是不溶化和固化处理，就是将污泥等容易溶出重金属的废物同一些重金属的不溶化剂、固定剂等混合，使其中的重金属转变成难溶解的化合物，并且加入如水泥、沥青等胶结剂，将废物制成形状有规则、有一定强度、重金属浸出率很低的固体；还可用烧结法将重金属污泥制成不溶性固体。

32. 微生物絮凝剂来源有哪些？怎样选择菌种？微生物絮凝剂存在哪些不足？

答：可以产生微生物絮凝剂或以此类功能为主的微生物可称为产絮菌（FPB）。在某研究中，为丰富实验室产絮菌种的多样性，从大庆油污土壤及哈尔滨太平废水处理厂的活性污泥中经过初筛获得100余株絮凝率高于70%的产絮菌，通过进一步复筛、驯化，以微生物絮凝剂产量和絮凝率为指标，结合菌种多样性，得到8株菌落形态有明显差异的高效产絮菌，其中酵母菌1株，细菌7株。

不足：第一，微生物絮凝剂的类型虽然非常多样化，可是一种絮凝剂的实际运用范畴相对较窄，这并不可以完成处理对象的广泛性沉淀及降解；第二，微生物絮凝剂有很大的需求量，但因为发酵生产工艺还不成熟，同时其成分及絮凝效果稳定性不够、不易储存，增加了工业化生产的难度，导致只能维持一个相对较小的产量；第三，微生物絮凝剂生产所需费用过于昂贵，这就使得大规模生产目标难以实现，进而在很大程度上影响微生物絮凝剂的发展及运用，现今开发出高性价比的培养基原料，能够使得这个问题得到根本性的解决，但是就目前而言，还未找到能够真正替代培养基的原料；第四，目前在微生物絮凝剂复配层面上的研究还没有真正深入，复配措施尚未成熟，并且产品运行的稳定性相对较差。

33. 国内外的生物絮凝剂研究中存在的主要问题有哪些？

答：① 常用的微生物絮凝剂发酵工艺主要为分批发酵方式。根据菌体的生长规律，按照一定程序进行发酵操作，需要消耗大量人力和物力，能源使用效率较低，发酵生产周期较长，产品产量低，生产成本高。

② 微生物絮凝剂的应用研究主要集中在对无机颗粒物、染料脱色等部分工业水及水源水处理方面，应用领域较窄。

③ 微生物絮凝剂复配的研究仍处于初级阶段，产品运行不稳定，复配手段不成熟，复配效果较差，复配絮凝剂产品较少。

④ 随着微生物絮凝剂应用范围的进一步扩大，微生物絮凝剂产品的使用量逐渐增多，但其产量较低、稳定性差、不易运输及存储，并且防腐保质时间较短，增加了工业化生产的难度。

34. 可不可以通过吸热或放热判断是否为物理吸附或化学吸附？解吸附率为多少？

答：不可以通过吸热或放热来判断，一般来说化学吸附放热，物理吸附吸热，但若是同时存在两种吸附，两者共同作用下一个吸热一个放热导致最终的结果可能为吸热也可能是放热，这样就无法判断到底是什么吸附起的作用。而且在该实验的吸附过程中热量变化也不明显，通过热量测也会存在一定的误差。

35. 如何根据 Zeta 电位排除“压缩双电层”和“吸附电中和”这两种可能？

答：压缩双电层指将能产生高价反离子的高分子电解质物质投加到胶体分散系中，由于其高分子电解质的加入提高了溶液中反离子强度，扩散层厚度相应降低，最终使整个体系中的 Zeta 电位降低的过程。吸附电中和作用是指将与胶体粒子带相反电荷的絮凝剂加入悬浮物中，使胶体颗粒的 Zeta 电位能够降低到足以克服 DLVO 理论中的能量障碍而产生絮凝沉淀的过程。“压缩双电层”和“吸附电中和”都能够降低悬浮颗粒表面 Zeta 电位（这里的 Zeta 电位指的是其绝对值大小），而由该研究反应过程中 Zeta 电位的变化趋势可知，随着絮凝反应的进行，Zeta 电位的绝对值表现出升高再稳定的趋势。因此可以排除“压缩双电层”和“吸附电中和”这两种可能。

第三节 微生物技术的应用

一、生物质废物制新能源

36. 简述生物制氢的方法及原理。

答：生物制氢是生物质通过气化和微生物催化脱氢方法制氢，是生物在生理代谢过程中产生分子氢过程的统称。有光解水制氢、光发酵制氢、暗发酵制氢、暗发酵-光发酵耦合制氢（见表 5-1）。

表 5-1 四种生物制氢方法

生物制氢方法	产氢效率	转化底物类型	转化底物效率	环境友好程度
光解水制氢	慢	水	低	需要光，对环境无污染
光发酵制氢	较快	小分子有机酸、醇类物质	较高	可利用各种有机废水制氢，制氢过程需要光照
暗发酵制氢	快	葡萄糖、淀粉、纤维素等糖类化合物	高	可利用各种工农业废弃物制氢，发酵废液在排放前需处理
光发酵-暗发酵耦合制氢	最快	葡萄糖、淀粉、纤维素等糖类化合物	最高	可利用各种工农业废弃物制氢，在光发酵过程中需要氧气

1）光解水制氢是微藻及蓝细菌以太阳能为能源，以水为原料，通过光合作用及其特有的产氢酶系，将水分解为氢气和氧气。此制氢过程不产生 CO_2。蓝细菌和绿藻均可光裂解水产生氢气，但它们的产氢机制却不相同。蓝细菌的产氢分为两类：一类是固氮酶催化产氢和氢酶催化产氢；另一类是绿藻在光照和厌氧条件下的产氢。

2）光发酵制氢是光合细菌在厌氧缺氮的条件下，利用光能，以小分子有机酸为底物生成氢气。固氮酶是光异养细菌（如紫色非硫细菌）产氢的关键酶。在有氮气存在的条件下，它催化分子氢还原为氨，同时释放出少量氢气，在缺氮气有光照的条件下，固氮酶催化有机物生成氢气。

$$N_2 + 8H^+ + 8e^- + 16ATP \longrightarrow 2NH_3 + H_2 + 16ADP + 16P_i$$

$$CH_3COO^- + 4H_2O \xrightarrow{\text{固氮酶}} 2HCO_3^- + H^+ + 4H_2$$

$$CH_3CH(OH)COO^- + 2H_2O \xrightarrow{\text{固氮酶}} CH_3COO^- + HCO_3^- + H^+ + 2H_2$$

3）暗发酵制氢是利用非光合细菌（异养型厌氧细菌），以碳水化合物等有机物为底物，在暗环境中发酵产生氢气。在厌氧发酵过程中，葡萄糖首先经糖酵解（EMP）等途径生成丙酮酸，合成ATP和还原态的烟酰胺腺嘌呤二核苷酸（NADH），然后由厌氧发酵细菌将丙酮酸转化为乙酰辅酶A，生成氢气和二氧化碳。1mol葡萄糖理论上只能产生2～4mol氢气。

$$C_6H_{12}O_6+4H_2O \longrightarrow 2CH_3COO^-+2HCO_3^-+4H^++4H_2$$

4）暗发酵-光发酵联合产氢是通过非光合细菌和光合细菌的协作，提高生物制氢系统的产氢量，非光合细菌不需光照就能够降解糖类产生氢气和有机酸，但不能再继续利用有机酸合成氢气，即厌氧非光合细菌不可能完全降解葡萄糖合成更多的氢气；而光合细菌却可以利用光能和有机酸，使这一反应得以进行。暗发酵和光发酵可在不同反应器中进行，易于控制非光合细菌和光合细菌分别在最佳的生长状态。这两种细菌的结合不仅减少了所需的光能，而且增加了氢气产量，同时也彻底分解了有机物。

37. 暗发酵产氢过程一般会产生酸类物质，酸类物质的积累是否影响产氢？

答：在产氢发酵过程中，副产物酸类物质的产生，会降低pH值，尤其是当丙酸产生时还会抑制厌氧过程。在厌氧发酵过程中，除了酸类物质的产生之外，同时也会有乙醇的产生，乙醇的产生不但可以减少酸性副产物的数量，维持正常的生理pH值，而且还可以通过乙醇与乙酸等物质的耦联作用，维持细胞内的动态平衡，避免丙酸的积累，从而有利于发酵产氢。

38. 光合微生物制氢产率是很低的，目前有什么改良手段来提高产氢效率？

答：目前为止，一般通过以下几个方面来提高氢气产气率。

1）菌株的筛选和改造　选择出能提高光合转化效率极高的变异株来提高转化效率。

2）固定化技术的应用　细胞固定化为微生物提供了相对稳定的生长环境，防止渗透压对细胞的危害，有利于生物催化剂的连续使用。

3）进行混合培养技术　厌氧非光合细菌和光合细菌联合培养产氢。厌氧菌具有较强的降解大分子物质的能力，其产氢主要依赖于氢酶，厌氧菌发酵的产物乙酸、乙醇和丙酸等可作为光合细菌产氢的底物，这样的混合培养技术能够大大提高产氢效率。

39. 微生物水气转换产氢的具体机理是什么？

答：利用CO和H_2O作为原料，红螺菌科的某些光合异养菌可以CO作为唯一碳源，在黑暗的环境下生存。其在一氧化碳脱氢酶的催化作用下，经过反应生成ATP，而且伴随着CO_2和H_2的产生，反应方程式如下：

$$CO(g)+H_2O \xrightarrow{酶} CO_2(g)+H_2(g) \qquad \Delta G^0=-20kJ/mol$$

该反应的条件必须为低温低压，根据反应的热动力学原理，反应平衡强烈地倾向于往反应的正方向进行，有利于CO的固定和H_2的生成。

还有一些细菌可以在光照条件下进行光合异养菌的水气转化制氢，胶状红长命菌属的紫色非硫细菌，在黑暗条件下利用CO转化成接近理论产量的H_2，而在光照条件下仍可利用CO作为唯一的碳源，通过固定CO_2将CO同化为细胞物质，并放出H_2。

40. 餐厨垃圾生物转化产乙醇的原理是什么？

答：乙醇是燃料酒精中最主要的能源物质之一，它以含糖物质为原料，经发酵、蒸馏而制成，将乙醇进一步脱水再经过不同形式的变性处理后成为变性燃料乙醇。燃料乙醇也就是用粮食或植物生产的可加入汽油中的品质改善剂，是一种良好的汽油增氧剂和高辛烷值调和组分，用以代替四乙基铅和MTBE。

参与乙醇发酵的主要微生物是酵母，它只能将糖类转化为酒精，而不能直接利用淀粉和纤维素，而餐厨垃圾中总糖或碳水化合物（如淀粉、纤维素、半纤维素等）占干物质的50%以上，采用一定的技术方法可以使碳水化合物水解从而获得50%～70%的葡萄糖，而葡萄糖被认为是化学品、生物 H_2 以及乙醇燃料等的前体物。含有纤维素类有机废物制备乙醇的第一步就是把不能直接被酵母利用的淀粉和纤维素通过各种方法如酸水解或酶水解转化成糖，第二步是酵母菌在厌氧条件下利用糖化后的葡萄糖先形成丙酮酸，丙酮酸脱羧形成乙醛，乙醛再在乙醇脱氢酶作用下形成酒精。

$$(C_6H_{12}O_6)_n \longrightarrow n(C_6H_{12}O_6)$$

$$C_6H_{12}O_6 + 2NAD^+ \longrightarrow 2CH_3COCOOH + 2NADH + 2H^+$$

$$2CH_3COCOOH \longrightarrow 2CH_3CHO + CO_2$$

$$CH_3CHO + NADH + H^+ \longrightarrow CH_3CH_2OH + NAD^+$$

总反应式为：

$$C_6H_{12}O_6 \longrightarrow 2CH_3CH_2OH + 2CO_2$$

从上式可以看出，1mol葡萄糖可以产生2mol乙醇，即180g葡萄糖可产生92g酒精，产率为51.5%。对于糖质原料则可以不经转换而直接利用。

41. 微生物产氢与产乙醇的异同点有哪些?

答：共同点是：都是利用生物质能作为新型能源发展，应用前景广泛。

不同点是：预处理的方法不同，然后是菌种不同，反应的条件和机理也不一样。微生物产乙醇，利用微生物，将生物质转化为乙醇，作为替代液体燃料已成功应用在汽车等交通工具中。按原料来源可分为糖质原料、淀粉原料和纤维素原料。将糖或淀粉发酵生产燃料乙醇，是比较成熟的工艺。而微生物产氢是微生物催化脱氢方法制氢，是微生物在生理代谢过程中产生分子氢的过程，目前还没有真正的工业化。

42. 生物质废物转化产丁醇的原理是什么?

答：生物质丁醇是一种极具潜力的新型生物燃料。因为与传统的生物质燃料乙醇相比，丁醇具有能量高，燃烧性能好；易于运输且腐蚀性小，存储和运输安全等优势，还可以任意比例与汽油混合或自身作为燃料使用，无需对现存发动机引擎做任何改动。生物质原料经水解后在产丁醇梭菌的厌氧发酵作用下获得丙酮、丁醇和乙醇的混合物，再经精馏得到相应产品，因此丁醇发酵也称为ABE（acetone-butanol-ethanol）发酵。

$$19C_6H_{12}O_6 \longrightarrow 12C_4H_9O(\text{丁醇}) + 6CH_3COCH_3 + 2C_2H_5OH + 44CO_2 + 30H_2 + 6H_2O$$

因此，丁醇的理论产率为：

$$\frac{60C_4H_9OH}{95C_6H_{12}O_6} = 26\%$$

丙酮的理论产率为：

$$\frac{30CH_3COCH_3}{95C_6H_{12}O_6} = 10.5\%$$

乙醇的理论产率为：

$$\frac{10C_2H_5OH}{95C_6H_{12}O_6}=2.7\%$$

因此，总的理论产率为39.2%。

43. 生物柴油较普通柴油有什么优势?

答：普通柴油是由石油提炼后的一种油质的产物。而生物柴油又称脂肪酸甲酯，是以植物果实、种子、植物导管乳汁或动物脂肪油、废弃的食用油等作原料，与甲醇、乙醇等醇类经交酯化反应获得。生物柴油素有“绿色柴油”之称，其性能与普通柴油非常相似，是优质的石化燃料替代品，与化石柴油及燃料乙醇等其他液体燃料相比有着突出的特性：

① 原料来源广泛，可利用各种动植物油作原料；可得到经济价值较高的副产品，如甘油。

② 生物柴油作为柴油代用品使用时，柴油机不需做任何改动或更换零件。

③ 具有较好的低温发动机启动性能，无添加剂冷滤点达−20℃。

④ 具有较好的润滑性能，使喷油泵，发动机缸体和连杆的磨损率低。

⑤ 由于闪点高，生物柴油不属于危险品，相对于石化柴油，生物柴油贮存、运输和使用都很安全（无腐蚀性，非易燃易爆）。

⑥ 十六烷值高使其燃烧性好于柴油，燃烧残留物呈微酸性使催化剂和发动机机油的使用寿命加长。

⑦ 由于硫含量低，使得二氧化硫和硫化物的排放低，可减少硫排放约30%（有催化剂时为70%）。

⑧ 燃烧残炭低，即废气中微小颗粒物含量低。

⑨ 生物柴油中不含对环境会造成污染的芳香族烷烃，因而废气对人体损害低于柴油。

⑩ 由于生物柴油含氧量高，使其燃烧时排烟少。一氧化碳的排放与柴油相比减少约10%（有催化剂时为95%）。

⑪ 可在自然状况下实现生物降解，减少对人类生存环境的污染。

⑫ 生物柴油燃烧所排放的二氧化碳远低于该植物生长过程中所吸收的二氧化碳，因此，与使用普通柴油不同，理论上其用量的增加不仅不会增加、反而会降低二氧化碳的排放。

⑬ 可再生性强，一年生的能源作物及多年生的木本植物均可作为原料；作为可再生能源，其供应量不会枯竭。

另外，生物柴油与石油、柴油均具有良好的调合性。由于纯的生物柴油可能存在的低温流动性、氧化安定性及较强的溶解性问题，通常生物柴油的使用是与石油、柴油混配。

生物柴油和石化柴油的对比如表5-2、表5-3所列。

表5-2　不同生物柴油燃烧后有毒排放物的成分对比

排放物	B100	B20	排放物	B100	B20
一氧化碳	−47%	−12%	硫酸盐	−97%	−20%
烃类化合物	−67%	−20%	臭氧破坏物质	−50%	−20%
颗粒物质	−48%	−12%	多芳香族烃	−80%	−13%

注：B100代表100%生物柴油，B20代表添加有20%生物柴油的石化柴油。

表 5-3 生物柴油与石化柴油在特性上的比较

特性	生物柴油	石化柴油
冷滤点(CFPP)/℃(夏季产品)	−10	0
冷滤点(CFPP)/℃(冬季产品)	−20	−20
20℃的密度/(g/mL)	0.88	0.83
40℃动力黏度/(mm^2/s)	4～6	2～4
闭口闪点/℃	>100	60
十六烷值	≥56	≥49
热值/(MJ/L)	32	35
燃烧功效(柴油=100%)/%	104	100
硫含量(质量分数)/%	<0.001	<0.2
氧含量(体积分数)/%	10	0
燃烧 1kg 燃料按化学计算法的最小空气耗量/kg	12.5	14.5
三星期后的生物分解率/%	98	70

44. 如何选育高油脂的微藻?

答：对于含油量未知的微藻，传统筛选方法采用破胞、萃取后分析油脂含量的方法进行筛选，费时费力。现在多采用尼罗红、亲脂性荧光染料 BODIPY505 对藻内脂肪块进行染色，结合荧光显微镜和流式细胞仪进行筛选。

对于含油量已知的微藻，通常采用细胞融合育种、诱变育种、基因工程育种等方式，从而获得含油量和生长速率更高的藻株。一些微藻的油脂含量如表 5-4 所列。

表 5-4 一些微藻的油脂含量

微藻	油脂含量(干重)/%
布朗葡萄藻 *Botryococcus braunii*	25～75
小球藻一种 *Chlorella* sp.	28～32
隐甲藻 *Cryp thecodinium cohnii*	20
细柱藻一种 *Cylindrotheca* sp.	16～37
柱氏藻 *Dunaliella prin olecta*	23
等鞭金藻一种 *Isochrysis* sp.	25～33
Monallanthus salina	>20
微小绿藻 *Nannochloris* sp.	20～35
微绿球藻 *Nannochloropsis* sp.	31～68
Neochloris oleoabundans	35～54
菱形藻 *Nitzschia* sp.	45～47
三角褐指藻 *Phaeodactylum tricornutum*	20～30
裂壶藻 *Schizochytrium* sp.	50～77
亚心形扁藻 *Tetraselm is suecica*	15～23

(1) 细胞融合育种

通过人为的方法，使遗传性状不同的两细胞的原生质体发生融合，并进而发生遗传重组以产生同时带有双亲性状的、遗传性稳定的融合子的过程，称为细胞融合。

（2）诱变育种

诱变育种指利用物理或化学诱变剂处理均匀而分散的细胞群体，促进其突变率显著提高，从中挑选出少数符合育种目的的突变株。

（3）基因工程育种

基因工程育种是指通过重组DNA技术把外源遗传物质导入到受体细胞，使其在受体细胞中进行正常的复制和表达，从而获得新品种的一种现代育种技术。

金藻纲、黄藻纲、硅藻纲、绿藻纲、隐藻纲和甲藻纲中的藻类都能产生多不饱和脂肪酸，从微藻中提取得到的油脂成分与植物油组成相似。目前国内外对微藻脂肪酸进行了大量研究，但报道较多的是小球藻（*Chlorella* sp.）、球等鞭金藻（*Isochrysis galbana*）、硅藻（*Diatom*）、小环藻（*Cyclotella* sp.）和三角褐指藻（*Phaeodactylum tricornutum*）等。大多数微藻的油脂含量在20%以上，通过异养培养技术可获得油脂含量高达细胞干重55%的藻细胞。通过基因工程改良和培养条件控制，利用微藻生产油脂极具产业化开发潜力。

45. 微藻培养开放式和封闭式反应器的优缺点是什么？哪种应用更为广泛？

答：开放式的反应器结构简单，操作容易，成本低廉。缺点：a. 容易被真菌、原生动物以及其它杂菌污染，这样就难以对微藻进行纯种培养；b. 水分蒸发严重，CO_2供给不足；c. 培养过程中受到光照和温度等环境因素影响较大。这些因素都将导致微藻的培养密度偏低，使采收成本升高。

封闭式可以延长纯种微藻的培养时间，已成功用于大规模生产微藻。优点：a. 无污染，能对更多种的微藻进行高密度的纯种培养；b. 培养过程中，培养条件容易控制；c. 不受外界环境因素影响，全年生长期较长；d. 可以维持较高的培养密度而且容易收获，可用于培育高卫生要求的微藻及未来的基因工程微藻的选育。针对封闭的光生物反应器，为了优化微藻的培养条件及降低成本消耗，在光生物反应器的设计上主要集中于提高光能利用率以及选用合适的循环装置，同时利用新型材料和新型光源来制作更高效、经济的光生物反应器。

美国ASP计划在早期也将注意力集中在封闭光生物反应器上，但在发现封闭式反应器不如预期理想后转而趋向于开放跑道池培养。目前，98%的商业化微藻培养都采用开放式跑道池方式。

46. 微藻生产生物柴油较其它生物质生产生物柴油有什么优势？

答：能完全满足我国交通运输对柴油需求所需要的几种生物柴油原料的比较见表5-5。

利用微藻开发生物质能源的优势可总结如下：

① 环境适应能力强，生长要求简单，营养需求低，可直接转化利用CO_2、无机盐和有机废水等。

② 微藻光合效率高，倍增时间短，单位面积的产率高出高等植物数十倍。

③ 培养微藻不占用耕地，可利用海滩、盐碱地和荒漠等土地进行大规模培养，可利用海水、盐碱水、荒漠地区地下水和有机废水进行培养。

④ 微藻含有很高的油脂，特别是一些微藻在异养或营养限制条件下脂肪含量可高达20%～70%，按藻细胞含30%油脂（干重）计算，1hm^2土地的年油脂产量是玉米的341倍，大豆的132倍，油菜籽的49倍。

⑤ 微藻没有根、茎、叶的分化，不产生无用生物量，加工工艺相对简单，易于粉碎和

干燥，预处理成本相对较低。

⑥ 微藻热解比农林废弃物简单，而且所得生物质燃油热值高，是木材或农作物秸秆的1.6倍。

⑦ 微藻燃料清洁，环境友好，燃烧时不排放有毒有害气体。

⑧ 微藻能高效固定CO_2，有助于减缓温室气体排放。

总体分析认为，发展微藻能源符合我国提出的“不与人争粮，不与粮争地和淡水，不与农业发展争夺农业自然资源，不能对生态环境造成压力与影响”的生物质能源开发政策。

表 5-5 能完全满足我国交通运输对柴油需求所需要的几种生物柴油原料的比较

作物	年产量/(t/hm^2)	含油量/%	年产油量/(t/hm^2)	需要的土地面积/10^4hm^2	所需耕地面积占中国现有耕地面积的比率/%
大豆	1.449	16	0.2320	27605.21	225.45
高油玉米	5.28	9	0.4752	13468.01	110.00
蓖麻	1.005	58～75	0.5829～0.7538	8490.88～10979.59	69.34～89.67
菜油籽	1.837	37.5～46.3	0.6889～0.8505	7524.71～9290.51	61.45～75.86
麻风树	4.8	50	2.4	2666.67	21.78
油莎豆果	12	25	3	2133.33	17.42
棕榈树	7.4	50	3.7	1729.73	14.12
微藻	166.3	30	49.89	128.28	1.05
微藻	166.3	70	116.36	54.98	0.45

47. 微藻积累油脂的影响因素是什么？

答：在微藻培养过程中，培养基成分、培养温度、光照、pH值、培养方式、通气量、盐度等均会影响微藻的生长及油脂的积累。

(1) 培养基成分

众多研究表明，氮是影响微藻生长及油脂积累最主要的环境因子。微藻一般可以利用铵盐、硝酸盐及尿素作为氮源，对于不同藻种，这些盐类的吸收速度和利用程度有一定的差别。研究表明，许多藻类含有尿素酶，这种酶能将尿素分解成氨被微藻利用，尿素酶的差异使不同微藻对氮的吸收利用能力不尽相同。相对于氮源的类型，氮浓度对微藻的生长和油脂积累更为重要。

除氮会对微藻生长及油脂积累有很大影响外，磷、铁、镁、硫及硅等其他营养元素也会影响细胞内油脂的含量。各营养元素对微藻生长及油脂积累的影响非常复杂，对于特定藻株探索其生长量和油脂积累量同时达到理想状态下的营养条件具有非常重要的意义。

(2) 光照强度

光是影响藻类生长及代谢产物的最重要的影响因子之一，光照强度的不同，藻细胞的化学组成、色素含量和光合活性都显著不同。低光强可以促进极性脂合成，而高光强在减少极性脂合成的同时也会增加中性脂的合成。在饱和光照下，光的吸收能力和利用效率随之下降，膜脂合成较低，而多糖和甘油三酯等储能物质的合成增加。

(3) 温度

温度会影响到藻类所有的代谢活动，也是影响微藻中脂肪含量和脂肪组成的重要因素。

超过一定温度极限，脂肪代谢相关酶的活性会受到一定程度的损伤，微藻脂肪合成就会受到影响。在一定温度范围内，随着温度提高，小球藻多不饱和脂肪酸和脂肪酸平均双键数先降低后增加，对等鞭金藻和绿色巴夫藻、后棘藻、微绿球藻的研究也得到了相似的结果，脂肪合成存在最适的温度，但因藻种不同而有差别。

(4) pH 值

pH 值是影响藻类生长代谢的另一重要因素，它会影响细胞内代谢酶的活性和藻细胞对离子的吸收利用，从而影响微藻的许多生理代谢过程。微藻生长的最适 pH 值不同藻种间存在差异，在不同 pH 值下微藻的油脂积累情况也有较大的差别。

(5) 生长期

微藻的生长周期可以分为迟滞期、指数期、平稳期和衰退期四个阶段。不同生长阶段微藻中脂类、糖类以及蛋白质组成和含量均有较大差异。

(6) 营养方式

微藻是光合自养生物，有些藻株也可改变其代谢途径变成异养型，微藻的异养或兼养培养可以提高微藻的细胞密度，有利于油脂的积累。异养培养的小球藻肪含量（55%）是自养培养（14%）的 4 倍。但适合异养培养的藻受培养条件的影响很大，很难实现大规模工业化生产。

48. 若想要降低成本，可以直接利用市政污水培养藻类，为何还要是用反应器呢？能否将此微藻置于太湖等污染较严重的湖泊中进行培养？

答：市政污水可以用来培养微藻，利用微藻处理净化污水也是微藻的一大作用，但用此方法得到的微藻密度极低，无法大规模培养提取油脂。利用反应器培养微藻，可以极大地提高微藻密度，产生大量油脂来制取生物柴油。事实上，目前应用藻类处理市政污水仍处于研究阶段，主要研究方向为固定化微生物细胞与固定化藻类技术。由于藻类生长速度比较快，类似于细菌的代谢生长，而藻类收集、分离技术较为复杂、缓慢，因此以微藻置于太湖等富营养化严重的水体进行污染治理是不可行的，因为捞藻清淤速率远远小于藻类暴发增殖速率，即便是市政污水也需要相应的合适藻类固定化后进行处理。

49. 以含油量最高的藻类为例，提取 1kg 生物柴油需要多少藻类？

答：目前发现含油量高的微藻主要有小球藻、杜氏盐藻、微绿球藻等真核藻类。微藻的高含油量往往被视为生产生物柴油的基础，但微藻的生长速率也是一个很重要的因素。虽然杜氏盐藻的含油量可达 60%以上，但其生长较慢［0.10g/(L·d)］，产油速率为 60.6～69.8mg/(L·d)，与含油量仅为 22.7%～29.7%的微绿球藻相比，产油速率要低将近 1 倍（见表 5-6）。所以，要综合衡量一株微藻是否适于生产生物柴油，产油速率是一个很重要的标准。

表 5-6　不同微藻的含油量及产油速率

藻株	培养条件	含油量(%细胞干重)	生长速率/[g/(L·d)]	产油速率/[mg/(L·d)]
原始小球藻 *Chlorella protothecoides* CCAP 211/8D	自养	11.0～23.0	0.002～0.02	0.2～5.4
原始小球藻 *Chlorella protothecoides*	异养	50.3～57.8	2.2～7.4	1209.6～3701.1
原始小球藻 *Chlorella protothecoides*	光合-发酵	58.4	23.9	11800

续表

藻株	培养条件	含油量(%细胞干重)	生长速率/[g/(L·d)]	产油速率/[mg/(L·d)]
普通小球藻 *Chlorella vulgaris* #259	自养	33.0～38.0	0.01	4.0
普通小球藻 *Chlorella vulgaris* #259	混养	21.0～34.0	0.09～0.25	22.0～54.0
杜氏盐藻 *Dunaliella tertiolecta* ATCC 30929	自养	60.6～67.8	0.10	60.6～69.8
等鞭金藻 *Isochrysis* sp. F&M-M37	自养	27.4	0.14	37.8
眼点拟微绿球藻 *Nannochloropsis oculata* NCTU-3	自养	22.7～29.7	0.37～0.48	84.0～142.0
路氏巴夫藻 *Pavlova lutheri* CS 182	自养	35.5	0.14	50.2
栅藻 *Scenedesmus* sp. DM	自养	21.1	0.26	53.9

由表 5-6 可知，在光合-发酵的培养条件下，原始小球藻产油速率最高，由于生物柴油以及微藻的密度不确定，故按体积计算，时间取一天。

$$油脂体积=\frac{1000000}{11800}\approx 84.75\ (L)$$

$$微藻体积=\frac{84.75}{0.584}\approx 145.11\ (L)$$

50. 微生物能否利用餐厨垃圾产油脂?

答：自然界中，当某种微生物的细胞内能积累超过菌体干重 20%以上的油脂时，此种微生物被我们定义为产油微生物。微生物油脂又称单细胞油脂（SCO），是由酵母、霉菌、细菌和藻类等微生物在一定条件下利用糖类化合物、烃类化合物和普通油脂为碳源、氮源，辅以无机盐生产的油脂和另一些有商业价值脂质。微生物油脂的主要成分是甘油三酯，还有各种其他的脂肪酸，其最大的用途是用作制备生物柴油的原材料。因此，微生物油脂的发展不但可以缓解植物油短缺的局面，还可以替代植物油生产生物柴油，缓解全球能源危机。

产油酵母相比于光自养的产油微藻，含油量较高，其生长不受气候以及季节的限制；另外，产油酵母比微藻能更好地利用其他的营养底物，如废甜高粱糖浆、废麦秸、粗甘油、有机废水、木质纤维素以及挥发性脂肪酸（VFAs）等。餐厨垃圾的干物质中糖类物质含量高达 60%以上，其中淀粉类含量最大，因此糖化后还原糖浓度较高，是极具潜力的微生物发酵底物，而且餐厨垃圾中还含有蛋白质，也是很好的氮源。因此，餐厨垃圾通过产油酵母发酵使其转化为微生物油脂，可降低微生物油脂生产的成本。另外，酵母细胞偏大，很容易沉降，这对于后续提取油脂很有利。正是由于以上的各种优势，近几年，国内外研究产油酵母的人越来越多，产油酵母在所有产油微生物中越来越占到主导地位。

51. 微生物油脂的合成机理是什么?

答：微生物发酵产油脂大体分两个阶段，即菌体增殖期和油脂积累期。发酵的前期为细胞增殖期，这个时期微生物主要以消耗培养基中的碳源和氮源为主，用以维持微生物细胞的迅速增殖。当培养基中碳源相对丰富而氮源相对缺乏时，微生物产油脂的能力被激发，微生物利用培养基中的碳源来产生大量的油脂，细胞数量的增加速度放缓，这个阶段叫做油脂累积期。

黏红酵母油脂合成的机理可分为四个环节：两个前体乙酰 CoA 和 3-磷酸甘油的形成；甲羟戊酸的合成，乙酰 CoA 形成脂酰 CoA 和鞘脂；以甲羟戊酸为前体合成甾醇、类胡萝卜素和糖类化合物；以乙酰 CoA 和 3-磷酸甘油为前体合成磷脂酸、甘油二酯、甘油三酯和磷脂。由此可见，在酵母细胞内油脂合成的多少，乙酰 CoA 起了主导作用，而乙酰 CoA 的形成又受到氮源多少等诸多因素的影响。

52. 餐饮废油用于制生物柴油的基本原理是什么？

答： 因为餐厨垃圾中废油脂含量较高，因此考虑以餐厨垃圾中动植物油脂为原料，通过酯交换生产柴油。由餐厨垃圾经油水分离出来的餐饮油脂生产生物柴油通常需要经过预处理工艺和酸碱催化酯交换反应工艺。预处理工序的目的主要是为了去除餐饮油脂中的水、颗粒物、水溶性盐、胶质物等杂质，得到较好的粗油脂，然后粗油脂送至酸碱酯交换反应操作单元，粗油脂在硫酸、烧碱的催化条件下与甲醇进行酯交换反应，生成脂肪酸甲酯，化学方程式如下：

$$\begin{matrix} CH_2OOCR_1 \\ | \\ CHOOCR_2 \\ | \\ CH_2OOCR_3 \end{matrix} + 3CH_3OH \xrightarrow{\text{催化剂}} \begin{matrix} CH_2OH \\ | \\ CHOH \\ | \\ CH_2OH \end{matrix} + \begin{matrix} R_1COOCH_3 \\ R_2COOCH_3 \\ R_3COOCH_3 \end{matrix}$$

得到的脂肪酸甲酯再经蒸馏之后即可得到合格的生物柴油。

每吨餐厨垃圾可以提炼出 20～80kg 的废油脂，利用这些废油脂制生物柴油，能起到良好的减量化效果。利用植物油生产柴油，其原料成本较高，据统计，原料占生物柴油成本的 80%以上，原料成本是影响生物柴油经济性的关键因素；原料成本较高导致产品价格升高，消费者目前还不能接受。而利用从餐厨垃圾中回收的油脂制备生物柴油，可以降低生产成本，同时又可减少对环境的污染，资源得到充分合理的利用，可产生一定的经济效益和巨大的社会效益。

53. 什么是餐饮废油两步法制备生物柴油？第一步加入的强酸是否会影响后续的碱催化？

答： 用两步法制备生物柴油，通常是针对原油酸值较高的情况，第一步先用酸催化酯化反应，待酸值降到一定程度后，干燥除水，再进行第二步的碱催化酯化反应。第一步酸催化不会对后续碱催化造成影响。因为油脂中的游离脂肪酸在酸催化步骤中，在浓硫酸和甲醇作用下生成甲酯，是不溶于水的物质，而此步骤中不发生反应的中性油也是不溶于水的物质。

$$RCOOH + CH_3OH \xrightarrow{\text{浓 } H_2SO_4} RCOOCH_3 + H_2O$$

在碱催化之前，要经过水洗、静置分层，得到上层的甲酯和中层的中性油，而硫酸则留在水溶液中，不与产物混合。因此不会影响后续的碱催化。

54. 用生物酶法可以制取生物柴油吗？

答： 可以用脂肪酶作为生物催化剂代替碱催化剂完成酯化和酯交换反应。在脂肪酶的催化作用下，植物油可以和甲醇、乙醇等短链醇发生酯交换反应，生成脂肪酸单酯（生物柴油）。碱催化法制取生物柴油虽然具有反应时间短、转化率高的优点，但却有如下缺点：a. 反应一般需要在高温高压下进行，耗能高；b. 反应受脂肪酸和水的影响，容易发生皂化反应。原料需要脱水等预处理；c. 反应需要大量的醇；d. 反应结束后需要除去产品中的碱催化剂。

而生物酶法反应条件温和，不需高温高压，耗能低，反应不受脂肪酸和水的影响，原料中的脂肪酸也可以转化为酯类产品，比碱催化法优越很多。当然酶法也有其缺点：一方面甲醇、乙醇等短链醇对脂肪酶具有毒性，另一方面酶制剂价格昂贵。但通过工艺的改造，酶法的这两个缺点是可以避免的。目前，以生物催化为核心内容的工业生物技术已经被提到空前的战略高度。生物催化剂是对环境无害的绿色催化剂，利用其高效性、高选择性以及反应条件温和等优点可以在化学化工生产中发挥极大的作用。

二、生物质废物制平台化合物

55. 餐厨垃圾乳酸发酵过程中的代谢类型有哪些？

答： 乳酸，化学名为 α-羟基丙酸，其广泛存在于自然界中，是一种古老而重要的有机酸。乳酸、乳酸盐及其衍生物广泛应用于食品、医药、化工（如涂料、溶剂、增塑剂、润滑剂等的合成）、皮革、纺织、电镀、媒染等工业领域。

乳酸菌属于兼性厌氧菌和厌氧菌，它们通过发酵作用进行糖的代谢，代谢过程的终产物除了能量外主要是乳酸和其它一些还原性的产物。由于菌体内酶系统的差异，其代谢途径分为三类，即同型发酵途径、异型发酵途径和双歧途径。双歧途径也属于异型发酵类型。

同型乳酸发酵途径中乳酸是葡萄糖代谢的唯一产物，采用的是糖酵解（EMP）途径将葡萄糖降解为丙酮酸，丙酮酸在乳酸脱氢酶的催化下还原为乳酸，经过这种途径，1mol 葡萄糖可生成 2mol 的乳酸，其葡萄糖至乳酸的理论转化率为 100%。但由于发酵过程中微生物有其它生理活动存在，实际转化率基本能达到 80%即认为是同型发酵，同型乳酸发酵的总反应式为：

$$C_6H_{12}O_6+2(ADP+Pi)\longrightarrow 2C_3H_6O_3+2ATP$$

异型乳酸发酵途径是经由磷酸戊糖途径（HMP），分解葡萄糖为 5-磷酸核酮酸，再经差向异构酶作用变成 5-磷酸木酮糖，然后经磷酸酮解酶催化裂解反应，生成 3-磷酸甘油醛和乙酰磷酸。其中，3-磷酸甘油醛经 EMP 途径后半部分转化为乳酸，同时产生两分子 ATP，而乙酰磷酸进一步还原为乙醇，同时放出磷酸。此过程 1mol 葡萄糖可生成 1mol 乳酸、1mol 乙醇、1mol CO_2，其葡萄糖至乳酸的理论转化率只有 50%，总反应式为：

$$C_6H_{12}O_6+ADP+Pi\longrightarrow C_3H_6O_3+C_2H_5OH+CO_2+ATP$$

双歧发酵途径是两歧杆菌发酵葡萄糖产生乳酸的一条途径。此途径中有两种酮解酶参与反应，即 6-磷酸果糖磷酸酮酶解和 5-磷酸木酮糖磷酸酮解酶，分别催化 6-磷酸果糖和 5-磷酸木酮糖的裂解反应，产生乙酰磷酸、4-磷酸赤藓糖和 3-磷酸甘油醛、乙酰磷酸，此过程 1mol 葡萄糖可生成 1mol 乳酸、1.5mol 乙酸，其葡萄糖至乳酸的理论转化率也只有 50%，总反应式为：

$$C_6H_{12}O_6\longrightarrow C_3H_6O_3+1.5C_2H_4O_2$$

从上面的公式可以看出，同型发酵过程中产物只有乳酸，异型发酵过程产物除了乳酸还有乙醇，在双歧发酵途径中除了产生乳酸还有乙酸产生。从广义上讲，双歧发酵途径也归属于异型发酵途径，因此我们可考察发酵过程中的乙醇及乙酸的含量来判断同型代谢途径是否在发酵过程中占主导。

56. 乳酸细菌能否直接利用淀粉进行乳酸发酵？为什么？

答： 一般的乳酸菌（如乳杆菌和乳球菌）均不产淀粉酶，故不能利用淀粉直接发酵产生乳酸，必须将淀粉经糖化过程转变为糖质原料后才能发酵。但有一类乳酸菌能产淀粉酶，称淀粉分解乳酸菌（ALAB），这类乳酸菌能像米根霉一样，可直接发酵淀粉产生乳酸，这类细菌包括食淀粉乳杆菌（*L. amylovorus*）、嗜淀粉乳杆菌（*L. amylophilus*）、植物乳杆菌（*L. plantarum*）以及发酵乳杆菌（*L. fermentum*）等。ALAB 直接自淀粉生产乳酸，可免去为利用淀粉所需的预水解步骤，节省工序，可显著降低生产成本。

57. 米根霉乳酸发酵的代谢途径是什么？

答：米根霉属于好氧真菌，靠呼吸产能并提供合成菌体的中间体，其发酵类型属于好氧混合酸发酵。米根霉可直接发酵淀粉产 L-乳酸，其代谢途径是：淀粉经米根霉胞外淀粉酶降解成葡萄糖进入细胞内，通过 EMP 途径生成丙酮酸，丙酮酸在细胞内有的去向是：a. 通过丙酮酸脱羧酶进入产乙醇途径；b. 通过丙酮酸羧化酶形成草酰乙酸，再生成苹果酸和富马酸；c. 通过 L-乳酸脱氢酶直接生成 L-乳酸。一般来讲是 1mol 葡萄糖产生 1.5mol 乳酸、0.5mol 乙醇、0.5mol CO_2，其葡萄糖至乳酸的理论转化率只有 75%。总反应式为：

$$C_6H_{12}O_6 \longrightarrow 1.5C_3H_6O_3 + 0.5C_2H_5OH + 0.5CO_2$$

58. 什么是乳酸钙结晶-酸解提取工艺？什么是乳酸钙直接酸解（一步法）提取工艺？各有什么优缺点？

答：乳酸钙结晶-酸解法提取工艺流程为：成熟的发酵液经升温、碱化处理后，除去菌体、蛋白质等胶体杂质，得到的乳酸钙滤液经适当浓缩，在一定条件下结晶，再用离心机分离除去母液，并洗去残留的母液和一些蛋白质、糖类及色素，得到乳酸钙的白色晶体。加热溶解晶体，用硫酸进行酸解，加入适量的活性炭进行脱色，分离除去 $CaSO_4$、活性炭滤渣，得到粗乳酸溶液。其化学方程式为：

中和：$$2C_3H_6O_3 + CaCO_3 \longrightarrow Ca(C_3H_5O_3)_2\downarrow + H_2O + CO_2$$

酸解：$$Ca(C_3H_5O_3)_2 + H_2SO_4 \longrightarrow 2C_3H_6O_3 + CaSO_4$$

乳酸钙结晶-酸解工艺的优点是工艺成熟，易于控制，由于乳酸钙在前工序中被结晶出，可使乳酸钙与溶液当中的 95%以上的杂质分离，使后续精制工序简单化，可制成高纯度的乳酸，但是其单元操作比较多，劳动强度大，环境污染严重，特别是产品收率比较低，一般只有 50%左右，因为，乳酸钙的溶解度大，大概有 30%的乳酸钙残留在结晶母液当中，不能结晶出来，而这个母液比较黏稠，杂质含量高，不能继续参与结晶，因而造成大量乳酸钙流失。

在上述工艺的基础上，近年我国开发使用了乳酸钙直接酸解（一步法）提取工艺，其流程为：成熟的发酵液经升温、碱化处理后，除去菌体、蛋白质等胶体杂质，得到的乳酸钙滤液经双效蒸发浓缩，直接加硫酸酸解，然后进行真空抽滤得到粗乳酸溶液。该工艺适合于粗淀粉质原料的分解液，省去了结晶、洗晶和复溶等工序，生产周期缩短 3～4d，提取效率高，同时也节省大量结晶设备和厂房面积，大量减轻工人的劳动强度，但此工艺的缺点就是如果发酵液中残糖过高，无法得到有效分离，从而影响产品的稳定性。

两种方法的后续乳酸精制工艺基本相同，用阴阳离子交换树脂处理经浓缩后的粗乳酸液，除去 Cl^-、SO_4^{2-}、Ca^{2+}、Fe^{3+} 等阴阳离子，所得的离子交换液再经浓缩至浓度 80%以上，即得到成品乳酸。

59. 在乳酸钙结晶-酸解工艺中产生的副产物硫酸钙如何利用？

答：可采用碳酸钠碱解法，将硫酸钙转化成碳酸钙和硫酸钠，以实现钙盐法提取乳酸的无渣循环。碱解反应如下：

$$CaSO_4 + Na_2CO_3 \longrightarrow Na_2SO_4 + CaCO_3$$

获得的 Na_2SO_4 可以作为化工原料，而同时生成的 $CaCO_3$ 可以重新作为中和剂回到乳酸发酵和提取系统。

60. 酯化法提取乳酸的原理是什么？

答：乳酸或乳酸钙在有催化剂存在的条件下，即使在较低的浓度下也易与低级醇（甲醇、乙醇等）形成酯，这些酯遇到水蒸气也易水解。其化学反应式如下：

酯化反应：$CH_3CHOHCOOH + ROH \rightleftharpoons CH_3CHOHCOOR + H_2O$

水解反应：$CH_3CHOHCOOR + H_2O \rightleftharpoons CH_3CHOHCOOH + ROH$

乳酸盐也可与醇发生酯化反应，如与乙醇的反应式为：

$$CH_3CHOHCOONa + C_2H_5OH \rightleftharpoons CH_3CHOHCOOC_2H_5 + NaOH$$

$$CH_3CHOHCOONH_4 + C_2H_5OH \rightleftharpoons CH_3CHOHCOOC_2H_5 + H_2O + NH_3$$

该工艺的乳酸收率可高达 97%，而且得到的成品乳酸纯度较高，可达药用级标准，酯化法中的酯化剂（醇）可以回收与回用。但该方法消耗能量多，成本高，如果与渗透汽化耦合，有望大幅度降低能耗。因为渗透汽化是利用膜两侧的压力及浓度差实现对不同化合物有效的分离，酯化反应是一类可逆反应，由于产物水和酯的存在，反应达到平衡后转化率达到一个平衡值而不再提高。耦合渗透汽化将反应副产物水分离反应体系，可以打破化学平衡，使反应向正反应方向移动，从而提高反应转化率。

61. 为什么酯化法可以获得高纯度的精制乳酸？

答：乳酸发酵液中除大量的乳酸外，仍含少量乙酸，乙酸和乳酸的沸点分别为 118℃和 122℃，两者沸点仅相差 4℃，很难通过直接蒸馏的方法分离乙酸。如果与乙醇进行酯化，可分别生成乙酸乙酯和乳酸乙酯，它们的沸点分别为 77℃和 154℃，两者沸点相差大于 30℃，难以形式共沸物，可控制不同蒸馏温度较容易地将两者分离，乳酸乙酯再经水解反应可获得高纯度精制乳酸。

62. 乙酸（醋酸）是如何生成的？

答：乙酸是用途最广的有机酸之一，主要用于生产醋酸乙烯、乙酸酐、对苯二甲酸、聚乙烯醇、醋酸乙酯、醋酸丁酯、氯乙酸、醋酸纤维和醋酸盐等。另外，醋酸还可进一步地加工成农药、医药、染料、涂料、合成纤维、塑料和黏合剂等多种产品。醋酸杆菌在好氧条件下具有氧化乙醇生成醋酸的能力，用淀粉质原料发酵乙酸基本是分三步进行的，其反应式如下：

$$(C_6H_{10}O_5)_n + nH_2O \longrightarrow nC_6H_{12}O_6$$

$$C_6H_{12}O_6 \longrightarrow 2C_2H_5OH + 2CO_2$$

$$C_2H_5OH + O_2 \longrightarrow CH_3COOH + H_2O$$

第二步和第三步反应的加合为：

$$C_6H_{12}O_6 + 2O_2 \longrightarrow 2CH_3COOH + 2CO_2 + 2H_2O$$

其中，乙醇向乙酸的转化是分两步进行的。中间产物是乙醛。

$$C_2H_5OH \xrightarrow{\text{乙醇脱氢酶}} CH_3CHO \xrightarrow{\text{乙醛脱氢酶}} CH_3COOH$$

人体内也有乙醇转化为乙酸的代谢过程，主要在肝脏中进行，少量乙醇（酒精）进入人体之后，马上随肺部呼吸或经汗腺排出体外，绝大部分酒精在肝脏中先与乙醇脱氢酶作用，生成乙醛，乙醛对人体有害，但它很快会在乙醛脱氢酶的作用下转化成乙酸。酒精在人体内的代谢速率是有限度的，体内含各种酶比较多的人虽饮了较多的酒，但能顺利地完成上述化学变化，而这些酶含量比较少的人，酒后不能顺利完成上述变化，酒精就会在体内器官，特别是在肝脏和大脑中积蓄，积蓄至一定程度即出现酒精中毒症状，严重时甚至会因心脏被麻醉或呼吸中枢失去功能而造成窒息死亡。

63. 乙酸发酵的过氧化作用是什么？为什么在乙酸发酵终止时要及时加入食盐？

答：在乙酸发酵过程中，当乙醇即将耗尽而有氧存在时，会发生过氧化作用，将有乙酸进一步氧化成二氧化碳和水，造成乙酸损失，其反应式为：

$$CH_3COOH + 2O_2 \longrightarrow 2CO_2 + 2H_2O$$

乙酸菌对酸的耐受力一般为乙酸含量1.5%～2.5%，有些菌株达7%～9%；乙酸菌耐受酒精浓度可达2%～5%；但对食盐只能耐受1%～1.5%。因此，在生产实践中，乙酸发酵完毕，添加食盐可防止乙酸菌继续将乙酸氧化为二氧化碳和水。

64. 乙酸可以在厌氧条件下生成吗？

答：热醋酸梭菌不同于醋酸杆菌，它可以在厌氧条件下不通风搅拌，将己糖转化成醋酸。一步完成不需经过乙醇发酵，耐高温，也可利用戊糖，但其发酵条件要求严格，并要中和发酵生成的酸，菌体营养要求复杂，尚未见工业化生产报道。热醋酸梭菌厌氧发酵的反应式如下：

如用己糖： $C_6H_{12}O_6 + 2H_2O \longrightarrow 2CH_3COOH + 2CO_2 + 8H^+ + 8e^-$

$2CO_2 + 8H^+ + 8e^- \longrightarrow CH_3COOH + 2H_2O$

两个反应加合为： $C_6H_{12}O_6 \longrightarrow 3CH_3COOH$

如用戊糖： $2C_5H_{10}O_5 \longrightarrow 5CH_3COOH$

厌氧发酵条件下，由己糖和戊糖生成乙酸的理论转化率都是100%。

65. 剩余活性污泥可以产乙酸吗？

答：有机废物厌氧消化的四阶段理论是将厌氧过程分为水解阶段、酸化阶段、产乙酸阶段和产甲烷阶段。其中，产乙酸阶段包括产氢产乙酸菌利用水解酸化的中间产物（如丙酸、异丁酸、丁酸、异戊酸和戊酸等）生成乙酸和氢气，以及同型产乙酸菌利用氢气和二氧化碳合成乙酸。

$$CH_3(CH_2)_2COOH + 2H_2O \longrightarrow 2CH_3COOH + 2H_2$$

$$2CO_2 + 4H_2 \longrightarrow CH_3COOH + 2H_2O$$

上述厌氧产酸系统乙酸产率较低，因为污泥中有机成分复杂和灭菌处理成本高，故在实际污泥处理过程中通常采用混合培养物接种发酵产酸。由于各种产酸发酵菌对同一底物的代谢产物可能不同，在发酵产生乙酸的同时，还会产生丙酸、丁酸、异丁酸甚至更长碳链的有机酸。调节污泥产酸体系 pH 为碱性（尤其是 pH 值为 10 时）可大幅度提高剩余污泥水解、产酸及污泥减量效果，得到的乙酸、丙酸的产量之和可占所产总挥发性脂肪酸量的 62.3%。其主要原因是碱性条件对污泥细胞具有破坏作用，与细胞壁进行反应使胞内物质（如 RNA、DNA 等）溶解；另外一个很重要的原因是污泥颗粒表面带有负电荷，当污泥的 pH 值升高时，对污泥颗粒细胞表面产生高的静电排斥作用，结果使部分胞外聚合物（EPS）解析出来。pH 值越高这两种作用越强，最后高的水解率导致高的产酸量。

66. 剩余活性污泥中的碳水化合物、蛋白质和脂肪都能产乙酸吗？

答：污泥中的厌氧产乙酸菌并不都是热醋酸梭菌，其碳水化合物（以葡萄糖为例）转化为乙酸的反应式通常为：

$$C_6H_{12}O_6 + 2H_2O \longrightarrow 2C_2H_4O_2 + 2CO_2 + 4H_2$$

其碳水化合物（糖）至乙酸的理论转化率为 66.7%。

蛋白质类（以 $C_5H_9NO_4$ 为例）和脂肪类物质（以 $C_{57}H_{104}O_6$ 为例）产乙酸的反应式分别为：

$$C_5H_9NO_4 + 2H_2O \longrightarrow 2C_2H_4O_2 + CO_2 + H_2 + NH_3$$

$$C_{57}H_{104}O_6 + 80H_2O \longrightarrow 14C_2H_4O_2 + 29CO_2 + 104H_2$$

其蛋白质和脂肪至乙酸的理论转化率分别为 81.6% 和 95.0%。

67. 餐厨垃圾可以产己酸吗？

答：目前利用微生物将有机废物转化为高附加值羧酸盐的技术日趋成熟，其中乙酸、丙酸及其他短链脂肪酸（SCFA）是最常见的终产物。然而产物 SCFA 几乎完全溶于水，难以提取，因此利用 SCFA 来合成中链脂肪酸（MCFA）越来越受到关注。己酸属 MCFA 终产物之一，分子式为 $C_6H_{12}O_2$。与 SCFA 相比，己酸拥有较长的疏水性碳链，故其溶解度较低，仅为 10.82g/L，更易于从发酵液中选择性分离。

与短链醇基化合物相比，己酸分离提纯较乙醇蒸馏分离消耗更少的能量；从能量角度，己酸分子中 O/C 值更低因而能量密度更高，是更有利的高附加值产品。己酸虽然不能作为燃料直接使用，但可用作生产液体燃料的前体。己酸也是合成化学制品的前体，如食品添加剂、动物饲料添加剂和己基酯。此外，己酸还可用于生产农业“绿色”抗生素、抑菌剂、防腐剂、润滑剂、染料、橡胶以及生物可降解塑料。目前己酸工业生产以石油化工行业为主，但这些生产方法能耗高、污染严重，因此寻找环保又经济的己酸生产工艺是亟待解决的问题。近年来，生物法己酸合成也逐渐成为目前己酸生产的主流方法之一。

68. 己酸发酵为什么采用两相发酵模式？

答：借助厌氧菌群将有机废弃物转化为己酸是典型的两步生物反应，分别由水解酸化菌群和产己酸菌群支配着相应的代谢过程。产己酸菌利用碳水化合物能力较弱，最适底物为乙酸、乙醇等短链有机酸醇。利用乙醇作为电子供体生产己酸的主要反应如下：

$$C_2H_5OH + H_2O \longrightarrow CH_3COOH + 2H_2$$

$$C_2H_5OH + CH_3COOH \longrightarrow C_4H_8O_2 + H_2O$$

$$C_2H_5OH + C_4H_8O_2 \longrightarrow C_6H_{12}O_2 + H_2O$$

总反应式：$12C_2H_5OH + 3CH_3COOH \longrightarrow 5C_6H_{12}O_2 + 4H_2 + 8H_2O$

有研究发现除乙醇外乳酸也可作为电子供体，参与己酸的合成，其主要反应如下：

$$C_3H_6O_3 + H_2O \longrightarrow CH_3COOH + 2H_2 + CO_2$$

$$C_3H_6O_3 + CH_3COOH \longrightarrow C_4H_8O_2 + H_2O + CO_2$$

$$C_3H_6O_3 + C_4H_8O_2 \longrightarrow C_6H_{12}O_2 + H_2O + CO_2$$

总反应式：$3C_3H_6O_3 \longrightarrow C_6H_{12}O_2 + 3CO_2 + 2H_2 + H_2O$

乙酸、丁酸、丁二酸均可以作为己酸合成反应中的电子受体。但丁二酸却没有普遍被用于己酸生产，因为该反应需要提供足够的还原当量用于丁二酸向乙酸的生物代谢转化，导致电子供体乙醇的消耗量增加，具体反应为：

$$C_2H_5OH + 2C_4H_6O_4 + H_2O \longrightarrow 5CH_3COOH$$

由上所述，将有机废弃物首先转化成己酸合成最适前体物非常关键。然而，水解酸化菌群和产己酸菌群的生长需求和代谢调控方式具有明显的差别，因此鉴于生物相的有效分离和分工，先产短链有机酸醇再合成己酸的两相厌氧发酵模式更适用于己酸的发酵生产。

三、微生物驱油技术

69. 微生物采油技术是否能够提高采收率？

答：微生物提高原油采收率工艺是一种产能的卓有成效的方法，特别适用于从低产井采收配额外的原油。采油微生物采收率的提高与油田的特定地质环境相关，不同的产区，不同的地质环境会出现不同的状况，有些区块也可能不会有作用。室内研究表明，微生物采油可在原有基础上提高采收率5%～12%，现场应用的成功经验说明，微生物采油更适应于我国下列类型油藏：a. 温度小于40℃的油藏；b. 普通稠油油藏；c. 含蜡量较高的油藏；d. 复杂断块油藏。

70. 微生物驱油主要分为哪两种类型？其原理分别是什么？

答：第一类是把细菌代谢物（又称外源微生物）作为驱油剂注入地层，该类工艺与化学驱油类似。其原理是利用生物表面活性剂、生物聚合物、溶剂、乳化剂等组合物，改善水的驱油性能。该种类型工艺复杂、设备条件要求高。

第二类是直接在地层中有目的地培养和发展微生物（又称内源微生物），形成具有驱油特性的细菌代谢物。方法是把地层中存在的或者注水带入的有益微生物，依靠地层固有的营养物（残余烃、矿物组分）或者向地层注入的营养物（糖蜜、无机化合物等）进行地球化学作用，形成细菌代谢产物（脂肪酸、乙醇、表面活性组合物、生物聚合物、二氧化碳等）。这种类型的微生物驱油适用于注淡水开采一年以上的油田或区块，因为注水使注入井井底附近形成了微生物群落（或生物群落），该类型工艺简单、操作方便，是目前微生物采油技术的发展方向。

71. 利用内源微生物驱采油时要向地层中注入空气，为什么要注入空气？地层内不同微生物生存条件不同，注入空气会对它们产生影响吗？

答：内源微生物是指存在于油藏中较为稳定的微生物群落，主要是在油田开发过程中随注入水进入油层的，也有的细菌是在油藏形成过程中就已经存在。内源微生物驱油是在注水开采原油过程中周期性地注入氧气和营养物质氮、磷，激活油藏中原有微生物的一种采油技术。因此，注入空气是为了激活油藏中的微生物。油层不同深度地层中的条件不同，各深度都有相对应的温度、压强等，对于上部近地面处的微生物，对氧有一定的需求，需要注入空气满足好氧代谢，在石油等碳源充足的情况下注入空气能激发此类微生物进行代谢分解，在中部和下部油层中，距地面较远，此类微生物可能都是兼氧或厌氧类型，此时需注入微生物所需的培养液，提供营养元素来激发此类微生物的分解代谢。所以，对于不同深度、油层注入的条件不同，并不一定都要注入空气，对不需要氧气的微生物来说注入空气会对其有影响。

72. 利用微生物驱油，向地层中加入的微生物会不会对地层内的生物圈产生影响？

答： 现有技术一般都是从原油中直接分离出能降解石油的微生物降解菌。提高三次采油的主要途径或方法就是通过基因工程等得到新的菌株，通过基因工程得到的菌株有可能产生变异给环境带来影响，也是现在研究不可或缺的主要问题。现有实验都表明，产生的新菌株只在该注入地层中能生存，在外环境下很快就会死亡，对外环境基本不产生影响。

73. 在微生物驱油过程中如何确定注入菌液的作用范围？

答： 可以应用人造岩心或天然岩心建立微生物驱油的 Lazzr 模型，一般试验过程是：岩心饱和水、饱和油后水驱，水驱到含水 98%或 100%时注入一定量配制好的菌液，放入恒温箱培养，测试从模型中排出的液体和气体。另一种是高压驱油模型，岩心培养之前先加压，关闭岩心两端阀门在高压条件下培养一段时间，然后再水驱，测试采收率提高情况。岩心驱油试验还用于研究微生物驱油的相对渗透率变化、微生物用量或微生物段塞与采收率的关系。

74. 微生物驱油技术在采出油之后是否会产生生物污染？

答： 在原油采出后进行制油过程中会经过一系列的工艺流程，在这些工艺流程中会因为环境不适合微生物生长而杀死微生物，因此不会再产生生物污染。

75. 在采油过程中为什么会出现油井结蜡的现象？

答： 原油中 $C_{16}H_{34}$～$C_{63}H_{128}$ 正构烷烃称为石蜡。当原油处于高温高压地层时，蜡晶以液体形式存在，但在开采过程中，随着温度和压力下降以及轻质组分不断逸出，原油溶蜡能力降低，石蜡开始结晶、析出、聚集，不断长大并沉积附着在油层、油管、套管、抽油杆及地面输油管线等油井设施的金属表面，这会严重影响油田正常生产。为了进行正常生产作业，必须采取有效的清防蜡措施。

76. 如何利用微生物防止油井结蜡和管道堵塞？

答： 微生物防止管道堵塞主要原理是利用微生物清防蜡，微生物清防蜡技术是微生物采油技术的一个分支，其主要目的是对油井和油管清除结蜡和防止结蜡，但至今微生物清蜡防蜡技术工业化应用得很少。利用微生物菌体及其代谢产物，依靠微生物自身的趋向性，将原油中的部分饱和烃类化合物、胶质沥青质降解，同时菌体及其代谢产生的生物表面活性剂等，可以吸附在金属表面并润湿金属表面，使其成为极性表面，改变井筒及油管表面性质，使非极性的蜡晶难以在井壁及金属表面吸附与沉积，从而实现微生物清防蜡，防止管道堵塞。

四、微生物燃料电池（MFC）

77. 微生物燃料电池实际应用较少，其缺点有哪些？

答：当前微生物燃料电池的主要问题在于输出功率密度较低，更换操作过程耗时较多，组件设备价格昂贵。

78. 微生物燃料电池在应用中的使用状况，是一边处理废水一边发电吗？外加的是什么微生物？

答：文献中，微生物燃料电池在应用中是一边处理废水一边发电来为苯酚的电吸附提供电能。菌种选取的是某污水处理厂的污泥中的微生物。图 5-4 是微生物燃料电池工作原理简易示意图。在微生物燃料电池中，可降解有机质在细胞内被微生物代谢分解，此过程中产生的电子通过呼吸链传输到细胞膜上，然后电子进一步从细胞膜转移到电池的阳极上。阳极上的电子经由外电路到达电池的阴极，最终电子与电子受体（氧化剂）在阴极表面上相结合。而有机质代谢分解过程中产生的质子则在电池内部通过阳离子交换膜从阳极区扩散到阴极区。电子和质子的移动完成了整个微生物燃料电池的电子传递过程。

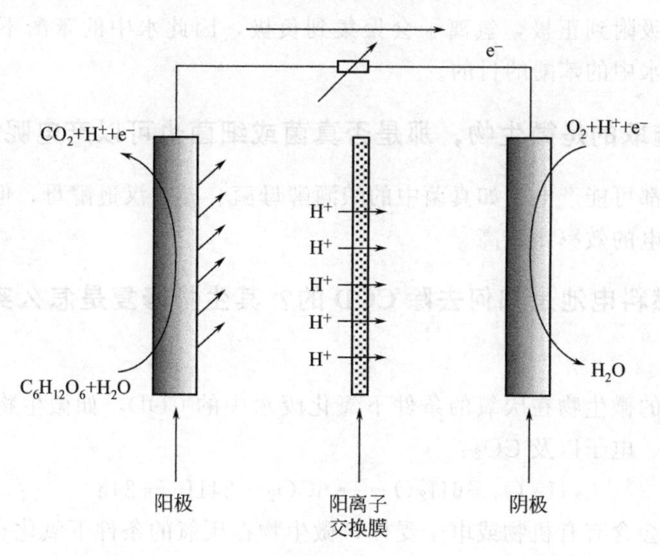

图 5-4　微生物燃料电池工作原理简易示意

79. 微生物燃料电池与电吸附结合时，如何提供稳定的电流？是否需要外加调节机制？

答：接种污泥的驯化、后续投加的有机废水成分、温度和 pH 值对微生物稳定提供电流都有影响，具体的参数要根据不同的 MFC 而定。待污泥的驯化完毕，添加含有有机物的废水就可以产生较为平稳的电流，从案例中看到在12h内，电流虽逐渐下降，但是起伏不大，若后续电流过低，可添加葡萄糖废水，继续让MFC运作。表明在底物比较充足的条件下，这种微生物燃料电池是可以持续产生较稳定的电流。原则上是不需要外加其他调节机制的。

80. 简述微生物电池产电原理，苯酚吸附中是否有反应发生？

答：微生物电池产电原理：

阳极反应：阳极室中的微生物在厌氧的条件下氧化废水中的底物如葡萄糖，微生物通过代谢作用将葡萄糖转化为质子、电子以及CO_2：

$$C_6H_{12}O_6+6H_2O \longrightarrow 6CO_2+24H^++24e^-$$

由于电子不能在水溶液中“游泳”（即通过水溶液到达阴极），因此微生物中产生的电子在阳极室中没有合适的氧化剂（即电子受体）时只能通过生物膜传递到阳极上，此时阳极作为电子受体。然后电子通过连接阴阳极的外电路到达阴极表面，在阴极表面发生还原反应。为了维持电荷的平衡，带同等电荷的质子必须通过质子交换膜（PEM）从阳极室到达阴极室。因此形成一个闭合回路。

阴极反应：电子、质子以及电子受体（如O_2）在阴极表面催化剂（如Pt）的帮助下，反应生成H_2O：

$$4H^++4e^-+O_2 \longrightarrow 2H_2O$$

苯酚吸附：通过电化学吸附苯酚的过程中并不会使苯酚发生氧化还原反应，因为MFC的电位小于苯酚的氧化还原电位，但是会发生电离反应：

$$C_6H_5OH \rightleftharpoons C_6H_5O^-+H^+$$

苯酚离子会被吸附到正极，氢离子会聚集到负极，因此水中的苯酚不断往阳极方向聚集，从而达到去除水中的苯酚的目的。

81. 产电菌选取的是微生物，那是否真菌或细菌也可以产电呢？

答：真菌细菌都可能产电，如真菌中的酿酒酵母菌、异常汉逊酵母，但是效率会有所不同，有的微生物产电的效率比较高。

82. 微生物燃料电池是如何去除COD的？其生物修复是怎么实现沉积物的处理的？

答：阳极室中的微生物在厌氧的条件下氧化废水中的COD，如微生物通过代谢作用将葡萄糖转化为质子、电子以及CO_2：

$$C_6H_{12}O_6+6H_2O \longrightarrow 6CO_2+24H^++24e^-$$

沉积物中可能会含有有机物或电子受体，微生物在厌氧的条件下氧化有机物，将有机物转化为质子、电子以及CO_2，电子、质子以及电子受体，如重金属，在阴极表面催化剂（如Pt）的帮助下，把重金属还原成毒性较低的物质。

83. 微生物燃料电池和苯酚吸附中的电极材料是什么？

答：MFC中，阳极材料为碳纤维布；阴极采用的也是碳纤维布，其一侧为涂有PTFE（聚四氟乙烯）和炭黑的空气扩散层，另一侧为涂有铂碳催化剂的催化层。

苯酚吸附中的吸附阳极采用的是ACFs（活性炭纤维）；阴极使用的泡沫镍。

84. 如何选择微生物燃料电池的电极材料？如何优化电极材料？

答： 高性能的阳极作为 MFC 中重要的结构，不仅能为高活性菌株提供牢固的附着点、电化学催化高活性位点，而且还具备减小电子传递阻力、生物相容性良好等优点。因此要提高微生物燃料电池的产电性能和污水处理能力，阳极的性能高低直接起到了至关重要的作用；除此之外，还需考虑材料的导电性、成本及抗腐蚀能力等，这也是 MFC 阳极材料重要条件之一，最好选择与金属相关的一些材料和不锈钢网。MFC 的阴极主要作用是接受电子受体，用以接受阳极氧化释放出来的电子。一般包括生物阴极、空气（主要是 O_2）阴极和电解液阴极。最好的阴极电子受体是氧气，其氧化还原电位较高、价格低廉以及不产生二次污染；但是一般情况下，氧气的电化学还原速率很慢，需在阴极使用 Pt 作为催化剂来降低反应的活化能来提高其还原速率，而 Pt 价格昂贵，因此研发低价材料（比如铁系和钴系催化剂）取代 Pt 刻不容缓。

优化电极材料的方法如下。对于阳极，有：

① 纳米材料修饰阳极：能够有效减小电极内阻、增大微生物黏附量，从而提高 MFC 的产电性能；

② 石墨烯修饰阳极；

③ 修饰改性阳极：使表面积增大，反应活性点增多，改变材料表面氮氧官能团，提高电极的电化学性能。

对于阴极材料来说，电极电位越高，越有利于接受电子，提高产电效率。有研究者发现不锈钢网作为阴极材料有相当的优势。自养微生物也有望成为代替 Pt 的及其廉价的阴极催化剂。

85. 微生物燃料电池启动期和驯化期电压随时间的变化是怎样的？

答： MFC 启动期电压随时间变化如图 5-5 所示。启动期是微生物在电极表面形成生物膜的过程，也是转移电的微生物和其他种群微生物的竞争过程。进行了 5 个周期的实验，当输出电压基本稳定时，启动期结束。

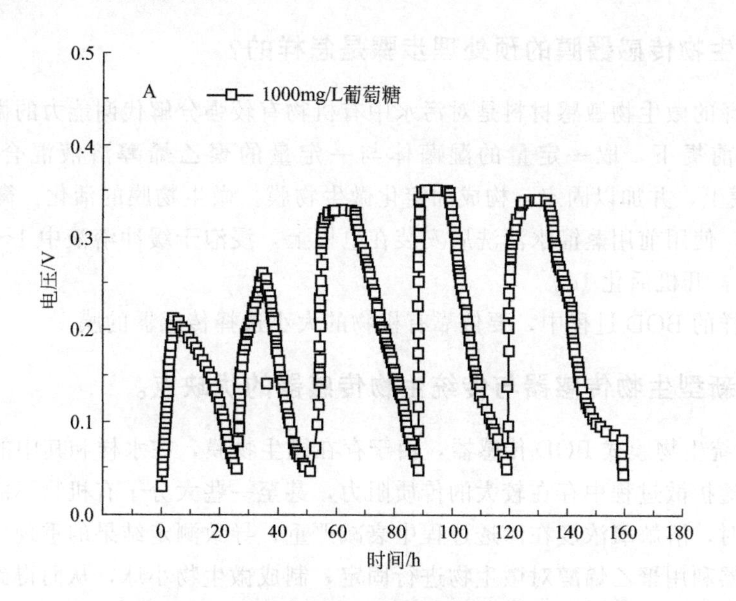

图 5-5　MFC 启动期电压随时间变化图

MFC 驯化期电压随时间变化如图 5-6 所示。驯化期是采用 1000mg/L 的葡萄糖和不同浓度的青霉素来研究青霉素的浓度对输出电压的影响。前期电压的降低表明青霉素可能对 MFC 中产电微生物的活性具有抑制作用，但经过一段时间的驯化，逐渐增加的电压输出表明，经过较短时间的驯化，MFC 中的微生物可以适应存在青霉素的环境。

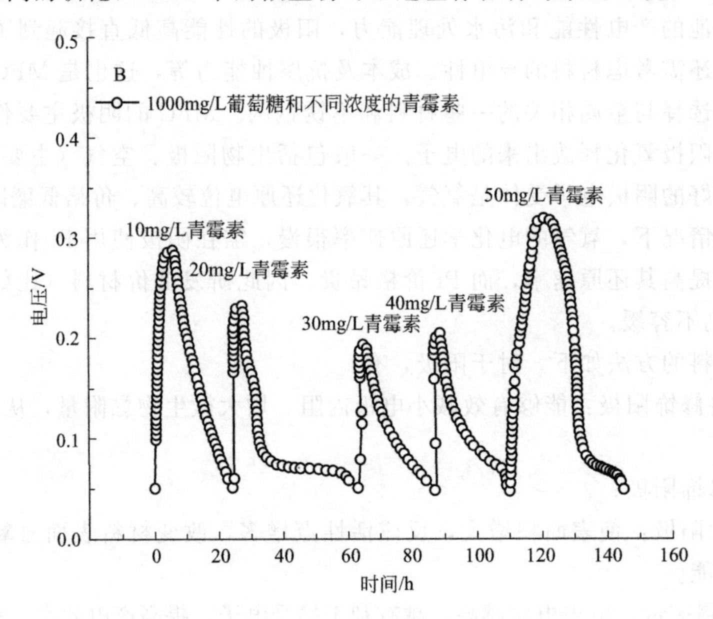

图 5-6 MFC 驯化期电压随时间变化图

86. 空气阴极是怎样实现的?

答：空气阴极通过对催化层、不锈钢层和防水透气层的压制而成。催化层组成为 88% 的活性炭粉末和 12% 的聚四氟乙烯（PTFE），其中含有 $0.8mg/cm^2$ 的铂催化剂；防水透气层由 50% 的 Na_2SO_4 和 50% PTFE 组成。

87. 新型生物传感器膜的预处理步骤是怎样的?

答：所选择的微生物敏感材料是对污水中有机物有较强分解代谢能力的微生物。在保持微生物活性的前提下，取一定量的湿菌体与一定量的聚乙烯醇溶液混合，均匀地涂在 0.45μm 的滤膜上，并加以固定，构成固定化微生物膜。微生物膜的活化：微生物膜保存于 0～4℃条件下，使用前用蒸馏水清洗后安装在电极上，浸泡于缓冲溶液中 1～2d，加入适量 BOD 标准溶液，开机活化 1d。

在测定水样的 BOD 过程中，要依靠有机物的大小选择传感器的膜。

88. 比较新型生物传感器与传统生物传感器的优缺点。

答：① 传统生物膜式 BOD 传感器，由于存在微生物膜，在水样和其中的有机物以及溶解氧分子的渗透扩散过程中存在较大的传质阻力，甚至一些大分子有机物不能穿过微生物膜进行反应；同时，溶解氧浓度在渗透过程中衰减严重，导致测定结果的重现性和稳定性差。

新型传感器利用聚乙烯醇对微生物进行固定，制成微生物小球，从而得到敏感元件，将敏感元件悬浮分散在反应器中进行反应。这样由于聚乙烯醇比表面积大，并且具有多孔结构。因此，新型传感器与传统传感器相比，溶解氧、有机物分子的扩散阻力大大减少，并且与微生物的接触充分，提高了测定结果的稳定性和准确性。

② 传统的BOD传感器通常采用间歇式反应方式，即让一定体积的水样在一个固定容积的反应器中进行反应，水样在测定过程中不流动。

新型传感器在检测过程中废水连续流动，即一边让水样以一定速度进入反应器，一边又以同样的速度排出反应器。研究发现，当水样的流速在0.6mL/min时能取得较好的结果。

第六章

化学品与食品安全

第一节　化学品安全

1. 什么是铅中毒？

答： 铅中毒即连续两次静脉血铅水平等于或高于 200μg/L。铅在人体内没有任何生理功能，血铅的理想水平应该为零。铅对人体，尤其是对肾脏、生殖系统、心血管系统有毒性，会导致头晕、失眠、多梦、记忆力减退、乏力、食欲不振、贫血、神经炎等多种疾病。儿童铅中毒会出现智力发育障碍，注意力不集中、多动、行为异常等症状，严重者还可能会导致终身残疾。目前已经查明，高血铅组儿童的总智商、操作智商、语言智商分别比低血铅组低 14 分、14 分和 13 分，而血液中的铅浓度上升 100μg/L，儿童身高将降低 1.3cm。科学调查表明，儿童发生铅中毒的概率是成人的 30 倍。因此，在一些发达国家，对于一些物品的含铅量有着明确的规定，如在美国规定：儿童产品含铅量必须不得高于 100mg/kg；颜料或其他表面涂层含铅量不得高于 90mg/kg；皮革中含铅量不得高于 300mg/kg；乙烯塑胶含铅量不得高于 200mg/kg；其他材料中含铅量不得高于 300mg/kg（水晶除外）等。

2. 为什么要限制使用含铅汽油？

答： 铅在沸点温度 400～500℃时会逸出铅蒸气，能够从呼吸道、消化道及皮肤渗透进入人体。

从 1921 年起，四乙基铅作为有效而又经济的汽油抗爆剂被广泛使用，添加四乙基铅的汽油就是含铅汽油。四乙基铅是一种带水果香味、有剧毒的油状液体，毒性是无机铅的 100 倍，它能通过呼吸道、食道以及无创皮肤进入人体，而且很难排出。含铅汽油中的铅燃烧后约有 70%形成直径为 0.2μm 的微粒排放到大气中，其余部分沉积在发动机里。从尾气当中排放的铅，上升至大气中会转化为氧化铅、碳酸铅等无机铅化合物，其中有 40%左右迅速地沉降到地面，其余的则长时间悬浮在空气中，极易通过人的呼吸系统进入肺里，且被吸入的铅微粒的沉积率高达 50%，进入人体后 25 年也只能自行排出约 50%。空气中 80%以上的铅尘流动在离地面 1m 以下的区域，这一高度又正是儿童的呼吸带。其中汽车维修工以及专职驾驶员是最容易出现铅中毒的高污染人群。

当在汽车排气系统中加装尾气催化转化器时，汽油含铅量超过 0.013g/L，就会使催化剂失效，从而达不到控制汽车废气的目的。所以，国际上将含铅量在 1.1g/L 以上的汽油定义为含铅汽油；含铅量在 0.013～1.1g/L 的汽油定义为低铅汽油；含铅量低于 0.013g/L 的汽油定义为无铅汽油。可见，无铅汽油不仅可以减少铅污染环境问题，还可以减少汽车尾气中烃类化合物（造成烟雾）、一氧化碳（有毒）及氮氧化物（形成酸雨）等的污染。

发达国家都积极推进汽油无铅化进程。日本是世界上最早禁用含铅汽油的国家，1975 年就开始了汽油无铅化的进程。美国于 1992 年 1 月全面禁止含铅汽油的销售。中国从 2000 年 7 月 1 日起，全国所有汽车一律停止使用含铅汽油。目前世界上大部分国家都禁止在汽油中加入四乙基铅。

经常会接触铅的高污染人群还包括铅矿及含铅金属矿开采、加工人员以及铅制品制作相关人员，蓄电池工业的熔炼作业、含铅颜料、釉料的应用相关人员等。

3. 氟乙酸甲酯的半数致死量是多少？为何吸入少量氟乙酸甲酯中毒后要服用牛奶和蛋清？

答：氟乙酸甲酯已列入《危险化学品目录（2015 版）》，据 2013 年 12 月更新的化学物质毒性数据库（RTECS）信息，其急性毒性数据为：大鼠经口半数致死量（LD_{50}）为 3.5mg/kg，表现为惊厥或对癫痫发作阈值产生影响、心律失常、呼吸困难等症状，大鼠 10min 吸入半数致死量（LC_{50}）为 300mg/m^3，进入生物体后，水解产生氟乙酸，影响机体生理代谢，引起中枢神经、消化及心血管等系统病理改变。

氟乙酸甲酯的致毒机理是与蛋白质反应破坏蛋白质的生理结构，使蛋白质失活，从而破坏人体正常的生理过程。因此吸入少量氟乙酸甲酯中毒后服用牛奶和蛋清可使氟乙酸甲酯先与牛奶和蛋清中的蛋白质进行反应，消耗掉一部分氟乙酸甲酯，从而降低毒性，减少伤害。

4. 苯胺的半数致死量是多少？

答：2005 年，某公司双苯厂发生爆炸事故，造成大量苯类污染物进入松花江水体，引发重大水环境污染事件。此次松花江水体污染事件的主要污染物是苯、苯胺和硝基苯等有机物。其中，苯胺具有强烈气味，微溶于水，主要是通过皮肤、呼吸道和消化道进入人体，从而破坏血液造成溶血性贫血，损害肝脏引起中毒性肝炎，甚至导致各种癌症。大鼠经口的苯胺半数致死量为 442mg/kg。

5. 苯胺污染可以用植物修复吗？

答：苯胺污染可以用植物进行修复，常见植物的修复能力：蕹菜＞水葫芦＞水浮莲＞美人蕉＞水花生＞香蒲，但降解能力总体较弱，不适用于事故的紧急处理。

6. 苯胺废水的处理方法有哪些？各有什么优缺点？

答：苯胺废水的处理方法和优缺点如表 6-1 所列。

表 6-1 苯胺废水的处理方法和优缺点

方法	优点	缺点
吸附法	在工程运用中操作简易，运营方式简单	吸附质成本高，再生困难，还会造成二次污染
萃取法	对处理设备要求简单，工艺简易	需要再生处理，有机溶剂还可能造成二次污染。萃取只是一个污染物的物理转移过程，而非真正意义上的降解
膜分离法	有良好的改善水质能力，去除的污染物范围广，设备紧凑和容易自动控制	基建投资和运转费用高，需要高水平的预处理和定期的化学清洗，且其浓缩废水处理比较困难
生物膜电极法	适应性好、效果优越、装置简单、运行管理方便和处理费用低廉	电极材料昂贵，技术含量要求高，降解效率不够理想
超临界水氧化法	反应速率快，反应时间短，二次污染小	反应需在高温高压下进行，设备要求高，造价高
超声波降解法	去除效率高、反应时间短、无二次污染、提高废水的可生化性、设施简单、占地小	耗能巨大，噪声严重，经济性不够理想
光催化氧化法	能耗低、操作简便、反应条件温和、反应范围广、可减少一次污染	在处理高浓度工业废水中存在一定问题，且处理费用高
生物接触氧化法	微生物修复法菌群来源广，选择性强，工程造价低	由于苯胺毒性强，降解性差，所以在运用中受到限制
活性污泥法	长期培养能形成稳定的含菌泥体系，工程造价低廉	对污染物浓度有一定限制

综上所述，目前针对苯胺废水的处理，许多研究结果尚不能应用到实际工程中去，如何综合应用各种技术以达到高效、经济的处理目的，仍是需要研究的课题。

7. 邻苯二甲酸酯类（PAEs）的基本性质与危害是什么？

答：邻苯二甲酸酯类（PAEs）又称酞酸酯，是邻苯二甲酸形成的酯的统称。当被用作增塑剂时，一般指的是邻苯二甲酸与4～15个碳的醇形成的酯。邻苯二甲酸酯品种较多（有30多种），其中邻苯二甲酸二辛酯是最重要的品种。被认为是生活环境中普遍存在的一种环境激素。这类物质进入人体后，与相应的激素受体结合，干扰血液中激素的正常水平的维持，从而影响人的生殖、发育和行为。长期接触环境激素可对人体造成慢性危害，主要表现为对人和动物的生殖毒性。

邻苯二甲酸酯主要用于聚氯乙烯材料，令聚氯乙烯由硬塑胶变为有弹性的塑胶，起到增塑剂的作用。它被普遍应用于玩具、食品包装材料、医用血袋和胶管、乙烯地板和壁纸、清洁剂、润滑油、个人护理用品（如指甲油、头发喷雾剂、香皂和洗发液）等数百种产品中。邻苯二甲酸酯类化合物是脂溶性化合物，用塑料袋包装黄油、动物类脂肪食品，尤其是包装热的食品，会使人体的摄入量增加而不利于健康，一个人每日从饮食摄入的邻苯二甲酸酯类平均量为0.1～1.6mg。因此，近年来邻苯二甲酸酯的污染和毒性问题引起广泛关注。2017年10月27日，世界卫生组织国际癌症研究机构公布的致癌物清单初步整理参考，二(2-乙基己基）邻苯二甲酸酯在2B类致癌物清单中。

8. 邻苯二甲酸酯类（PAEs）的污染治理方法有哪些？

答：1）生物降解法　邻苯二甲酸酯类（PAEs）的治理可采用生物化学处理法，即生物降解法。生物降解法是影响邻苯二甲酸酯类在增塑剂环境中行为的主要途径，是该类物质在自然界中矿化的主要过程。生物降解从种类分为好氧处理和厌氧处理两种方法，在好氧和厌氧环境中PAEs均能够被多种细菌利用，分解速度和分子烷基链长度有关。从应用领域角度，生物降解法主要应用于湖泊沉积物、沼泽、淹水土壤、垃圾填埋场等环境。

2）吸附法　废水中难于降解的有机污染物在采用活性炭处理后，不但能吸附降解还能脱色脱臭。所以，吸附法在有机污染物水污染中被广泛使用。

3）光解法　邻苯二甲酸酯类（PAEs）在自然环境中的光解是通过吸收太阳光中290～400nm的紫外光而发生的分解过程，过程非常缓慢，PAEs的光解有两种方式：直接光解和间接光解。其中直接光解是指直接吸收紫外光，然后进行降解。间接光解是指其他物质吸收紫外光，形成活性基团然后再与PAEs反应。由于自然条件下邻苯二甲酸酯类增塑剂光解有一定的局限性，一般治理研究上采用引入光化学氧化和光催化氧化机制来促进这类污染物的降解。从应用领域上，光解主要应用于空气中和水体表面微生物富集污染。

9. 为什么婴幼儿用奶瓶和奶嘴的材质禁止使用双酚A

答：婴儿奶瓶，在原料上来说，可以分为：玻璃奶瓶、塑料奶瓶和硅胶奶瓶。其中塑料奶瓶的材质一般有PC、PP、PES、PPSU、硅胶，除了PC其他都不含双酚A（BPA）。由于市场上很多品牌的塑料奶瓶都使用PC材质，而“PC”材质被证明遇100℃高温时会释放有毒物质双酚A，因此，欧盟宣布从2011年6月起禁止任何双酚A塑料奶瓶进口到成员国。我国明确规定自2011年6月1日起，禁止生产聚碳酸酯婴幼儿奶瓶和其他含双酚A的婴幼儿奶瓶。2020年10月21日，市场监管总局（国家标准委）发布《婴幼儿用奶瓶和奶嘴》强制性国家标准，对引导消费者正确购买使用婴幼儿用奶瓶和奶嘴具有重要的社会意义。

双酚A是2,2-二(4-羟基苯基)丙烷的俗称。其性状为白色针晶或片状粉末，微带苯酚气味。熔点在155～158℃之间，沸点为250～252℃，可燃，相对密度是1.195（25℃）。双酚A虽然被认为是一种低毒性物质，但它是一种添加剂类型的环境类内分泌干扰物，已经有动物试验研究数据证实其具有类雌激素的作用。WWF（世界野生动物基金会）曾经指出双酚A是一种环境激素，美国国家环保局、日本环境省等也将其列入内分泌干扰物范围内。即使是属于低浓度水平也会对生物的健康带来危害。

10. 双酚A在食品包装材料中如何迁移?

答：双酚A主要用作生产聚碳酸酯（PC）、环氧树脂（ER）的中间体，聚碳酸酯可以用在食品包装材料中，如婴儿奶瓶、厨房用具、矿泉水瓶。环氧树脂在食品包装工业上常用作食品和饮料罐的内部涂层。这些都是双酚A迁移进入人体的重要来源。双酚A从食品包装材料迁移到人体内部主要有三种途径：一是物理性迁移；二是化学性迁移；三是生物性迁移。

1）物理性迁移　在工业合成过程中，合成聚碳酸酯和环氧树脂的聚合反应不完全，一些未反应的双酚A将残留在聚碳酸酯和环氧树脂产品中，物理性迁移方式即在聚碳酸酯和环氧树脂的聚合反应过程后，残留的双酚A单体由容器向内容物的扩散过程。在使用和处理过程中，特别是高温条件下，残留的双酚A会从聚碳酸酯和环氧树脂的聚合产品中释放并迁移到食品中。而且，由于大多数聚碳酸酯产品都是重复使用的，如婴儿奶瓶、厨房用具和塑料瓶等，这也加剧了双酚A从食品包装材料迁移进入人体的程度。

2）化学性迁移　这一途径的来源主要是聚碳酸酯的降解。例如，聚碳酸酯容器与液态内装物接触或容器在使用前的高温蒸煮、沸水冲溶以及酒精消毒等手段，都可能会使聚碳酸酯容器表面水解释放双酚A。聚碳酸酯容器在与食品接触时，由于食品本身几乎都存在胺类，聚碳酸酯会在胺的作用下发生胺解，释放双酚 A。

3）生物性迁移 主要是指人类通过皮肤接触双酚 A 而使迁移进入人体。其来源主要集中于以热敏纸为原材料的制品上，如购物小票和 ATM 机回执单。在使用过程中，人手触碰热敏纸，导致热敏纸中的双酚 A 残留于皮肤上，再通过皮肤的吸收进入人体。

在进入人体后，双酚 A 并不是完全残留于人体组织中，而是大部分会随着人体的新陈代谢排出体外。双酚 A 通过消化道摄入后会迅速从胃肠道吸收，然后在肝脏中转换生成大量的代谢产物，主要是双酚 A 葡糖苷酸，2～3d 后，双酚 A 及其代谢产物主要通过粪便排出体外。相较于其他哺乳动物，双酚 A 在人类的身体中残存的时间更长，这是因为双酚 A 在人类身体中要经历多次肠道与血液的循环。不过大部分的双酚 A 会很快被清除掉，只有非常小的一部分，不到 1%还保留在组织中，且主要是脂肪中，这也就是双酚 A 进入人体后的最终富集地。

11. 劣质一次性餐具有哪些危害?

答：1）一次性餐盒 一次性餐盒含有大量工业碳酸钙、石蜡等。按规定，生产餐盒的主要原料是聚丙烯，含量在 80%左右；工业碳酸钙作为填充物，含量不能超过 20%，合格的餐盒表面应该光洁，无杂质或黑点。而劣质的一次性餐盒含大量工业碳酸钙、石蜡等有毒物质。有些还使用废旧塑料、滑石粉生产餐盒。为了降低成本，不少饮食业经营者大量购买劣质的一次性餐盒。长期使用含有大量工业碳酸钙的一次性餐盒，对人体的危害较大，这些一次性塑料餐盒，用热水一泡、微波炉加热甚至食品的温度稍高一些，饭盒中所添加的化学物质就会和食物中所含的水、醋、油等相互溶解，随食物进入人体内，从而引发消化不良、腹痛以及肝脏等方面的疾病。用这样的饭盒吃饭就相当于慢性服毒，虽然毒性微弱，但长期使用，还是会对肝脏、肾脏造成伤害。此外，工业碳酸钙含有大量的重金属铅，它对人体的消化道、神经系统造成影响，例如出现多动症等情况。国家相关部委在 1999 年就已明令全国停止生产和使用。

2）一次性筷子 很多小作坊为了降低成本，使用的都是劣质木材、竹料，这样的筷子看上去较黑，为了让这些一次性筷子“改头换面”，多是通过硫黄的熏蒸漂白。经过硫黄气体漂白的筷子，其二氧化硫会严重超标。人们用这种筷子进餐时，筷子遇热会析出二氧化硫，会侵蚀呼吸道黏膜，咳嗽、哮喘等呼吸道疾病便随之而来。除此以外，硫黄中含有铅、汞等重金属，重金属在人体内部是可以堆积的，长时间的累积会造成铅中毒或汞中毒。而且，为了去除筷子的毛刺，令其看起来光滑、白皙，制作者将其放入滑石粉中，通过摩擦对筷子进行加工。如果清除不干净的话，这些滑石粉也会在人们使用过程中被“吃”进体内，增加人体患上胆石症的风险。制作筷子的竹子和木头本身就含水，如果未进行密封保存，或者存放时间过长，很容易滋生各种霉菌，如金黄色葡萄球菌、大肠杆菌等。

3）一次性塑料袋 用一次性塑料袋装食物，塑料袋材料中的有毒物质，一旦遇到高温、高油、乙酸（醋）等，便会渗出，甚至直接转移到食物中，危害健康。

4）新型一次性餐盒 2001 年，国家经贸委有关部门先后发布文件敦促有关地方、单位停止生产和使用一次性发泡塑料餐具。同年，国家环境保护总局颁布了《环境标志产品认证技术要求 一次性餐饮具》（HJ/T 202—2005），明确了需使用“非发泡、非降解但易于回收利用类餐具”。淀粉是天然高分子，生物降解性能是其他合成材料无法比拟的，又称为全生物降解材料。淀粉包括玉米淀粉、大米淀粉、马铃薯淀粉，它们具有可回收再利用（饲料、肥料），可水溶解、光溶解、生物全降解等优点。天然淀粉生物降解一次性餐具的研制开发和工业化生产是保障人类生存环境重要的绿色产业工程。

12. 日常用的白色泡沫塑料是什么材料？有无回收利用的价值？

答： 日常用的白色泡沫塑料主要是聚苯乙烯泡沫塑料，以聚苯乙烯树脂为主体，加入发泡剂等添加剂制成，具有闭孔结构，吸水性小，有优良的抗水性；相对密度小，一般为0.015～0.03；缓冲性能好，是使用最多的一种缓冲材料，广泛用于各种精密仪器、仪表、家用电器等的缓冲包装，也可用其直接制成杯、盘、盒等包装容器来包装物品，它在外墙保温中的占有率也很高。但温度超过75～95℃会释放出苯乙烯，不易被强酸强碱腐蚀，但可以被多种有机溶剂溶解，如丙酮、乙酸乙酯。

被丢弃的聚苯乙烯无法经由生物分解及光分解进入生物地质化学循环，由于发泡聚苯乙烯的密度低以至于其漂浮于水面或随风飘移，成为主要的海洋漂浮物，而海洋生物误食这类塑料，会对其消化系统造成伤害。

聚苯乙烯泡沫塑料回收利用主要途径有以下几种。

① 减容后造粒：聚苯乙烯泡沫塑料可熔融挤出造粒制成再生粒料，但因此体积庞大，不便运输，通常在回收时需先减容。方法有机械法、溶剂法和加热法。

② 粉碎后用作填料：聚苯乙烯泡沫塑料制品经粉碎后可用作填料，制成各种制品，如重新模塑成泡沫塑料制品、混凝土复合板制品、石膏夹芯砖、用作沥青增强剂、用作土壤改性剂。

③ 裂解制油或回收苯乙烯。

④ 废聚苯乙烯泡沫塑料可用于制造涂料和黏合剂等。

13. 保鲜膜的成分是什么？可以放微波炉里加热吗？

答： 市场上出售的绝大部分保鲜膜和常用的塑料袋都是以乙烯母料为原材料，根据乙烯母料的不同种类，保鲜膜可分为三大类。

① 聚乙烯，简称PE，这种材料主要用于食品的包装，我们平常买回来的水果、蔬菜用的就是这个膜，包括在超市采购回来的半成品都用的是这种材料；

② 聚氯乙烯，简称PVC，这种材料也可以用于食品包装，但它对人体的安全性有一定的影响；

③ 聚偏二氯乙烯，简称PVDC，主要用于一些熟食、火腿等产品的包装。

这三类保鲜膜中，PE和PVDC这两种材料的保鲜膜对人体是安全的，可以放心使用，而PVC保鲜膜含有致癌物质，对人体危害较大，因此，在选购保鲜膜时应选用PE保鲜膜或PVDC保鲜膜。

PE保鲜膜可用于封蔬菜水果、剩饭剩菜，唯一的问题是不耐高温，最好不要进微波炉。只有微波炉专用保鲜膜才能进微波炉。刚烹饪出来的热菜勿盖保鲜膜，因为当菜热的时候即加盖保鲜膜，不仅不能保持蔬菜中的维生素C，反而会使保鲜膜融化和保鲜膜中的增塑剂被食物吸收。熟食、热食、含油脂的食物，特别是肉类，最好不要使用保鲜膜包装贮藏，可选择安全材质的保鲜袋等。

14. 含氯塑料如何处理比较好？

答： PVC塑料的回收，是经过破碎、清洗、甩干、加温塑化、拉丝、冷却、造粒，加工处理后，生成料粒 PVC，以供再制成 PVC 相关产品，尤其是作为原料用量更大。含氯塑料的处理方法还有含氯塑料的热解脱氯，在隔绝空气或者氮气保护下进行，然后裂解出更多烃类产品，有再利用潜质。含氯塑料尽量避免焚烧，因含氯塑料在焚烧过程中极易产生污染，是城市垃圾重要的碳源和氯源，焚烧时在焚烧温度、氧气浓度、氯含量以及塑料中的有机组分共同作用下，很可能产生二噁英。

第二节 食品安全问题

15. 苏丹红鸭蛋有何危害？

答： 2006 年 11 月，由某禽蛋加工厂生产的一些“红心咸鸭蛋”被检测出含有致癌物质苏丹红。部分农户用添加了工业染料苏丹红的饲料喂养鸭子，导致蛋黄内含有苏丹红 0.041～7.18mg/kg。苏丹红属于人工合成的偶氮类、油溶性的化工染色剂，是一种非生物着色剂，在标准状态下，其溶解度小于 0.01g，一般不溶于水而易溶于有机溶剂，其被广泛应用在化学、生物等领域，用于汽油、鞋油的增色和地板等的增光等方面的工业产品，还可以用于烟花爆竹的着色，苏丹红Ⅰ～Ⅳ的结构式如图 6-1 所示。经毒理学研究表明，苏丹红具有突变性和致癌性，国际癌症研究机构（IARC）将苏丹红归为第三类致癌物质。因此欧盟多数国家和我国不允许将苏丹红用于食品加工。

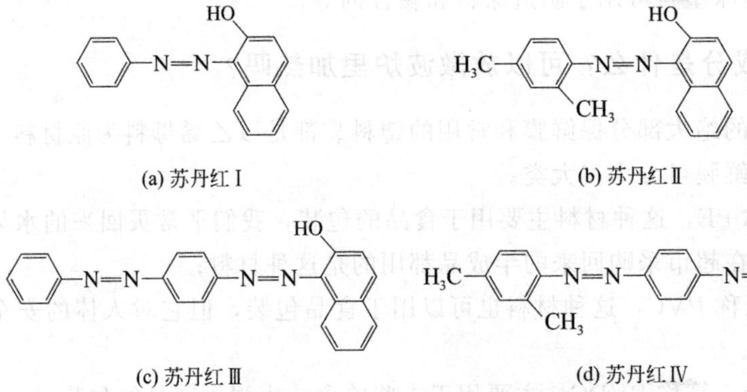

图 6-1 苏丹红Ⅰ～Ⅳ的结构式

16. 柠檬中有柠檬酸，对人体有害吗？

答： 柠檬酸是一种重要的有机酸，柠檬酸具有防止和消除皮肤色素沉着的作用，柠檬也能祛痰，且祛痰功效比橙和柑还要强，因此适宜量的柠檬酸对人体是无害的，但它可以促进体内钙的排泄和沉积，如长期食用含柠檬酸的食品，有可能导致低钙血症，并且会增加患十二指肠癌的概率。儿童表现有神经系统不稳定、易兴奋、自主神经紊乱；大人则为手足抽搐、肌肉痉挛，感觉异常，瘙痒及消化道症状等。

17. 食品中 *N*-亚硝基化合物有哪些来源？

答： 1）水果蔬菜　蔬菜水果中含有的硝酸盐来自土壤和肥料。储存过久的新鲜蔬菜、腐烂蔬菜及放置过久的煮熟蔬菜中的硝酸盐在硝酸盐还原菌的作用下转化为亚硝酸盐。食用蔬菜（特别是叶菜）过多时，大量硝酸盐进入肠道，若肠道消化功能欠佳，则肠道内的细菌可将硝酸盐还原为亚硝酸盐。

2）畜禽肉类及水产品　这类产品中含有丰富的蛋白质，在烘烤、腌制、油炸等加工过程中蛋白质会分解产生胺类，腐败的肉制品会产生大量的胺类化合物。

3）乳制品　乳制品中含有枯草杆菌，可使硝酸盐还原为亚硝酸盐。

4）腌制品　刚腌不久的蔬菜（暴腌菜）含有大量亚硝酸盐，一般于腌后 20d 消失。腌制肉制品时加入一定量的硝酸盐和亚硝酸盐，以使肉制品具有良好的风味和色泽，且具有一定的防腐作用。

5）啤酒　传统工艺生产的啤酒含有 *N*-亚硝基化合物，改进工艺后已检测不出啤酒中含有亚硝基化合物。

6）反复煮沸的水　这种水因煮得过久，水中不挥发性物质，如钙、镁等重金属成分和亚硝酸盐含量升高，一般不能食用。有些地区饮用水中含有较多的硝酸盐，当用该水煮粥或食物，再在不洁的锅内放置过夜后，则硝酸盐在细菌作用下还原为亚硝酸盐。

18. 亚硝酸是如何导致 *N*-亚硝基化合物形成的？

答：过量地食用亚硝酸盐，会让血液中的低铁血红蛋白氧化成高铁血红蛋白，失去运输氧的能力而引起组织缺氧性损害，甚至会致癌。

N-亚硝基化合物是指一个亚硝基与一个仲氨基的氮原子相互键合的化合物，它包括亚硝胺和亚硝酰胺，泛称为亚硝胺。毒香肠中的亚硝胺是由亚硝酸盐与仲胺、叔胺和（亚）酰胺在 pH＝3 以下的适宜条件下合成的。

$$R_1R_2NH + HO{-}NO \longrightarrow R_1R_2N{-}NO + H_2O$$

亚硝胺

$$R_1{-}C(=O){-}NH(R_2) + HO{-}NO \longrightarrow R_1{-}C(=O){-}N(R_2){-}NO + H_2O$$

亚硝酰胺(R_2=H,R)

19. 蔬菜中为何含有硝酸盐？在咸腌制过程中是如何变为亚硝酸盐的？

答：高等植物在生长过程中要利用土壤中的氮肥合成自身生长必需的蛋白质。有机肥料和无机肥料中的氨态氮，在土壤中的硝酸盐生成菌的作用下转变成硝酸盐，植物吸收硝酸盐后，在自身一系列酶的作用下，重新转变成氨态氮，氨态氮与光合作用产生的糖类物质作用，生成氨基酸和核酸，进而高分子化构成植物体。具体过程如下：

$$NH_3(\text{肥料中}) \xrightarrow[\text{生成菌}]{\text{硝酸盐}} HNO_3 \xrightarrow[\text{还原酶}]{\text{硝酸盐}} HNO_2 \xrightarrow[\text{还原酶}]{\text{亚硝酸}} HNO \xrightarrow[\text{还原酶}]{\text{次亚硝酸}}$$

$$NH_2OH \xrightarrow[\text{还原酶}]{\text{羟胺}} NH_3 \longrightarrow \text{合成} \begin{cases} \text{氨基酸} \\ \text{核酸} \end{cases} \xrightarrow{\text{高级化}} \text{植物体}$$

（NH_3 与合成之间：光合作用产生的糖）

新鲜蔬菜在腌制时，所含的维生素 C 几乎会“全军覆灭”，因而腌咸菜的营养价值远比鲜菜要低。咸菜中含有各种会对人体产生危害的成分，其中含有较多亚硝酸盐，其进入人体后会生成致癌物亚硝胺。咸菜属于高盐食品，多吃易引起心脑血管疾病和骨质疏松。人体内硝酸盐在微生物的作用下也可还原为亚硝酸盐，亚硝酸盐为强致癌物亚硝胺的前体物质。

20. 泡菜发酵过程中亚硝酸盐如何变化？

答：对于泡菜发酵过程一般认为亚硝酸盐含量的变化规律为：开始时亚硝酸盐含量较低，但由于发酵初期有害杂菌（如肠杆菌科细菌和真菌等）的硝酸盐还原作用，蔬菜中大量硝酸盐被还原成亚硝酸盐，使亚硝酸盐含量急剧增加，达到最高值；然后由于乳酸菌代谢产生的乳酸及乳酸菌自身的酶系统，使相当一部分亚硝酸盐被降解，且乳酸菌的生长也抑制了杂菌的生长，削弱了其还原硝酸盐的能力，亚硝酸盐含量降低；发酵后期，亚硝酸盐含量降至最低点。从整体上看蔬菜发酵过程亚硝酸盐含量变化会出现一个亚硝峰，这一亚硝峰是不可消除的。

21. 如何控制人体内 *N*-亚硝基的合成？

答：胃是人体内合成亚硝基化合物的主要场所，当胃部患有炎症时，胃酸下降，胃内细菌繁殖，细菌可促进 *N*-亚硝基化合物的合成。这些化合物可能是慢性胃炎、萎缩性胃炎患者容易发生癌变的重要原因。唾液中也含有少量亚硝基化合物。膀胱和尿道也会合成一定量的亚硝基化合物。人体内 *N*-亚硝基的合成要通过体内阻断和体外阻断两个方面控制。

1）体内阻断　防止 *N*-亚硝基化合物在体内合成。我国学者发现大蒜可抑制胃内的硝酸盐还原菌，降低胃内的亚硝酸盐含量、茶叶，猕猴桃可以阻断亚硝胺的合成。维生素 C、维生素 A、维生素 E 以及酚类等抗氧化剂可以阻断 *N*-亚硝基化合物与体内成分发生作用。

2）体外阻断

① 加强监管。我国规定，亚硝酸钠可用于肉类罐头和肉制品的最大用量为 0.15g/kg，残留量以 $NaNO_2$ 计，肉类罐头不得超过 50mg/kg，肉制品不得超过 30mg/kg。硝酸钠在肉制品中的最大用量为 0.5g/kg，残留量控制同亚硝酸钠。

② 增加维生素 C 等能抑制亚硝基化过程的物质。1kg 菜中加入 400mg 的维生素 C，可以大大减少亚硝酸盐的产生。这样做还能防止酸菜发霉、长白毛。有一点需要提醒，腌制时，用凉开水将维生素 C 溶解，切忌用热水，以免破坏维生素 C，影响腌制效果。在食品加工或烹调过程中加入维生素 C 或多食含维生素 C 的食物对抑制亚硝基化有着重要作用。摄入新鲜水果和青菜，可降低食管、胃和其他几个器官的患癌风险。蔬菜所含的酶能分解亚硝胺，故能消除其致癌性。

③ 防止食品霉变和微生物污染。由于某些细菌或霉菌等微生物可还原硝酸盐为亚硝基盐，而且许多微生物可分解蛋白质，生成胺类化合物，或有酶促亚硝基化合作用，因此要保持食品的新鲜程度，防止微生物污染变质和腐败等。

④ 合理使用氮肥，控制矿物氮在土壤中的积累。农业生产过程中施用钼肥可降低硝酸盐。

22. 为什么吃烧烤时要少喝酒？为什么不宜在饮酒的同时又抽烟？

答：在烧烤过程中，不仅食物中蛋白质的利用率降低了，同时还会产生致癌物质苯并芘。而且，肉类中的核酸经过加热分解产生的基因突变物质，也可能导致癌症的发生。

当饮酒过多而使血铅含量增高时，烧烤食物中的上述物质与其结合，容易诱发消化道肿瘤。此外，夏天由于酒的饮用量大，诱发这种疾病的概率往往更高。这是因为酒精是一种有机溶剂，它能使消化道血管扩张，并溶解消化道黏膜表面的黏液蛋白，使致癌物质极易被人体吸收。另外，酒精能降低肝脏的解毒功能，促使致癌物发生作用。

烟草燃烧时释放的烟雾中含有3800多种已知的化学物质，其中包括CO、尼古丁等生物碱、胺类、腈类、醚类、酚类、烷烃、醛类、氮氧化物，多环芳烃、杂环族化合物、羟基化合物、重金属元素、有机农药等有害物质。分布在吸烟的焦油和气相烟雾中的大量自由基，可直接或间接攻击细胞成分，可能是引起各种疾病的重要原因。

吸烟时上述有害物质被吸入口腔、鼻、咽喉、气管及肺内，以焦油形式沉积在器官表面，而酒是良好的有机溶剂，可以将沉积的焦油充分溶解，有利于其穿过黏膜，扩散到体内而增强烟的毒害。此外，烟草毒还能使肝脏无法及时对酒精进行分解代谢，而加重酒精中毒。所以，有抽烟习惯的人不宜在饮酒的同时又抽烟。

23. 为什么养鱼的时候不能添加孔雀石绿？鱼本身会不会含有孔雀石绿？

答：养鱼时添加孔雀石绿是因为在水产品的养殖过程中，用它来预防鱼的水霉病、鳃霉病、小瓜虫病等；在运输过程中，为了使鳞受损的鱼延长生命，鱼贩也常使用孔雀石绿，而且其价格又低。

孔雀石绿是人工合成的有毒的三苯甲烷类化学物，既是染料，也是杀真菌、杀细菌、杀寄生虫的药物，长期超量使用可致癌。我国于2002年5月将孔雀石绿列入《食品动物禁用的兽药及其化合物清单》中，禁止用于所有食品动物。

研究发现进入水生动物体内后，会快速代谢成脂溶性的无色孔雀石绿，使鱼体内也含有孔雀石绿。孔雀石绿在养殖业中的使用未得到美国食品与药物管理局（FDA）的认可；根据欧盟法案2002/675/EC的规定，动物源性食品中孔雀石绿和无色孔雀石绿残留总量限制为2μg/kg；日本也明确规定在进口水产品中不得检出孔雀石绿残留；我国在农业行业标准《无公害食品鱼药使用准则》（NY 5071—2002）中也将孔雀石绿列为禁用药物。由于没有低廉有效的替代品，孔雀石绿在水产养殖中的使用屡禁不止。

24. 什么是地沟油？

答：地沟油可分为三类。一类是指从下水道油腻的漂浮物或宾馆、酒楼的剩饭、剩菜（俗称泔水）中加工提炼出来的油，这类地沟油中混有大量的污水、清洗剂、垃圾，其中的细菌、病菌及有害化学物质非常多；另一类是劣质的猪肉、猪内脏、猪皮加工提炼出来的油，在露天提炼的过程中动植物油经污染后发生酸败、氧化和分解等一系列化学变化，产生对人体有重毒性的物质，砷（As）就是其中的一种；第三类是多次用于油炸食品后的油，使用的次数超过规定后仍被重复使用，或者往其中添加一些新的油以后再度使用，这类油危害更大。更重要的是，地沟油中还有两种无法去除干净的剧毒致癌物质：黄曲霉素和苯并芘。其中，黄曲霉毒素是一类化学物，均为二氢呋喃香豆素的衍生物，对人类有很大的危害。已分离鉴定出12种，包括B1、B2、G1、G2、M1、M2、P1、Q、H1、GM、B2a和毒醇。黄曲霉素的基本结构为二呋喃环和香豆素，二呋喃环为基本毒性结构，香豆素与致癌有关。其中，黄曲霉素B1是在地沟油提炼前滋生的黄曲霉寄生曲霉产生的，被WHO的癌症研究机构划定为Ⅰ类致癌物，毒性最大。

25. 地沟油对人体健康的危害有哪些?

答: 地沟油除加工过程极不规范，不卫生之外，其中各项卫生指标均严重超过标准中的限量要求，长期食用这些不合格的油脂产品会对人体健康造成严重的危害。

1）酸价和过氧化值超标　长期食用会造成必需脂肪酸缺乏而引起中毒现象及脂溶性维生素和核黄素缺乏现象，并且诱发癌症、动脉粥样硬化、细胞的衰老等疾病。

2）溶剂残留量超标　对人体的中枢神经有较强的刺激和麻痹作用，其中的一些成分（如甲苯等）对白血病有促发作用。

3）重金属污染物严重超标　长期摄入这些人体不需要的元素，将导致人体中重金属残留过量，引起头痛、头晕、失眠、多梦、乏力、消化不良、消瘦、肝区不适、腹绞痛、贫血等症状，严重的会导致铅中毒、砷中毒、汞中毒、中毒性肝病、中毒性肾病、多发性周围神经病等，甚至可能引发铅毒性脑病。

4）黄曲霉素 B1 超标　其危害性在于对人及动物肝脏组织有破坏作用，长期低剂量摄入黄曲霉素可导致胃腺、肾、乳腺、卵巢、小肠等部位的肿瘤，还有可能引发肝癌甚至死亡。

5）苯并芘超标　会对人的眼睛、皮肤产生刺激，并具有诱变作用、强致癌作用、畸胎形成作用，长期摄入会引起胃癌、皮肤癌、肺癌等疾病。这类物质在人体内的潜伏期可达10～15 年，属于 1 级危险毒物。

26. 饱和脂肪酸的危害是什么? 不饱和脂肪酸转化为饱和脂肪酸的温度是多少?

答: 饱和脂肪酸摄入过多，是导致胆固醇高的主要原因，也会引起身体发胖、动脉硬化及血脂升高、血栓疾病等。食用油在加热超过150℃时，油脂中的成分会开始慢慢转化，以及食用油反复使用过程中的加热也会增加不饱和脂肪酸向饱和脂肪酸的转化。

27. 顺式脂肪酸和反式脂肪酸有何区别?

答: 1）结构不同

顺式脂肪酸，即在不饱和键（烯键）两端的碳元素上连接的两个氢均在双键的同一侧。这样不饱和脂肪酸分子在不饱和键处自然弯曲。

反式脂肪酸，不饱和键两端的碳元素上连接的两个氢在双键的对侧。这样不饱和脂肪酸分子在不饱和键处呈直线。

2）性能作用不同　顺式脂肪酸多为液态，熔点低，而反式脂肪酸多为固态或半固态，熔点高。在氢化过程中，顺式脂肪酸转化为反式脂肪酸，反式脂肪酸会对机体不饱和脂肪酸的代谢产生干扰，对血脂和脂蛋白产生影响及对胎儿生长发育有抑制作用。

28. 熏烤肉制品中苯并 [*a*] 芘是如何产生的?

答: 在烧烤肉制品制作过程中，烟熏食品中苯并 [*a*] 芘的来源除煤烟污染因素外，最主要的是在高温条件下烧烤肉材的不完全燃烧产生的。食品被加热一段时间后，其中的油脂等有机物，在高温下燃烧的一系列反应产生苯并 [*a*] 芘，熏烟生成（热解）过程中苯并 [*a*] 芘的合成步骤如图 6-2 所示。

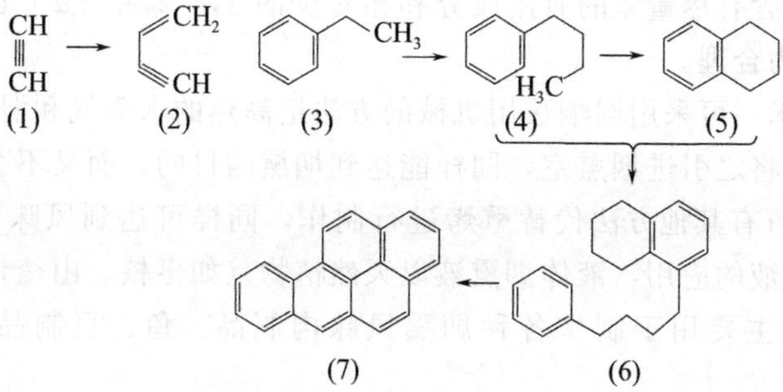

图 6-2 熏烟生成（热解）过程中苯并［a］芘的合成步骤

从图 6-2 可知，其中的有机物在高温缺氧的条件下裂解生成乙炔（1），再由乙炔聚合生成乙烯基乙炔或者 1,3-丁二烯（2），再环化生成已基苯（3），并进一步结合成丁基苯（4）和四氢化萘（5），最后经过丁基苯和四氢化萘结合生成中间产物（6），并最终生成苯并［a］芘（7）。实验证明：图中参与反应的任意中间产物均可在 700℃下裂化生成苯并［a］芘。生成量随熏烤温度的升高而增加，在 400℃以上，苯并［a］芘的生成量呈直线增长。

29. 苯并［a］芘对人体有哪些危害？

答：苯并［a］芘对人体的危害极大，熏烤燃材、熏烤调剂和熏烤肉制品中的苯并［a］芘通过接触进食等途径可对人体产生不同的毒性。

1）高致癌性　苯并［a］芘是 400 多种主要致癌物中的一种强致癌物，它不仅是多环芳烃类中毒性最大的一种（其毒性超过黄曲霉毒素），而且占全部环境中致癌多环芳烃类化合物的 20%。流行病学调查和动物实验证明，多环芳香烃，特别是 3,4-苯并［a］芘与动物和人类的肺癌有一定关系。接触煤烟多的工人，接触多环芳香烃也多，肺癌发病率显著高于正常人群。

2）致畸性和致突变性　有实验证明，苯并［a］芘对兔、鸭、猴等多种哺乳动物均能引起胃癌，并可经胎盘使子代发生肿瘤，造成胚胎死亡或畸形及仔鼠免疫功能下降。另外，苯并［a］芘在细菌突变、细菌 DNA 修复、姐妹染色单体交换、染色体畸变、哺乳类细胞培养及哺乳类动物精子畸变等实验中均呈阳性反应。

3）潜伏性　苯并［a］芘如果在食品中有残留，当人们食用后，即进入人体，但在进入人体之后，很少有人发病，出现症状，而是潜伏在人体中一段时期后，或者是待其量积累到一定程度后，即发病，可能会出现局部的染色体变异、组织癌变、致畸、致残等症状。

30. 如何控制熏烤肉制品中苯并［a］芘的产生？

答：1）熏烟净化　将用于熏制的烟进行净化处理，根据苯并［a］芘的溶解性（不溶于水，微溶于乙醇、甲醇，溶于苯、甲苯、二甲苯、氯仿、乙醚、丙酮等）、熔沸点等理化性质用静电沉淀法加以去除，或以冷却方法使其冷凝滤除。

2）严格控制熏烤温度　研究表明，熏烤制品中苯并［a］芘的含量与其熏烤温度有很大关系：温度低于 400℃时有极微量的 3,4-苯并［a］芘产生。但熏烟中的有用成分如酚类、羰基化合物和有机酸等的生成与烟熏温度有关。温度在 380℃时，酚类、羰基化合物和有机酸等的生成量是较少的，而在 600℃时各种有用成分的含量达到最高，超过 600℃时又渐渐减少。为了使熏烟中含有尽量多的有用成分和相对少的3,4-苯并［*a*］芘，一般使用400～600℃的生烟温度较为合理。

3）改进熏烤技术　可采用湿烟法用机械的方法把高热的水蒸气和混合物强行通过木屑，使木屑产生烟雾，并将之引进烟熏室，同样能达到烟熏的目的，而又不会产生污染制品的苯并［*a*］芘。此外，可有其他方法代替熏烤进行制作，同样可达到风味独特的品质。例如，很有发展前景的烟熏液的应用，液体烟熏液以天然植物（如枣核、山楂核等）为原料，经干馏、提纯精制而成，主要用于制作各种烟熏风味肉制品、鱼、豆制品、酱油、醋及调味料等。

4）熏烟隔离　由于苯并［*a*］芘是以吸附在大气、水中等隔离物质上为主要存在形式的，那么做好熏制器具，特别是熏烟与熏烤肉材之间的隔离，是保证熏烧烤肉制品中苯并［*a*］芘残留含量减少的关键步骤。

5）包装隔离　现在的包装材料是五花八门，慎重地选取熏烤肉制品的包装材料很有必要，因为这决定了会不会造成苯并［*a*］芘的二次污染。虽然在针对防控隔离苯并［*a*］芘的食材包装材料这一方面的研究还很少，但消费者要把好这一关，不选用不卫生劣质的包装材料，尽量选用有卫生保证的包装材料。

31. 如何降低吃烧烤食物的危害？

答：食物烧烤的烹饪方式都会产生一定量的多环芳烃（PAHs），也会产生丙烯酰胺、*N*-亚硝基化合物、油脂聚合物等，都对人体健康产生威胁。但也不能谈之色变，味美可口的烧烤食物可以吃，但一定要少量吃，需要科学选择烧烤种类，减少热量和脂肪摄入；烤肉刷蒜汁和番茄酱可减少致癌物；多吃些凉性食物和生蔬菜，可以去火并促进致癌物排出；吃烤肉时慎喝饮料和啤酒。

32. 为什么膨化食品中会含铅？食用后是怎么危害人体的？

答：通常膨化食品的含铅量比较高，这是因为食品在加工过程中是通过金属管道的，而金属管道里面通常会有铅和锡的合金，在高温的情况下，这些铅就会气化，气化了以后的铅就会污染这些膨化食品，膨化食物中的铅毒积聚在人体内难以排出。另外，很多膨化食品中添加膨松剂（如明矾）含铝，人体摄入铝后仅有10%～15%能排泄到体外，大部分会在体内蓄积，长期摄入主要会损害大脑功能，严重者可能发生痴呆。故膨化食物还是少吃为妙。

33. 什么是“瘦肉精”？

答：“瘦肉精”类药物属于肾上腺类神经兴奋剂，既可在临床上用于治疗支气管疾病，也可作为促生长剂用于动物饲养业。瘦肉精的化学名称为羟甲叔丁肾上腺素，为白色或类白色的结晶性粉末，无臭，味苦；易溶于乙醇、甲醇、水。其化学性质稳定，加热到172℃时才会慢慢分解，一般加热方法不能破坏它。作为促进生猪生长的饲料添加剂，能使生猪保持兴奋状态，促进瘦肉生长、控制肥肉生长。在我国部分地区的饲料加工企业和专业养猪户中，受经济利益驱使，添加该种药物已经成为其获利的主要途径之一。

34. “瘦肉精”有哪些危害？

答：猪摄取瘦肉精后，在其被毛和眼睛中残留量最多。其次是骨髓、肝脏、肺脏和肾脏中，面部和头部肌肉中瘦肉精的残留量非常少。如果瘦肉精使用过多或者同时使用糖皮质激素，能够发生低血钾症，引起心律失常。如果多次用药，还容易引起低敏感症状，支气管扩张能力明显减弱。由于药物能够在猪的可食用组织中聚积残留，故长时间食用含瘦肉精的猪肉食品，会造成染色体畸变，并能够诱使发生恶性肿瘤。农业部1025号公告-18-2008明确规定：猪肉中不得检出β兴奋剂，如沙丁胺醇、克伦特罗、莱克多巴胺、特布他林、西马特罗、氯丙那林、喷布特罗、非诺特罗等。

由于瘦肉精所带来的利益诱惑，虽然国家明令禁止在畜禽饲料中添加，也构建了瘦肉精等违禁药物长效管理机制，可是，目前仍旧未完全杜绝。瘦肉精残留的检测工作依然任重而道远。

35. “瘦肉精”中毒后应采取什么应急措施？

答：实际上瘦肉精通过尿检的方式来检测，所以瘦肉精是可以通过尿液排出的，瘦肉精在人体内很难发生分解，故发生瘦肉精中毒后，应当进行洗胃、输液，促使毒物排出；在心电图监测及电解质测定下，使用保护心脏的药物，如6-二磷酸果糖（FDP）等药物，加速瘦肉精从人体内排出。

36. 水产品中甲醛有哪些来源？

答：水产品中甲醛的来源比较复杂，主要包括以下几个方面。

1）人为添加　近年来，一些不法商贩和生产厂家为追求产品的感官性状和延长保鲜时间，改变产品的口感，利用甲醛的某些特性，如防腐、延长保质期，增加水性、韧性等，而向水产品特别是水发水产品中添加甲醛。用甲醛浸泡水产品可使产品外观漂亮，产品不易腐败变质，固定海鲜、河鲜形态，保持鱼类色泽等，增加其韧性和脆感，同时也增加了水产品的毒性，降低了其营养价值。

2）水产品自然产生　在储藏过程（包括冷藏和冷冻）中，水产品在酶（特别是氧化三甲胺酶）和微生物的作用下可自身产生甲醛。

3）生产加工过程中受到包装容器等的污染　甲醛是合成嘧胺树脂、脲醛树脂、涂料及黏合剂等的重要原料，用其树脂制作的水产品包装材料、容器等长期与水产品接触或受盐浸腐蚀、加热、老化等因素的影响，有可能溶出甲醛，造成水产品的污染。

4）水的污染　目前，生活饮用水所使用的输配水设备及防护材料等多含有甲醛成分，长期与水接触，也可能有微量的甲醛溶出，带来水的污染；另外，因甲醛的用途十分广泛，所以水的污染不可忽视。据报道，曾从饮用水中检出0.05mg/L甲醛。

5）甲醛作为渔药　甲醛可与蛋白质作用，与细胞质的氨基部分结合，使其烷基化而呈现杀菌作用，对寄生虫、藻类、真菌、细菌、芽孢和病毒均有杀灭效果，特别是对车轮虫病、小瓜虫病等原生动物引起的鱼病有很好的效果，因此甲醛用于鱼类和甲壳类等疾病防治，可在水产品中有一定的残留。

6）甲醛作为消毒剂　用于设施、工具消毒（1%的福尔马林），作为环境改良剂和消毒剂（3%～4%的福尔马林）或与其他药物配合作为立体空间熏蒸消毒可造成在水产品中一定量的残留。

水产品中的甲醛存在方式可分为三类：一是以游离状态存在，即在室温下用三氯乙酸（10%）或高氯酸（6%）即可提取得到；二是只有通过在硫酸（1%～40%）介质下采用水蒸气蒸馏法才可得到的可逆结合甲醛；三是不能通过上述方法提取得到的不可逆结合的甲醛。这三种状态以游离态甲醛对人体造成的危害最大。

37. 水产品加甲醛的原因及危害是什么？

答：甲醛是一种有毒化学物质，甲醛的 30%～40%水溶液称为福尔马林，用于浸泡制作动物尸体的标本。因甲醛有定型、防腐作用，一些不法商贩为了使水发食品，特别是让水产品不腐烂变质，又能保持好的感观，在用火碱水溶液浸泡海参、鱿鱼等水产品时，加一些福尔马林液。水产品中的甲醛，清洗、烹调也无法根除。

甲醛的危害如下。

1）刺激作用　低浓度的甲醛对眼、鼻和呼吸道有刺激作用，主要症状为流泪、打喷嚏、咳嗽、结膜炎、咽喉和支气管痉挛等。此外，可导致皮肤过敏，出现急性皮炎，表现为粟粒至米粒大小红丘疹，周围皮肤潮红或轻度水肿。

2）毒性作用　甲醛是有毒物质，按其毒性分级，甲醛属于中等毒性物质。大量研究表明，成人内服福尔马林 10～20mL 就会急性中毒致死，工业用的福尔马林液中含有甲醛，能导致失明，福尔马林散发出强烈的刺激气味，对眼睛、呼吸道、皮肤有刺激作用。尽管掺入福尔马林液的水浸泡的水产品中所含甲醛的浓度不高，一般不会急性中毒，但是长期食用这些水产品，会对人体造成较大的潜在危害，产生慢性中毒，造成肝、肾损害，诱发肝炎、肾炎和酸中毒。

38. 为何容易产生镉大米？

答：植物对镉的耐性分为三类，水稻的耐性只是中等。水稻之所以容易吸收镉，其生长环境以及镉在土壤中的化学变化过程起着关键的作用。土壤中的镉主要吸附在黏粒的部分，在稻田耕作过程中，由于翻耕，黏粒部分容易沉淀在土壤的表面，导致表面 1～3cm 的镉含量很高。在污染区，存在大气沉降的镉沉降，同时灌水也会带入镉，镉也将沉积在稻田土壤表面。水稻是须根系作物，大部分的根系在表层 5cm 以内。镉的含量与根系的重叠布局为水稻吸收更多镉创造了条件。虽然在淹水条件下，水稻根系表面会形成铁膜，有助于阻止根系对镉的吸收。但水稻是喜铵作物，根系吸收铵态氮会让根系表面酸化，从而有助于对镉的吸收。

有科学家利用同位素标记发现稻米中的镉有 70%左右是水稻生殖时期根系吸收进入的，其他部分来自茎叶中积累的镉。这是因为在淹水条件下，镉与还原条件下形成的负二价的硫离子形成非常难溶且非常难被根系吸收的硫化镉。但在水稻后期为了收割方便，农户有意排干田面的水，硫化镉就被渗入土壤表层的氧气氧化成镉离子和硫酸根离子，镉就容易被根系所吸收，这个化学过程通常在水分排干内 4d 就可以完成。所以根系和镉的表层分布再加上缺水的情况下，造成水稻镉的大量吸收。

39. 镉大米如何“消除”？

答：镉的种种特性使土壤容易遭受广域性的污染，且一旦污染则镉容易进入大米中。因此必须加强源头控制，包括大气污染和工业废水排放的控制、采用含镉低的磷肥，合理适量使用畜禽粪便等，降低甚至消除外源镉对稻田土壤的污染，这是消除外源污染造成镉大米的关键。

土壤酸化是造成稻米镉超标的一大原因。我国人多地少，土壤复种指数高，施肥量大，造成土壤酸化，再加上来自大气的酸雨，含硫矿区的酸性矿水，导致土壤特别是酸雨区和含硫矿区周边的土壤酸性现象严重。因此通过石灰等碱性物质改良土壤是消除镉大米的一个重要措施。

40. 米粉中添加“吊白块”的影响和危害是什么?

答:“吊白块”又称雕白块、雕白粉，是甲醛（福尔马林）与次硫酸氢钠反应制得，其化学名称为甲醛合次硫酸氢钠，呈白色块状或结晶性粉状，易溶于水。

$$HCHO+NaHSO_2 \rightleftharpoons HO-CH_2-SO_2Na$$

“吊白块”主要用于印染工业作为漂白剂、还原剂等，生产靛蓝染料、还原染料等；还用于合成橡胶，制糖以及乙烯化合物的聚合反应。常温下较稳定，在60℃以上的水溶液中可分解出甲醛、二氧化硫、硫化氢等有害物质。它是一种强致癌物质，食用后会损害机体的某些酶系统，对肺、肝脏和肾脏损害极大，也可导致癌变和畸形病变。

为了使米粉更白更有韧性，一些不法商贩在米粉里添加“吊白块”，“吊白块”具有漂白作用，可分解产生甲醛，对人体的危害极大，可使人致癌。掺“吊白块”可使米粉色泽白净，具有很强的弹性和韧性，不易煮成糊状，同时还能防腐。人体摄入纯“吊白块”10g就会中毒致死。还有部分食品生产单位为了改善产品的外观和口感，在豆腐、馒头或腐竹等食品中直接、大量地添加“吊白块”，使食品组织则因蛋白质变性而呈均匀交错的“凝胶”结构，从而变白、变韧、爽滑且不易煮烂。

41. “吊白块”分解出的SO_2、H_2S是如何危害人体健康的?

答:SO_2随颗粒物进入呼吸道后，因易溶于水大部分被阻滞在上呼吸道，在湿润的黏膜上生成具有腐蚀性的亚硫酸、硫酸和硫酸盐，刺激作用强；SO_2可被吸收进入血液，对全身产生毒副作用，它能破坏酶的活力，从而明显地影响碳水化合物及蛋白质的代谢，对肝脏有一定的损害。

H_2S能直接妨碍机体对氧的摄取和运输，从而造成细胞内呼吸酶失去活力，造成细胞缺氧窒息死亡，H_2S的毒性很强，人体绝对致死浓度为$1000mg/m^3$。

42. 保险粉真的“保险”吗?

答:豆芽未加保险粉前放不到半天会打蔫、颜色变黄、无光泽，其外观会影响销售。一些违法生产豆芽的经营者，用工业级保险粉水溶液浸泡豆芽进行所谓“美容”，“美容”后的豆芽粗壮、白净，在市场上风吹日晒不易变坏，热天可存放2d，天凉时可存放1周。

保险粉是连二亚硫酸钠与甲醛的加成化合物，其反应式如下：

$$Na_2S_2O_4+2HCHO+4H_2O \longrightarrow NaHSO_2\cdot HCHO\cdot 2H_2O+NaHSO_3\cdot HCHO\cdot H_2O$$

保险粉的水溶液性质不稳定，具有遇水分解出二氧化硫的性质。长期食用含有连二亚硫酸钠的食品，会影响人的视力、肝脏、肠胃。更为严重的是，如人体更多摄入，会对胃肠道、肝脏造成伤害，甚至引起剧烈腹泻，引起头疼和支气管病变等多方面疾病，甚至会导致人体内产生一种强致癌性物质——亚硝胺。根据《食品添加剂使用标准》(GB 2760—2014)(2014年5月24日正式实施)，无论是食品级还是工业级保险粉都不能用在新鲜蔬菜上。

43. 保险粉起漂白作用的机理是什么？

答：保险粉漂白时起主要作用的是连二亚硫酸钠，它有极强的还原性，可将食品中的发色基团还原（或双键断裂）。连二亚硫酸钠无论在碱性还是在酸性溶液中，甚至遇水均可发生分解反应，产生还原性较强的亚硫酸盐，因此具有漂白作用。如在碱性介质中，连二亚硫酸钠可发生反应为：

$$Na_2S_2O_4 + 2NaOH \longrightarrow 2Na_2SO_3 + H_2$$

产生的单质氢可与色素中的双键发生加成作用而起到漂白的效果。

44. 硫黄增白剂与保险粉增白剂的作用机理有什么区别？

答：硫黄用作漂白剂的原理是：一般采用熏硫法，会产生二氧化硫；二氧化硫具有一定的氧化、还原作用，会使物品中的有色物质被还原。

保险粉用作漂白剂主要是其中的连二亚硫酸钠具有极强的还原性，可将食品中的发色基团还原，进而脱色。

45. 什么是“洗虾粉”？

答：一些不法的小贩，为了让龙虾看上去颜色鲜亮，有一个好的卖相，会用这种洗虾粉来清洗龙虾。“洗虾粉”并不像部分商户所说的是一种食用碱，其主要成分是草酸、柠檬酸和焦亚硫酸盐。

草酸，又名乙二酸，常温下为无色透明结晶体或白色粉末，无特殊气味，溶于乙醇和水，主要用于工业上的还原剂和漂白剂；呈酸性，对皮肤、黏膜有刺激及腐蚀作用；与钙离子结合，形成草酸钙，影响钙的吸收，过量造成结石。

$$Ca^{2+} + H_2C_2O_4 = 2H^+ + CaC_2O_4 \downarrow$$

柠檬酸通过螯合血液中的钙离子而发挥抗凝作用，过量食用会造成低钙血症。

焦亚硫酸钠（$Na_2S_2O_5$）是由两分子亚硫酸氢钠脱水而成，在水溶液中焦亚硫酸根离子可水解成亚硫酸氢根离子。

$$S_2O_5^{2-} \underset{-H_2O}{\overset{+H_2O}{\rightleftharpoons}} 2HSO_3^-$$

焦亚硫酸钠在洗虾粉中起还原、漂白作用；与酸反应生成 SO_2，对洗虾者的皮肤、黏膜有明显刺激作用，直接接触可引起灼伤，对吃虾者的肝脏、肾脏造成负担。

46. 低温保存可使马铃薯促生丙烯酰胺吗？

答：据研究，于低温（<8℃）贮存时，淀粉可转化为糖，导致还原糖含量显著增加，即“低温糖化”，促进丙烯酰胺的生成。当储存温度高于 8℃时，马铃薯更容易发芽，但可通过添加发芽抑制剂来缓解，因此需尽量将马铃薯在 8℃左右下贮存。而在冬天，有时无可避免低温贮存，研究发现，若将其在 15℃下继续贮存 3 周，便可使一部分还原糖发生可逆转变，含量降低。

47. 用“神农丹”种植生姜有什么危害？

答：农户种植生姜因为长期连作导致地下害虫猖獗，普通低毒化学农药防效不佳，像

“神农丹”这类的农药就成为种植户的首选。

“神农丹”是一种剧毒农药，它的主要成分是涕灭威，是一种氨基甲酸酯类杀虫剂，是目前商业化农药中毒性最高的品种，会导致有机磷中毒。50mg 就可致一个 50kg 的人死亡。涕灭威还有一个特点，就是能够被植物全身吸收。滥用神农丹还会造成生姜中农药残留超标；另外，农民种姜时使用神农丹，通过不断浇水灌溉，会使农药成分溶解到地下水而造成地下水污染，危害当地农民的健康。

48. 什么是“三鹿奶粉事件”的罪魁祸首？

答： 2008 年国家质检总局在国内多个乳制品厂家生产的婴幼儿奶粉中都检出三聚氰胺。三聚氰胺是中国奶粉事件的罪魁祸首，该事件亦重创中国制造商品信誉，多个国家禁止了中国乳制品进口。

三聚氰胺 $[C_3N_3(NH_2)_3]$，俗称密胺，是一种三嗪类含氮杂环有机化合物，被用作化工原料。制假者使用的常常是生产三聚氰胺过程中产生的废渣（含 70%三聚氰胺）。

根据国家标准，在测定食物中的蛋白质含量时采用的是凯氏定氮法，这种方法通过灼烧样品释放其中的氮元素，测出氮的含量，再换算成蛋白质含量（因为在正常情况下，食物的主要成分中只有蛋白质含有氮）。如果将三聚氰胺加到牛奶中，就会把三聚氰胺中的氮含量也换算成了蛋白质含量。三聚氰胺含有 66.6%的氮，是牛奶的 151 倍，是奶粉的 23 倍，若要使奶制品等食品中的蛋白质含量增加一个百分点，添加三聚氰胺的花费只有真实蛋白原料的 1/5。所以，制假者称三聚氰胺为“蛋白精”。

49. 为什么三聚氰胺会在体内形成结石？

答： 三聚氰胺与三聚氰酸的结构比较类似，并且二者在化工生产过程中常常同时存在。因此，如果在奶粉生产过程中直接加入化工原料三聚氰胺，事实上也同时掺入了混在三聚氰胺当中的三聚氰酸。

当三聚氰胺和三聚氰酸同时存在时，二者在分子结构上的氢氧基与氨基之间能够形成氢键，从而将二者连接起来。这种连接可以反复进行，最终形成一个网格结构，如图 6-3 所示。最为重要的是，这种结构是很难溶于水的。

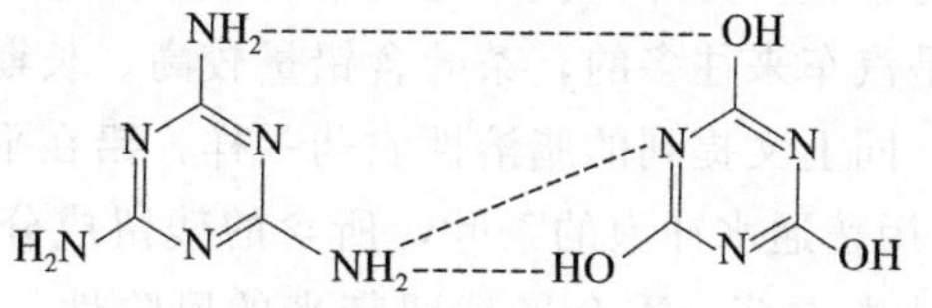

图 6-3 三聚氰胺和三聚氰酸形成的网格结构

当它被摄入人体后，由于胃液的酸性作用，三聚氰胺和三聚氰酸相互解离，从而破坏了这种复合物，三聚氰胺和三聚氰酸就分别被吸收入血液。由于人体无法转化这两种物质，最终被血液运送到肾脏，准备随尿液排出体外。然而，就在肾脏细胞中，两种物质又一次相遇，于是又进行了相互作用，以网格结构重新形成不溶于水的大分子复合物，并沉积下来，形成结石，结果造成肾小管的物理阻塞，导致尿液无法顺利排除，使肾脏积水，最终导致肾脏衰竭。

50. 长时间浸泡蔬菜不会使残留的农药进入蔬菜内吗？

答：有研究表明，结球叶菜类农药含量较少，叶菜类、果菜类、根菜类以及水果上残留的农药较多；瓜果蔬菜在浸泡30～40min时，浸泡液pH值最小。而50min后瓜果蔬菜中维生素等营养物质被浸泡出，影响浸泡液pH值的检测，同时在日常生活中蔬果浸泡时间过长会造成营养的流失，对人们生活无益；蔬菜类特别是叶菜类在温度60℃时，浸泡出的农药最多，但是温度高后蔬菜中的营养元素都被浸泡到水中，在实验过程中也可清晰地看到浸泡的水变成蔬菜的颜色，故蔬菜一类的作物在常温下或40℃以下的温水浸泡效果最好；而对于水果则可适当使用60℃以上的水烫洗；同时通过洗除实验的对比发现食盐水的洗除效果并不是很好，与纯水效果差别并不大，所以可以得出网上流传的用食盐水可以洗去瓜果蔬菜上的农药残留的说法似乎并不可信；甲醇几乎可以全部洗去农药残留，但是毒性大不宜使用；淘米水与口碱溶液偏碱性，相比之下口碱的洗除效果最好；果蔬清洗剂效果也不错。

51. 袋装的茶叶如何避免农药残留超标？

答：1）关于茶叶上有没有农药　答案是肯定有。为了除去害虫、除草等，茶农要喷洒农药，如莠去津、吡虫啉、哒螨灵、腐霉利、乐果、菊酯类、咪鲜胺等。但是众所周知，“有农药残留”和“残留量超标”的性质完全不同。农田里使用的农药都会经过毒理学试验、风险评估等方法，对各种农药规定一个足够安全的限量标准。农药量在限量标准之内的，理论上来讲都是足够安全的。另外，为了打压中国茶叶出口，国外尤其是欧盟把茶叶的残留限量规定得非常低，也在一定程度上增强了茶叶的安全性。

2）关于残留农药的风险　茶叶中的农药残留水平和茶水中的含量不是一回事。事实上，很多农药都是脂溶性的，吸附在茶叶的组织上，不易迁移到茶水中。目前在茶叶生产中推广使用的农药，多是水溶解度极低的农药品种。推广使用的农药进入茶汤中的含量一般只有1%左右。那么，按每人每天13g这个世界上平均最高的茶叶消费量来算，即使这些茶叶有一点农残超标，真正随茶汤喝下肚子的也微乎其微。所以，只喝茶水，不嚼茶叶，就大大降低了茶叶农药残留的风险性。

3）关于重金属残留　主要是铅的问题。铅大多是来自土壤中的矿物质。因化肥使土壤酸化，铅游离出来，被茶树吸收。另外，汽车尾气中含铅，随空气飘移，落到茶叶上。一些在风景区的产茶区，特别是汽车来往多的，茶叶含铅量较高。长期饮用铅含量超标的茶对人体健康有一定危害。但是，同上文提到的脂溶性农药一样，铅在平时冲泡时，是几乎不溶于茶汤中的，而且在2h内，用普通水冲泡的茶叶，所含的残留成分大部分都泡不出来。综上所述，为了尽可能降低茶叶中农药、重金属残留带来的风险性，建议：从正规渠道购买茶叶；只喝茶水，不嚼茶叶；不要长时间不换水。

参 考 文 献

[1] 冯雅丽，等. 镁法脱硫及脱硫产物多元化利用研究现状 [J]. 无机盐工业，2019，51 (3)：1-6.

[2] 王佩华，等. 持久性有机污染物的污染现状与控制对策 [J]. 应用化工，2010，39 (11)：1761-1765.

[3] 李良，梁秋霞，刘维，等. 间氨基苯磺酸的合成方法与工业生产过程 [J]. 精细化工中间体，2010，40 (3)：8-11.

[4] 胡志铖，郭瑾，黎思齐，等. 三维电极电解技术在废水处理中的应用现状 [J]. 当代化工研究，2020 (4)：1-5.

[5] 陈武，艾俊哲，李凡修，等. 电化学反应器-三维电极中粒子电极应用研究 [J]. 荆州师范学院学报，2002 (05)：76-78.

[6] 王志刚. 电化学法对养殖废水中污染物去除研究 [D]. 重庆：西南大学，2013.

[7] 李春立. 蒸发-过硫酸盐高级氧化法一体化技术处理高盐挥发性有机废水 [D]. 新乡：河南师范大学，2017.

[8] 钟璟，韩光鲁，陈群. 高盐有机废水处理技术研究新进展 [J]. 化工进展，2012 (4)：920-926.

[9] 徐志红，高云虎，王涛，等. 超临界水氧化技术处理难降解有机物的研究进展 [J]. 现代化工，2013，33 (6)：19-22.

[10] 徐吉成，徐滨滨，蒋艳，等. 超临界水氧化法处理废水中有机物的研究进展 [J]. 广州化工，2013，41 (09)：10-12.

[11] 黄浪欢，孙超，刘应亮. TiO_2 光催化剂失活与再生的研究 [J]. 功能材料，2006 (4)：594-596.

[12] 刘羊九，王云山，韩吉田，等. 膜蒸馏技术研究及应用进展 [J]. 化工进展，2018，37 (10)：3726-3736.

[13] 吴丹菁，潘璐璐，刘维平. MFC-MEC 生物电化学耦合系统回收钴 [J]. 中国有色金属学报，2019，29 (7)：1536-1542.

[14] 张芳. 不同水生植物对富营养化水体净化效果和机理的比较 [D]. 南京：南京理工大学，2016.

[15] 尚菊红，宋美芹. 基于 MBBR 工艺的污水处理厂生物脱氮除磷特征 [J]. 中国给水排水，2019，35 (15)：100-105.

[16] 韩畅，刘绍刚，仇雁翎，等. 饮用水消毒副产物分析及相关研究进展 [J]. 环境保护科学，2009，35 (1)：12-16.

[17] 陈贺林，李芸，储昭升，等. 超声波控藻技术现状及研究进展 [J]. 环境工程技术学报，2020，10 (1)：72-78.

[18] 康永，赵旭. 含汞废水处理方法及发展趋势 [J]. 聚氯乙烯，2019，47 (4)：1-8，13.

[19] 万志鹏. 含铬废水处理技术研究进展 [J]. 山东化工，2019，48 (12)：58-59.

[20] 申立贤. 高浓度有机废水厌氧处理技术 [M]. 北京：中国环境科学出版社，1991.

[21] 徐文炘，李蘅，张生炎，等. 高浓度有机废水化学和物理法处理技术综述 [J]. 矿产与地质，2002 (6)：369-371.

[22] 胡纪萃. 废水厌氧生物处理理论与技术 [M]. 北京：中国建筑工业出版社，2003.

[23] 邵琪珺. 浅谈植物与室内空气净化 [J]. 绿色科技，2014 (4)：245-247.

[24] 黄真真，陈桂秋，曾光明，等. 固定化微生物技术及其处理废水机制的研究进展 [J]. 环境污染与防治，2015，37 (10)：77-85.

[25] 司晶星，赵文甲，丁莉. 微生物絮凝剂与化学絮凝剂的对比分析 [J]. 才智，2009 (21)：173.

[26] 董琦，刘贯一. 微生物絮凝剂的应用和前景 [J]. 化工管理，2018 (20)：165-169.

[27] 张方，熊绍专，何加龙，等. 用于生物柴油生产的微藻培养技术研究进展 [J]. 化学与生物工程，2018，35 (1)：5-11.

[28] 王君. 油田三次采油驱油技术应用研究 [J]. 中国石油和化工标准与质量，2019，39 (23)：226-227.

[29] 姜秀华. 利用微生物电池技术处理废水 [J]. 科技创新与应用，2013 (18)：62-63.

[30] 付逸群. 废水生物处理中的微生物燃料电池研究进展 [J]. 广州化工，2017，45 (11)：18-20.

[31] 孙好芬，王露，高玉玺，等. 长寿命 BOD 微生物传感器的研制及应用 [J]. 山东化工，2018，47 (23)：196-197,200.

[32] 金泰廙，王祖兵. 化学品毒性全书 [M]. 上海：上海科学技术文献出版社，2019.

[33] 卢庆峰. 工业明胶与食用明胶的区别 [J]. 中国检验检疫，2012 (6)：61.

[34] 李梦. 如何鉴别地沟油 [J]. 农家之友，2011 (3)：59.

[35] 张英，朱守晶，揭雨成，等. 重金属富集植物种质资源收集研究进展 [J]. 南方农业，2018，12 (27)：187-188.

[36] 聂司宇. 植物对重金属污染土壤修复的研究进展 [J]. 安徽农学通报，2020，26 (5)：101-102.

[37] 姜婧. 土壤重金属污染及植物修复技术 [J]. 农村实用技术，2020 (2)：178-179.

[38] 赵智强，李杨，张耀斌. 厌氧消化中直接种间电子传递产甲烷机理研究与技术应用 [J]. 科学通报，2020，65 (26)：2820-2834.

[39] 李旖瑜，郑平，张萌. 解偶联剂对废水生物处理系统的污泥减量作用 [J]. 水处理技术，2016，42 (7)：6-11，24.

[40] May，Sundars，Par K H，et al. The effect of inorganic carbon on microbial interactions in a biofilm nitritation-anammox process [J]. Water Research，2015，70：246.